噴流工学
― 基礎と応用 ―

社河内 敏彦 著

Jet Flow Engineering
―Fundamentals and Application―

森北出版株式会社

● 本書のサポート情報を当社Webサイトに掲載する場合があります．
下記のURLにアクセスし，サポートの案内をご覧ください．

https://www.morikita.co.jp/support/

● 本書の内容に関するご質問は，森北出版 出版部「(書名を明記)」係宛に書面にて，もしくは下記のe-mailアドレスまでお願いします．なお，電話でのご質問には応じかねますので，あらかじめご了承ください．

editor@morikita.co.jp

● 本書により得られた情報の使用から生じるいかなる損害についても，当社および本書の著者は責任を負わないものとします．

■ 本書に記載している製品名，商標および登録商標は，各権利者に帰属します．

■ 本書を無断で複写複製（電子化を含む）することは，著作権法上での例外を除き，禁じられています．複写される場合は，そのつど事前に(一社)出版者著作権管理機構（電話03-5244-5088，FAX03-5244-5089，e-mail:info@jcopy.or.jp）の許諾を得てください．また本書を代行業者等の第三者に依頼してスキャンやデジタル化することは，たとえ個人や家庭内での利用であっても一切認められておりません．

まえがき

　速度をもった流体が小孔（スリット，ノズル）から空間中に噴出する現象，いわゆる噴流現象は，自然界を含む私たちの日常生活および各種の広範な産業分野でみることができる．

　たとえば，噴水，消防用ノズル，洗浄用ノズル，ペルトン水車のノズルなどから大気中に噴出される水噴流，推進力を得るためにジェット船およびイカ（烏賊）などから水中に吐き出される水噴流，空調機吹出し口からの空気噴流，エアカーテン，煙突・エンジンからの排気噴流，ジェットエンジン・ロケットエンジンノズルからの高速高温噴流，燃焼バーナからの噴流火炎，火山火口からの固体粒子を含む噴煙（固気二相噴流），あるいは空気を水中に吹き込み溶解させる操作（エアレーション）によって生じる気液二相気泡噴流など，枚挙にいとまがないほど私たちの周囲で数多くの例をみることができる．

　このように，噴流現象はその応用範囲が非常に多岐，広範囲にわたるため，また，その本質が乱流現象を含む自由および壁面せん断流れ（流れのはく離，渦の生成，などを伴う）で周囲の条件によっては超音速の圧縮性流れ，振動を伴う流れとなる，気体と液体あるいは固体と気体などが混じり合って流れる混相流れとなるなどの状況のため，古くから工学的・工業的に非常に重要で興味深い事象の一つとして取り扱われている．

　また，噴流の流動状態は，たとえば，
1)　噴流と周囲流体が同一の場合と異なる場合，
2)　周囲流体が静止している場合と動いている場合，
3)　圧縮性の影響がある場合とない場合，
4)　噴流が噴出したあとの周囲の固体境界の状況（拘束の状況），

などの条件によって大きく異なる．

　従来，噴流現象については，

1)　Tounsend, A.A., "The Structure of Turbulent Shear Flow", Cambridge Univ. Press (1956)

2) Schlichting, H., "Boundary Layer Theory", 7th Edition, McGraw-Hill (1976)
3) Pai, Shin-I, "Fluid Dynamics of Jets", Van Nostrand Reinhold (1954)
4) Birkhoff and Zarantonello, "Jets, Wakes and Cavities", Academic Press (1957)
5) Abramovich, G.N., "The Theory of Turbulent Jets", The M.I.T. Press (1963)
6) Rajaratnam, N., "Turbulent Jets", Elsevier Sci. Pub. (1976)
7) Robert D. Blevins, "Applied Fluid Dynamics Handbook, Chap. 9", Van Nostrand (1984)

など，その重要性から非常に多くの著述がある．

しかしながら，前記したように噴流現象は多種多様で複雑な流動形態をとるためこれらの著述で十分表されるものではない．

また，近年，計算機能力の急激な発展および乱流流れに対する数値解析法の急速な発展などにより，各種噴流現象の流動特性が流れの運動方程式（Navier-Stokes 式）を直接数値解析する方法および各種の乱流モデルを使って解く方法などにより数値的に解析され，かなりのことが明らかにされている．しかしながら，なお，（近似）理論計算を含む解析法および実験的な解析が現象を理解するうえで重要であることはいうまでもない．

本書では，まず初めに，

＊噴流現象すなわち噴流の流動状態を記述する流体力学，および噴流の数値解析について，そのエッセンスを記す．

ついで，噴流現象のうち，最も基礎的な事項すなわち，

＊同一流体の静止無限空間中に噴出される自由噴流（free jet flow），

＊壁面に沿って流れる壁面噴流（wall jet flow）の挙動，流動特性，

を，また，

＊壁面に付着あるいは衝突して流れる付着噴流（reattached jet flow），衝突噴流（impinging jet flow），

＊噴流の安定性，噴流の振動現象（stability of jet flow, oscillatory phenomena of jet flow），

* 噴流の混合，拡散とその制御 (mixing and diffusion of jet flow, and their control)，

などについて述べる．さらに，応用的な事項のいくつかとして，
* 高速液体噴流 (high speed liquid jet flow)，
* 水噴流による氷の融解，水面に衝突する水噴流によるエアレーション (melting of ice by water jet flow, aeration by plunging water jet flow)，
* 噴流による混合，拡散 (mixing and diffusion by jet flow)，
* 浮力噴流 (buoyant jet flow)，
* 気液二相，固気二相混相噴流 (gas-liquid, gas-solid multiphase jet flow) の挙動，

などについて記す．

これらのことにより本書が，多岐にわたる噴流現象を理解するうえで，その一助になればと思う．

本書を著すにあたり，多くのご教示をいただいた恩師，先輩，同僚の諸氏，並びに，著者とともに研究に従事された研究室の方々に感謝の意を表します．

また，遅筆な著者を辛抱強く励ましていただいた森北出版(株)，森北博巳，水垣偉三夫の両氏に感謝の意を表します．

2004 年 1 月

著　者

目　次

第 I 部　噴流工学　―基　礎―

第1章　噴流の流体力学

1.1　自由噴流の流動特性 …………………………………………………3
 1.1.1　流動特性 …………………………………………………3
 1.1.2　ノズル形状の影響 ………………………………………4
1.2　流体の運動方程式 ……………………………………………………5
 1.2.1　ナビエ・ストークス方程式 ……………………………5
 1.2.2　レイノルズ方程式 ………………………………………6
1.3　二次元自由噴流の運動方程式 ………………………………………7
1.4　三次元円形自由噴流の運動方程式 …………………………………8
参　考　文　献 ……………………………………………………………10

第2章　噴流の数値解析

2.1　流れ，噴流の数値解析 ………………………………………………12
2.2　差　分　法 ……………………………………………………………13
 2.2.1　基礎式 ……………………………………………………14
 2.2.2　流れ関数・渦度法による解法 …………………………14
 2.2.3　速度・圧力法による解法 ………………………………15
2.3　境界要素法，離散渦法 ………………………………………………15
2.4　乱　　流 ………………………………………………………………16
 2.4.1　レイノルズ平均場 ………………………………………17
 2.4.2　LES ………………………………………………………17
 2.4.3　DNS，直接数値シミュレーション ……………………18
参　考　文　献 ……………………………………………………………20

第3章　自由噴流，壁面噴流

3.1　自由噴流 ………………………………………………………………21
 3.1.1　二次元自由噴流 …………………………………………21

         3.1.2　二次元自由せん断層，混合層 …………………………………28
         3.1.3　三次元円形自由噴流 ……………………………………………30
    3.2　自由噴流の安定性 ……………………………………………………35
    3.3　自由噴流の大規模渦構造 ……………………………………………37
         3.3.1　大規模渦構造 ……………………………………………………37
         3.3.2　大規模渦構造の制御 ……………………………………………39
    3.4　壁　面　噴　流 ………………………………………………………43
         3.4.1　二次元壁面噴流 …………………………………………………44
         3.4.2　放射状壁面噴流 …………………………………………………48
         3.4.3　三次元壁面噴流 …………………………………………………50
    参　考　文　献 ……………………………………………………………50

第4章　付着噴流（平面，曲壁面への噴流の付着）

    4.1　側壁付着噴流 …………………………………………………………56
    4.2　曲壁付着噴流 …………………………………………………………59
         4.2.1　二次元円柱壁付着噴流 …………………………………………60
         4.2.2　三次元円形円柱壁付着噴流 ……………………………………73
         4.2.3　二次元凹壁面付着噴流 …………………………………………80
         4.2.4　三次元円形凹壁面付着噴流 ……………………………………88
    参　考　文　献 ……………………………………………………………95

第5章　衝　突　噴　流

    5.1　二次元衝突噴流の流動と伝熱特性 …………………………………98
    5.2　三次元円形衝突噴流の流動と伝熱特性 ……………………………100
         5.2.1　流動特性 …………………………………………………………100
         5.2.2　熱伝達率 …………………………………………………………106
         5.2.3　伝熱促進のメカニズム …………………………………………107
         5.2.4　ノズル・平板間距離の影響 ……………………………………110
    参　考　文　献 ……………………………………………………………115

第6章　噴流の安定性と振動現象
         （エッジトーン，キャビティトーン，フルイディク発振現象）

    6.1　エッジトーン発振現象 ………………………………………………118
         6.1.1　実験的観察 ………………………………………………………118

6.1.2　発振機構 ……………………………………………………………122
　　6.1.3　噴流の振動の理論モデル …………………………………………123
　　6.1.4　エッジトーン発振現象の実際例 …………………………………132
　6.2　キャビティトーン発振現象 ………………………………………………132
　　6.2.1　フローパターン ……………………………………………………133
　　6.2.2　発振条件 ……………………………………………………………135
　　6.2.3　発振振動数 …………………………………………………………136
　6.3　噴流の発振現象の他の例 …………………………………………………137
　参　考　文　献 ……………………………………………………………………138

第7章　噴流の混合・拡散とその制御
　　　　（同軸円形二重噴流，環状噴流，共鳴噴流）

　7.1　同軸円形二重噴流，環状噴流の混合・拡散 ……………………………141
　　7.1.1　数値解析 ……………………………………………………………143
　　7.1.2　実験結果との比較 …………………………………………………145
　7.2　共鳴噴流の混合・拡散 ……………………………………………………153
　　7.2.1　共鳴ノズル …………………………………………………………154
　　7.2.2　流動，音響特性 ……………………………………………………155
　参　考　文　献 ……………………………………………………………………163

第II部　噴流工学　―応　用―

第8章　衝突噴流の応用

　8.1　衝突噴流の応用例 …………………………………………………………167
　8.2　流れによる氷の融解特性（衝突速度，角度の影響）…………………167
　8.3　水面に衝突する水噴流によるエアレーション …………………………171
　参　考　文　献 ……………………………………………………………………175

第9章　噴流の混合・拡散の応用

　9.1　噴流の混合・拡散の応用例 ………………………………………………177
　9.2　渦発生器，タブ，リブによる混合・拡散の促進 ………………………177
　参　考　文　献 ……………………………………………………………………179

第10章　高速液体噴流

- 10.1　ジェットポンプ　……………………………………………………………181
- 10.2　高速水噴流によるジェットカッティング　………………………………183
- 10.3　気中水噴流　…………………………………………………………………185
  - 10.3.1　フローモデル　……………………………………………………185
  - 10.3.2　気中水噴流の流動特性　…………………………………………185
- 参　考　文　献　……………………………………………………………………188

第11章　混相噴流，浮力噴流，プルーム噴流，気液二相噴流

- 11.1　浮力噴流，プルーム噴流　…………………………………………………191
  - 11.1.1　軸対称円形浮力噴流　……………………………………………192
  - 11.1.2　二次元および軸対称円形プルーム噴流　………………………192
- 11.2　混相噴流，気液二相噴流　…………………………………………………193
  - 11.2.1　気液二相気泡噴流　………………………………………………193
  - 11.2.2　気液二相発振噴流　………………………………………………195
- 参　考　文　献　……………………………………………………………………201

第12章　混相噴流，微粉粒子を含む固気二相噴流

- 12.1　固気二相噴流，微粉粒子の気流（ジェット）粉砕・分級　……………203
  - 12.1.1　微粉粒子のジェット粉砕　………………………………………203
  - 12.1.2　微粉粒子の気流分級　……………………………………………209
- 12.2　微粉粒子を含む固気二相衝突噴流によるマイクロブラスト加工　……214
- 参　考　文　献　……………………………………………………………………215

- ま　と　め　…………………………………………………………………………218
- 索　　　引　…………………………………………………………………………219

本書で用いる主な記号

- (A) A_a, A : 同軸二重噴流の環状および円形ノズルの断面積
  - b_0 : ノズル幅 (二次元ノズル)
- (B) b, δ : 噴流幅 (噴流外縁は $u/u_m=0.1$ の位置)
  - $b_{1/2}$: 半値幅 ($u=u_m/2$ となる y, z または r の値)
  - b_s : せん断層厚さ
- (C) c : 位相速度, またはノズル挿入長さ
  - c_f : 摩擦係数
  - C : 溶存酸素量
  - C_p : 圧力係数 $[=2(p-p_\infty)/(\rho u_0^2)]$
  - C_d : 抵抗係数
- (D) d, d_0 : ノズル直径, または直径
  - D : オフセット距離
  - d_a : 環状噴流のノズル径
  - d_i : 同軸二重噴流の円形ノズル径
- (E) E : 運動エネルギー ($=\rho u^2/2$)
- (F) F : 外力, または関数記号
  - f : 振動数
  - f_E : 励起 (加振) 振動数
- (G) g : 重力加速度
- (H) H : ノズル・平板間距離, または流路高さ
  - h : ノズル・エッジ間距離, または熱伝達率
- (I) i : 虚数
- (J) J : 噴流の運動量 $\left(=\int_{-\infty}^{\infty}\rho u^2 dy\right)$
- (K) K : $=J/\rho$
  - k : 乱流運動エネルギー $[=(u'^2+v'^2+w'^2)/2]$, または熱伝導率
- (L) L : 代表長さ, または到達深さ
  - L_n : パイプノズル長さ
  - L_h : 氷の融解潜熱

	l	：混合距離，または平板の長さ
(M)	M_0	：流れ方向への噴流の運動量流束
	m	：モード次数，または質量
(N)	Nu	：ヌセルト数
(P)	p	：圧力
	p_B	：付着渦領域の圧力
	Pr	：プラントル数
	p_m	：噴流軸上の総圧
	p_0	：供給圧力
	p_∞	：周囲の圧力
(Q)	Q	：体積流量
(R)	R	：半径
	Re, Re'	：レイノルズ数
	r	：半径方向への座標，半径，または極座標
	r_0	：ノズル半径
(S)	St, St_x, St_θ	：ストローハル数
(T)	T	：振動周期
	t	：時間，または$=\tanh\{\sigma y/(x+x_0)\}$
(U)	u, u'	：x方向への速度，乱流成分(rms値)
	u_m	：x方向への最大流速
	u_{m0}	：ノズル出口最大流速
	u_0	：ノズル出口平均流速
	u_c	：中心線流速
	u_∞	：主流速度，または代表速度
	u_a, u_i	：同軸二重噴流の環状および円形ノズル出口最大流速
(V)	v, v'	：y方向への速度，乱流成分(rms値)
	v_e	：巻き込み速度
(W)	w, w'	：z方向への速度，乱流成分(rms値)
(X)	x_0	：仮想原点距離
	x_i	：初期(遷移)領域長さ
	x_c	：コア領域の長さ
	x, y, z	：直角座標系

	x_R	：付着距離
(Y)	y'	：付着流線の位置
	$y_{1/2}$	：y 方向の半値幅
	y_m	：$u=u_m$ となる y の値
(Z)	$z_{1/2}$	：z 方向の半値幅
(α)	α	：波数，平板の傾斜角度，噴出角度，または流量比
(δ)	δ	：境界層厚さ，または噴流幅
(ε)	ε	：渦粘性係数
(η)	η	：$=\sigma y/x$, $=y/b$, $=y/b_{1/2}$，または部分分級効率
(θ)	θ	：角度，付着角度，運動量厚さ，または極座標
(λ)	λ	：波長
(μ)	μ	：$=\rho\nu$
(ν)	ν	：動粘度
(ρ)	ρ	：密度
(σ)	σ	：拡散係数
(τ)	τ	：せん断応力
(ψ)	ψ	：流れ関数
(ω)	ω	：角振動数

添字

上付

- a：空気
- p：粒子
- $'$：変動成分，微分
- $^-$：平均値
- $^\sim$：かく乱成分
- $^\frown$：複素解

下付

- a, ∞：周囲
- B：渦領域
- i：虚数，方向
- l：層流
- $m, \max$：最大
- r, ϕ, z：r, ϕ, z 方向
- s：表面，または飽和量
- t：乱流，またはスロート
- x, y：x, y 方向
- 0：ノズル出口，またはよどみ点

第 I 部　噴流工学

－ 基　礎 －

　初めに，無限静止空間中に噴出される自由噴流，および壁面噴流，付着噴流，衝突噴流などの基礎的な噴流現象の流動特性について，平均，および変動流特性などの基礎的な事項と理論的，数値的解析を述べる．

　次いで，噴流の安定性，およびそれに基づく噴流の振動現象の解析，ならびに噴流の混合・拡散とその制御などについて基礎的な事項を述べる．

1 噴流の流体力学

Fluid dynamics for jet flow

　速度をもった流体がスリット，ノズルなどの小孔から空間に噴出する現象，いわゆる噴流現象について，その挙動(流動状態)を明らかにするには，噴流の速度，乱れ分布，圧力分布などの空間的，時間的なようすを知る必要がある．

　噴流は，ノズル形状，ノズル出口流速，ノズルから噴出したあとの周囲の状況，すなわち周囲の流体の種類，また，その流体が静止しているか否か，および周囲の流路形状，などにより多種多様な流動形態をとるが，本章では，噴流と同一の流体の無限に広い静止空間中に噴出する定常な非圧縮性の二次元自由噴流(two-dimensional free jet flow)および三次元軸対称円形自由噴流(three-dimensional axisymmetric round free jet flow)を取り上げ，それらの挙動を記述する流体力学的な取り扱いについてそのエッセンスを述べる．

1.1　自由噴流の流動特性

1.1.1　流動特性

　平面形状のノズル(二次元ノズル)あるいは円形のノズル(三次元軸対称ノズル)から噴流を無限に広い同一流体の静止空間中に噴出させると，噴流(自由噴流)は周囲流体との間の大きな速度勾配(速度差)と流体の有する粘性の作用の結果，周囲の流体を巻き込み噴流幅 b を広げながら，またその際，噴流自身は速度を減少させながら下流方向に流れていく．

　図1-1に，乱流自由噴流の概略(フローモデル)，座標系などを示す．ここで，x，y はそれぞれ，噴流(ノズル)の軸方向，およびそれに直角な方向(下流方向)への座標軸，u，v はそれぞれ，x，y 方向への平均速度成分である．

　いま，幅 b_0 の二次元ノズル，あるいは直径 d_0 の三次元円形ノズルから平坦な速度分布形をもって噴出する自由噴流の平均速度分布を調べると，図1-1に示すように，その分布形からノズル近傍とそれより下流の二つの領域に分ける

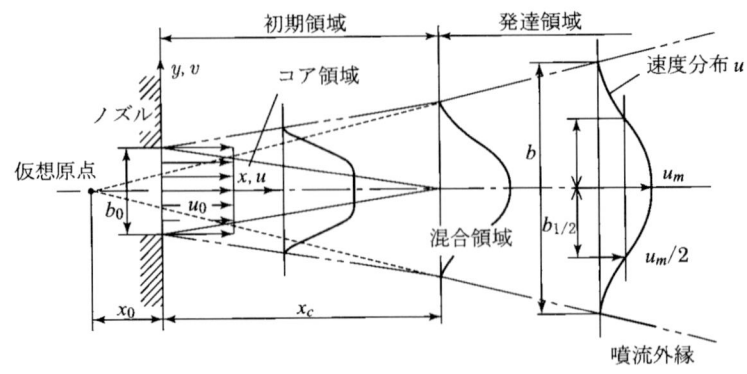

図 1-1 乱流自由噴流（フローモデル）

ことができる．ノズル近傍の領域は初期または遷移領域 (initial or transition region) とよばれ，中心に速度が減衰しないポテンシャルコア領域 (potential core region) が，その周りに噴流と周囲流体とが混合する混合領域 (mixing region) が存在する．

ノズル出口から下流にいくにつれ混合領域が y 方向に広がり，コア領域が縮小してついになくなる．これより下流の領域を発達領域 (developed region) とよび，速度分布 u を最大流速 u_m と半値幅 $b_{1/2}$ で無次元化して表記すると，相似な分布形となる．遷移領域の長さ x_c は実験結果より，二次元噴流では $x_c \fallingdotseq 6b_0$，三次元円形噴流では $x_c \fallingdotseq 10r_0$ である．

また，噴流幅 b は，噴流外縁（速度 u が零となる $\pm y$ の位置）の境界が明確な固体境界と異なり，自由境界のため実際には確定しにくい．そのため，たとえば $u/u_m = 0.1$ あるいは 0.05 の $\pm y$ の位置を噴流外縁として定義し噴流幅を求める，などのことが行われる．

発達領域での噴流外縁を上流側に延長すると，図 1-1 に示すようにそれらは 1 点で交わる．この点を仮想原点 (hypothetical origin)，そこからノズル出口までの距離を仮想原点距離 x_0 とよぶ．このように考えると，噴流が 1 点から噴出しているものとして取り扱い，相似な速度分布形を有する発達領域での噴流の挙動を考察するうえで便利なことがある．

1.1.2 ノズル形状の影響

上記では，ノズル出口での速度分布形 u はノズル壁面上で境界層が形成さ

れないものとし矩形分布形として説明した．しかしながら実際には，噴流は長いあるいは短いパイプノズル，オリフィスノズル，四分円ノズルなどを通って噴出されるため，ノズル壁面上で形成される境界層のようすは大きく異なる．

図1-2(a)に，一例として $d_0=10$ mm の各種円形ノズルから静止大気中に平均流速 $u_0=40$ m/s で噴出された空気自由噴流のノズル出口 ($x/d_0=0.1$) での速度分布 u を示す(柳谷, 2001, Xu & Antonia, 2002)．ノズル直径 d_0 の50倍の長さを有するパイプノズル ($L_n/d_0=50$) からの噴流は境界層が十分発達した管内乱流の速度分布形に，四分円ノズル(絞り面積比 $CR=0.113$) からの噴流は比較的矩形に近い分布形に，また，オリフィスノズル ($CR=0.113$) からの噴流は縮流の結果ノズル端付近で大きな速度を有する分布形になる．

図1-2(b)に，図1-2(a)の場合の乱流運動エネルギー k/u_m^2 を示す．k/u_m^2 は速度勾配の大きな噴流外縁で大きくなるが，ノズル形状によって大きく異なり四分円ノズルではかなり小さくなる．

このようにノズル出口での断面形状が同一でも，ノズル形状の差異が噴流出口，および下流での噴流の流動特性に大きく影響を与えることがわかる．

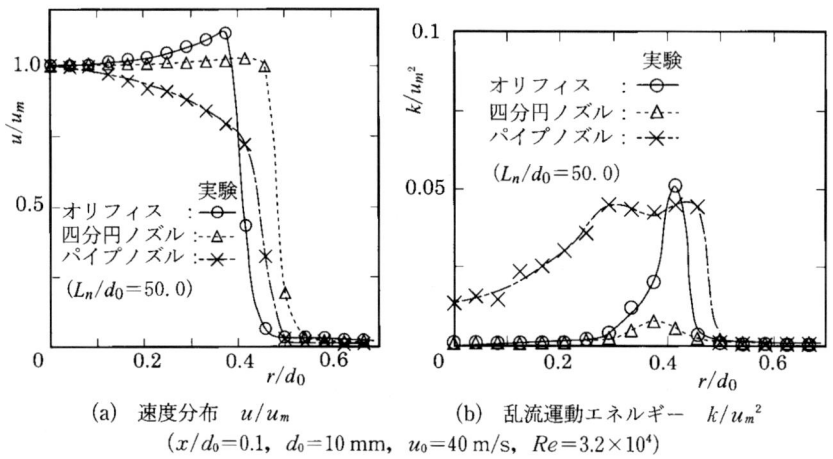

図1-2 各種円形自由噴流のノズル出口での速度，乱れ分布

1.2 流体の運動方程式

1.2.1 ナビエ・ストークス方程式

非圧縮性流体(噴流)の運動を記述する一般的な方程式いわゆるナビエ・ス

トークス (Navier-Stokes) 式は，直交座標系 (x, y, z) で表すとつぎのように与えられる．

$$\frac{\mathrm{D}u}{\mathrm{D}t} = F_x - \frac{1}{\rho}\frac{\partial p}{\partial x} + \frac{\mu}{\rho}\left(\frac{\partial^2 u}{\partial x^2} + \frac{\partial^2 u}{\partial y^2} + \frac{\partial^2 u}{\partial z^2}\right) \quad (1\text{-}1)$$

$$\frac{\mathrm{D}v}{\mathrm{D}t} = F_y - \frac{1}{\rho}\frac{\partial p}{\partial y} + \frac{\mu}{\rho}\left(\frac{\partial^2 v}{\partial x^2} + \frac{\partial^2 v}{\partial y^2} + \frac{\partial^2 v}{\partial z^2}\right) \quad (1\text{-}2)$$

$$\frac{\mathrm{D}w}{\mathrm{D}t} = F_z - \frac{1}{\rho}\frac{\partial p}{\partial z} + \frac{\mu}{\rho}\left(\frac{\partial^2 w}{\partial x^2} + \frac{\partial^2 w}{\partial y^2} + \frac{\partial^2 w}{\partial z^2}\right) \quad (1\text{-}3)$$

ここで，$\mathrm{D}/\mathrm{D}t$ は微分演算子で，

$$\frac{\mathrm{D}}{\mathrm{D}t} \equiv \frac{\partial}{\partial t} + u\frac{\partial}{\partial x} + v\frac{\partial}{\partial y} + w\frac{\partial}{\partial z} = \frac{\partial}{\partial t} + \boldsymbol{v}\,\mathrm{grad} \quad (1\text{-}4)$$

x, y, z はそれぞれ，噴流 (ノズル) の軸方向，およびそれに直角な方向への座標軸 (図 1-1)，u, v, w，および F_x, F_y, F_z はそれぞれ，x, y, z 方向への平均速度成分，および外力，t は時間，p は圧力，ν，ρ はそれぞれ流体の動粘度，密度である．

また，非圧縮性流体の連続の式は，つぎのように与えられる．

$$\frac{\partial u}{\partial x} + \frac{\partial v}{\partial y} + \frac{\partial w}{\partial z} = 0 \quad (1\text{-}5)$$

非圧縮性の流体の運動のようすを明らかにするには，式 (1-1)〜(1-3) の運動方程式と式 (1-5) の連続の式を一緒に解けばよい．しかしながら，一般には，特別な場合を除き非線形の運動方程式を理論的に解くことは非常に困難である．

1.2.2 レイノルズ方程式

流れが臨界レイノルズ数を越え乱流状態にあるときの，ある瞬間における流体の挙動をレイノルズ応力を考慮して表す．

いま，ある瞬間における流速と圧力をそれらの時間平均値 (¯) と変動成分 (′) の和として表すと，

$$u = \bar{u} + u', \quad v = \bar{v} + v', \quad w = \bar{w} + w', \quad p = \bar{p} + p' \quad (1\text{-}6)$$

これらの量は，十分長い時間 T をとると，たとえば，

$$\bar{u} = \frac{1}{T}\int_{t-T/2}^{t+T/2} u\,\mathrm{d}t, \quad \bar{u}' = \frac{1}{T}\int_{t-T/2}^{t+T/2} u'\,\mathrm{d}t = 0 \quad (1\text{-}7)$$

式 (1-6) を式 (1-1)〜(1-3) と式 (1-4) からなる式に代入し時間平均値をとると，つぎのレイノルズ方程式を得る．

$$\frac{\partial \bar{u}}{\partial t} + \bar{u}\frac{\partial \bar{u}}{\partial x} + \bar{v}\frac{\partial \bar{u}}{\partial y} + \bar{w}\frac{\partial \bar{u}}{\partial z}$$

$$= F_x - \frac{1}{\rho}\frac{\partial \bar{p}}{\partial x} + \frac{\mu}{\rho}\nabla^2 \bar{u} - \left(\frac{\partial \overline{u'^2}}{\partial x} + \frac{\partial \overline{u'v'}}{\partial y} + \frac{\partial \overline{u'w'}}{\partial z}\right) \quad (1\text{-}8)$$

$$\frac{\partial \bar{v}}{\partial t} + \bar{u}\frac{\partial \bar{v}}{\partial x} + \bar{v}\frac{\partial \bar{v}}{\partial y} + \bar{w}\frac{\partial \bar{v}}{\partial z}$$

$$= F_y - \frac{1}{\rho}\frac{\partial \bar{p}}{\partial y} + \frac{\mu}{\rho}\nabla^2 \bar{v} - \left(\frac{\partial \overline{u'v'}}{\partial x} + \frac{\partial \overline{v'^2}}{\partial y} + \frac{\partial \overline{v'w'}}{\partial z}\right) \quad (1\text{-}9)$$

$$\frac{\partial \bar{w}}{\partial t} + \bar{u}\frac{\partial \bar{w}}{\partial x} + \bar{v}\frac{\partial \bar{w}}{\partial y} + \bar{w}\frac{\partial \bar{w}}{\partial z}$$

$$= F_z - \frac{1}{\rho}\frac{\partial \bar{p}}{\partial z} + \frac{\mu}{\rho}\nabla^2 \bar{w} - \left(\frac{\partial \overline{w'u'}}{\partial x} + \frac{\partial \overline{w'v'}}{\partial y} + \frac{\partial \overline{w'^2}}{\partial z}\right)$$

$$(1\text{-}10)$$

ここで，∇^2 はベクトル演算子で，

$$\nabla^2 \equiv \frac{\partial^2}{\partial x^2} + \frac{\partial^2}{\partial y^2} + \frac{\partial^2}{\partial z^2} \quad (1\text{-}11)$$

すなわち，レイノルズ方程式は，ナビエ・ストークス式中の流速と圧力を時間平均値とし，それに乱流の速度変動による応力の増加分（レイノルズ応力）を付け加えたものである．レイノルズ方程式を解くにはレイノルズ応力を与える必要があり，その評価法には種々の提案がなされている．

レイノルズ方程式を解くことにより，流れ場の平均速度分布，圧力分布などを求めることができる．

1.3 二次元自由噴流の運動方程式

いま，二次元 (x-y 面)，定常，自由噴流の運動方程式について考える．噴流の y 方向への広がりは小さいので，$u \gg v$ で，速度，応力の y 方向への変化は x 方向へのそれに比べて非常に大きい．ここで，u, v は平均速度成分である．これらのことを考慮すると，式 (1-8)〜(1-10) のレイノルズ運動方程式と式 (1-5) の連続の式は，

$$u\frac{\partial u}{\partial x} + v\frac{\partial u}{\partial y} = -\frac{1}{\rho}\frac{\partial p}{\partial x} + \frac{\mu}{\rho}\frac{\partial^2 u}{\partial y^2} - \frac{\partial \overline{u'v'}}{\partial y} - \frac{\partial \overline{u'^2}}{\partial x} \quad (1\text{-}12)$$

$$-\frac{1}{\rho}\frac{\partial p}{\partial y} - \frac{\partial \overline{v'^2}}{\partial y^2} = 0 \quad (1\text{-}13)$$

$$\frac{\partial u}{\partial x} + \frac{\partial v}{\partial y} = 0 \quad (1\text{-}14)$$

圧力に関する式 (1-13) を y から噴流外縁 ($y=\infty$) まで積分したあと，それを式 (1-12) に代入すると運動方程式として次式を得る．

$$u\frac{\partial u}{\partial x} + v\frac{\partial u}{\partial y} = -\frac{1}{\rho}\frac{dp_\infty}{dx} + \frac{\mu}{\rho}\frac{\partial^2 u}{\partial y^2} - \frac{\partial \overline{u'v'}}{\partial y} \qquad (1\text{-}15)$$

この際，$\partial(\overline{u'^2}-\overline{v'^2})/\partial x$ の項は，他の項に比べ小さいので無視した．

式 (1-15) の右辺の第 2，3 項は，層流および乱流の摩擦応力 (shear stress) τ_l，τ_t を使って，つぎのように表される．

$$\frac{1}{\rho}\frac{\partial}{\partial y}\left(\mu\frac{\partial u}{\partial y}\right) + \frac{1}{\rho}\frac{\partial}{\partial y}(-\rho\overline{u'v'}) = \frac{1}{\rho}\frac{\partial}{\partial y}(\tau_l + \tau_t) \qquad (1\text{-}16)$$

固体境界のない自由境界 (free boundary) の乱流では，$\tau_t \gg \tau_l$ なので τ_l を無視し，さらに噴流軸 (x 軸) 方向への圧力勾配を無視する ($\partial p/\partial x = 0$) と，二次元自由噴流の運動方程式は，

$$u\frac{\partial u}{\partial x} + v\frac{\partial u}{\partial y} = \frac{1}{\rho}\frac{\partial \tau_t}{\partial y} \qquad (1\text{-}17)$$

連続の式は，

$$\frac{\partial u}{\partial x} + \frac{\partial v}{\partial y} = 0 \qquad (1\text{-}18)$$

1.4 三次元円形自由噴流の運動方程式

噴流の挙動を記述する一般的な運動方程式 (レイノルズ方程式) は，円柱座標系 (r, ϕ, z) で表すと，

$$v_r\frac{\partial v_r}{\partial r} + v_z\frac{\partial v_r}{\partial z} - \frac{v_\phi^2}{r}$$
$$= -\frac{1}{\rho}\frac{\partial p}{\partial r} + \frac{\mu}{\rho}\left(\frac{\partial^2 v_r}{\partial r^2} + \frac{1}{r}\frac{\partial v_r}{\partial r} - \frac{v_r}{r^2} + \frac{\partial^2 v_r}{\partial z^2}\right)$$
$$- \left(\frac{\partial \overline{v_r'^2}}{\partial r} + \frac{\partial}{\partial z}\overline{v_r'v_z'} + \frac{\overline{v_r'^2}}{r} - \frac{\overline{v_\phi'^2}}{r}\right) \qquad (1\text{-}19)$$

$$v_r\frac{\partial v_\phi}{\partial r} + v_z\frac{\partial v_\phi}{\partial z} + \frac{v_r v_\phi}{r} = \frac{\mu}{\rho}\left(\frac{\partial^2 v_\phi}{\partial r^2} + \frac{1}{r}\frac{\partial v_\phi}{\partial r} - \frac{v_\phi}{r^2} + \frac{\partial^2 v_\phi}{\partial z^2}\right)$$
$$- \left(\frac{\partial}{\partial r}\overline{v_r'v_\phi'} + \frac{\partial}{\partial z}\overline{v_\phi'v_z'} + 2\frac{\overline{v_r'v_\phi'}}{r}\right)$$
$$\qquad (1\text{-}20)$$

$$v_r\frac{\partial v_z}{\partial r} + v_z\frac{\partial v_z}{\partial z} = -\frac{1}{\rho}\frac{\partial p}{\partial z} + \frac{\mu}{\rho}\left(\frac{\partial^2 v_z}{\partial r^2} + \frac{1}{r}\frac{\partial v_z}{\partial r} + \frac{\partial^2 v_z}{\partial z^2}\right)$$

$$-\left(\frac{\partial}{\partial r}\overline{v_r'v_z'} + \frac{\partial \overline{v_z'^2}}{\partial z} + \frac{\overline{v_r'v_z'}}{r}\right) \tag{1-21}$$

ここで，r, ϕ, z はそれぞれ，円形噴流（ノズル）の半径方向，円周方向および噴流軸方向への座標軸（図 1-2 参照），v_r, v_ϕ, v_z および v_r', v_ϕ', v_z' はそれぞれ，r, ϕ, z 方向への平均速度成分および変動速度成分（乱流成分）である．

また，連続の式は，

$$\frac{\partial}{\partial r}(rv_r) + \frac{\partial}{\partial z}(rv_z) = 0 \tag{1-22}$$

旋回成分がない（$v_\phi=0$）軸対称噴流の場合，式 (1-19) は，

$$v_r\frac{\partial v_r}{\partial r} + v_z\frac{\partial v_r}{\partial z}$$
$$= -\frac{1}{\rho}\frac{\partial p}{\partial r} + \frac{\mu}{\rho}\left(\frac{\partial^2 v_r}{\partial r^2} + \frac{1}{r}\frac{\partial v_r}{\partial r} - \frac{v_z}{r^2} + \frac{\partial^2 v_r}{\partial z^2}\right)$$
$$-\left(\frac{\partial \overline{v_r'^2}}{\partial r} + \frac{\partial}{\partial z}\overline{v_r'v_z'} + \frac{\overline{v_r'^2}}{r}\right) \tag{1-23}$$

また，$v_\phi=0$ なので式 (1-20) は消え，式 (1-21) と式 (1-22) はそのままである．

いま，$v_z \gg v_r$ である，流れは乱流なので粘性応力は乱流摩擦応力に比べ非常に小さい，乱流垂直応力は半径および円周方向成分がほぼ等しい，などを考慮すると，式 (1-23), (1-21) は，

$$\frac{1}{\rho}\frac{\partial p}{\partial r} = -\frac{\partial \overline{v_r'^2}}{\partial r} \tag{1-24}$$

$$v_r\frac{\partial v_z}{\partial r} + v_z\frac{\partial v_z}{\partial z}$$
$$= -\frac{1}{\rho}\frac{\partial p}{\partial z} - \left(\frac{\partial}{\partial r}\overline{v_r'v_z'} + \frac{\partial \overline{v_z'^2}}{\partial z} + \frac{\overline{v_r'v_z'}}{r}\right) \tag{1-25}$$

$$\frac{\partial}{\partial r}(rv_r) + \frac{\partial}{\partial z}(rv_z) = 0 \tag{1-26}$$

式 (1-24) を噴流の外縁まで積分すると，

$$p = p_\infty - \rho\overline{v'^2} \tag{1-27}$$

これを式 (1-25) に代入し，二次元自由噴流の場合と同様に簡単化すると，

$$v_r\frac{\partial v_z}{\partial r} + v_z\frac{\partial v_z}{\partial z} = -\frac{1}{\rho}\frac{dp}{dz} - \frac{1}{r}\frac{\partial}{\partial r}(r\overline{v_r'v_z'}) \tag{1-28}$$

実際には，$dp/dz \fallingdotseq 0$ なので，

$$v_z \frac{\partial v_z}{\partial z} + v_r \frac{\partial v_z}{\partial r} = \frac{1}{\rho r} \frac{\partial (r\tau)}{\partial r} \qquad (1\text{-}29)$$

ここで，$\tau \equiv -\rho \overline{v_r' v_z'}$

　本章では，二次元，および三次元円形自由噴流の挙動を表す運動方程式(ナビエ・ストークス式)などについて述べたが，それは非線形方程式であり特別な場合を除き解析解を得ることは非常に困難である．したがって，実際には，近似的な理論解析や数値解析などが行われる．第2章では，数値解析法，および乱流モデルなどについて述べる．

参考文献

(1) Abramovich, G.N., "The Theory of Turbulent Jets", MIT Press (1963)
(2) Birkhoff and Zarantonello, "Jets, Wakes and Cavities", Academic Press (1957)
(3) Gad-al. Hak, M. (Edi), Pollard, A. and Bonnet, J.-P., "Flow Control", Springer (1998)
(4) 原田正一・尾崎省太郎,「流子工学」, 養賢堂 (1969)
(5) 日野幹雄,「流体力学」, 朝倉書店 (1995)
(6) 石原智男・槌田昭,「噴流について」, 日本機械学会誌, **66**-537, pp. 1333-1340 (1963)
(7) Jhonson, R.W. (Edi.), "The Handbook of Fluid Dynamics", CRC Press (1998)
(8) Joseph, A.S. (Edi.) and Allen, E.F., "Fundamentals of Fluid Mechanics", John Wiley & Sons (1999)
(9) 神部勉・P.G. ドレイジン,「流体力学 安定性と乱流」, 東京大学出版会 (1998)
(10) 中林功一・伊藤基之・鬼頭修巳,「流体力学の基礎」, コロナ社 (1993)
(11) 岡本史紀,「流体力学」, 森北出版 (1996)
(12) Pai, Shin-I, "Fluid Dynamics of Jets", Reinhold Comp. Inc (1954)
(13) Rajaratnam, N., "Turbulent Jets", Elsevier Sci. Pub. Comp (1976) (野村安正 (訳),「噴流」, 森北出版 (1981))
(14) Robert, D. Blevins, "Applied Fluid Dynamics Handbook", Van Nostrand Comp. Inc (1984)
(15) Schlichting, H., "Boundary Layer Theory", 7th Ed., McGraw-Hill (1979)
(16) Tounsend, A.A., "The Structure of Turbulent Shear Flows", Cambridge University Press (1956)
(17) 社河内敏彦,「噴流工学の基礎」, 日本機械学会講習会 (**98**-11, 噴流とその応用技術) 教材, pp. 1-11 (1998)

(18) Xu, G. and Antonia, R.A., "Effect of different initial conditions on a turbulent round free jet", Experiments in Fluids, 33, pp. 677-683 (2002)
(19) 柳谷大輔,「円形キャビティ噴流の流動特性とその制御」, 三重大学大学院工学研究科, 2000 年度修士論文 (2001)

2 噴流の数値解析

Numerical analysis of jet flow

噴流の挙動を(理論)解析的に調べるには，運動方程式[ナビエ・ストークス式，式(1-1)〜(1-3)，連続の式(1-5)]の解析解を求めればよいが，一般には式が非線形であるため非常に困難である．そこで，それを数値的に解析(近似計算)することが考えられ，近年の計算機および計算アルゴリズムの急速な発展とともに身近なものとなっている．

2.1 流れ，噴流の数値解析

非圧縮性流体の流れ場(噴流)のようす，たとえば，速度，圧力分布などを知るには，流体の運動方程式(ナビエ・ストークス式)と連続の式を与えられた境界条件下に解析的に解けば，その厳密解を得ることができる．しかしながら，前記したように，ナビエ・ストークス式は非線形方程式であり，解析的に解くことは困難である．

このような場合，数値的な方法により解を得ることになる．数値解を得るには膨大な量の計算が必要になるが，近年の計算機の飛躍的な発展はそれを可能にしてきている．

また，圧縮性流体の場合には，熱力学的な量に関する状態方程式，エネルギー式を連立させて解く必要がある．

流れの数値解析法には，大別して差分法(finite difference method)，有限要素法(finite element method)，境界要素法(boundary element method)がある．

本章では非圧縮性流体の流れを，差分法，境界要素法(離散渦法)を使って数値的に解析する場合についてその概略を述べる．また，乱流のモデリングの一部についても概説する．

2.2 差 分 法

流れの支配方程式(ナビエ・ストークス式など)を数値的に解析するには，これらを離散化する必要があり，その方法に差分法(finite difference method)がある．言い換えると，差分法は，ナビエ・ストークス式などを離散的に与えられた点における変数の連立方程式として表し，これを解く方法である．そこで，変数の導関数を離散的に与えられた点(たとえば，x_{i-1}, x_i, x_{i+1}，各点間の間隔はそれぞれ Δx_{i-1}, Δx_i，図2-1参照)の変数を用いて表す必要がある．

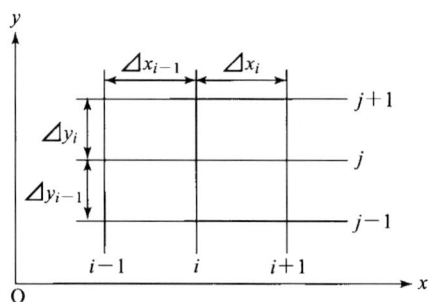

図 2-1 差分格子

変数 x の連続関数 $f(x)$ の x_i における一次および二次導関数は，いま，$\Delta x_{i-1} = \Delta x_i = \Delta x$ とすると，テイラー展開

$$f_{i+1} = f_i + \left(\frac{\partial f}{\partial x}\right)_i \Delta x + \frac{1}{2!}\left(\frac{\partial^2 f}{\partial x^2}\right)_i \Delta x^2 + \frac{1}{3!}\left(\frac{\partial^3 f}{\partial x^3}\right)_i \Delta x^3 + \cdots \tag{2-1}$$

$$f_{i-1} = f_i - \left(\frac{\partial f}{\partial x}\right)_i \Delta x + \frac{1}{2!}\left(\frac{\partial^2 f}{\partial x^2}\right)_i \Delta x^2 - \frac{1}{3!}\left(\frac{\partial^3 f}{\partial x^3}\right)_i \Delta x^3 + \cdots \tag{2-2}$$

により差分式(代数式)で近似的に表すことができる．すなわち，式(2-1)と(2-2)の差をとると，

$$\left(\frac{\partial f}{\partial x}\right)_i = \frac{f_{i+1} - f_{i-1}}{2\Delta x} - \frac{1}{6}\left(\frac{\partial^3 f}{\partial x^3}\right)_i \Delta x^2 + \cdots$$

$$= \frac{f_{i+1} - f_{i-1}}{2\Delta x} + O(\Delta x^2) \tag{2-3}$$

式中，$O(\Delta x^2)$ は Δx^2 以上の項の和を示す．なお，この項は無視されるので打ち切り誤差とよばれ，式 (2-3) は 2 次精度の差分式とよばれる．また，$(\partial f/\partial x)_i$ は f_{i+1} と f_{i-1} により近似されるので中心差分とよばれる．

$(\partial f/\partial x)_i$ を前進差分と後退差分で表すとそれぞれ，

$$\left(\frac{\partial f}{\partial x}\right)_i = \frac{f_{i+1} - f_i}{\Delta x} + O(\Delta x) \tag{2-4}$$

$$\left(\frac{\partial f}{\partial x}\right)_i = \frac{f_i - f_{i-1}}{\Delta x} + O(\Delta x) \tag{2-5}$$

つぎに，式 (2-1) と (2-2) の和をとると，

$$\left(\frac{\partial^2 f}{\partial x^2}\right)_i = \frac{f_{i+1} - 2f_i + f_{i-1}}{\Delta x^2} - \frac{1}{12}\left(\frac{\partial^4 f}{\partial x^4}\right)_i \Delta x^2 + \cdots$$

$$= \frac{f_{i+1} - 2f_i + f_{i-1}}{\Delta x^2} + O(\Delta x^2) \tag{2-6}$$

2.2.1 基礎式

いま，簡単のため二次元，定常，非圧縮性の流れを仮定すると流体の運動を記述する式は，式 (1-1) 〜 (1-5) より，

$$\frac{\partial u}{\partial t} + u\frac{\partial u}{\partial x} + v\frac{\partial u}{\partial y} = \frac{\partial p}{\partial x} + \frac{1}{Re}\left(\frac{\partial^2 u}{\partial x^2} + \frac{\partial^2 u}{\partial y^2}\right) \tag{2-7}$$

$$\frac{\partial v}{\partial t} + u\frac{\partial v}{\partial x} + v\frac{\partial v}{\partial y} = -\frac{\partial p}{\partial y} + \frac{1}{Re}\left(\frac{\partial^2 u}{\partial x^2} + \frac{\partial^2 u}{\partial y^2}\right) \tag{2-8}$$

$$\frac{\partial u}{\partial x} + \frac{\partial v}{\partial y} = 0 \tag{2-9}$$

ここで，$Re = u_\infty L/\nu$，u_∞：代表速度，L：代表長さ

上記の運動方程式 (2-7), (2-8), 連続式 (2-9) を直接連立させて解くことは困難である．ここでは，流れ関数・渦度法および速度・圧力法による解法について概略する．

2.2.2 流れ関数・渦度法による解法

式 (2-8), (2-7) をそれぞれ x，y で微分し引き算をすると，

$$\frac{\partial \zeta}{\partial t} + u\frac{\partial \zeta}{\partial x} + v\frac{\partial \zeta}{\partial y} = \frac{1}{Re}\left(\frac{\partial^2 \zeta}{\partial x^2} + \frac{\partial^2 \zeta}{\partial y^2}\right) = \frac{1}{Re}\nabla^2 \zeta \tag{2-10}$$

ここで，ζ は渦度で，流れ関数 ψ ($u = \partial\psi/\partial y$，$v = -\partial\psi/\partial x$) を導入すると，つぎのポアソンの方程式を得る．

$$\zeta = \frac{\partial v}{\partial x} - \frac{\partial u}{\partial y} = -\left(\frac{\partial^2 \psi}{\partial x^2} + \frac{\partial^2 \psi}{\partial y^2}\right) = -\nabla^2 \psi \qquad (2\text{-}11)$$

実際の数値計算では,差分式で表した式(2-10),(2-11)を連立して解き ψ と ζ を求め,それを基に速度 u, v を算出する.

本方法による数値計算例を,6.2 節で噴流のキャビティトーン発振現象(社河内ら,1981)を対象に述べる.

2.2.3 速度・圧力法による解法

流れ関数・渦度法では速度と圧力を ψ と ζ で表し従属変数を減らしたが,速度・圧力法では速度と圧力を従属変数として使用する.圧力は,式(2-6),(2-7)をそれぞれ x, y で微分し加え合わせたあと,整理すると,つぎのポアソンの方程式を得る.

$$\left(\frac{\partial^2 p}{\partial x^2} + \frac{\partial^2 p}{\partial y^2}\right) = -\frac{\partial^2 u}{\partial x^2} - 2\frac{\partial^2 uv}{\partial x \partial y} - \frac{\partial^2 v}{\partial y^2} - \frac{\partial V_g}{\partial t} + \frac{1}{Re}\left(\frac{\partial^2 V_g}{\partial x^2} + \frac{\partial^2 V_g}{\partial y^2}\right) \qquad (2\text{-}12)$$

ここで, $V_g \equiv \partial u/\partial x + \partial v/\partial y$

最終的に得られた解では, $V_g = 0$ となり,連続の式が満たされることになる.

本計算法による数値計算例を,4.2 節で曲壁付着噴流(社河内ら,2000),5.2 節で円形衝突噴流,7.1 節で同軸円形二重噴流,環状噴流などを対象に述べる.

2.3 境界要素法,離散渦法

流れ場中に置かれた物体の近傍を除く領域は,近似的に粘性のないポテンシャル流れとして取り扱うことができる.渦法では,渦度が関係する物体の近傍やはく離せん断層を渦点で置き換え,さらに時間的に変化するはく離せん断層の挙動を放出された渦度の移動を追跡することから求める.

すなわち,離散渦法(discrete vortex method)は,本来,物体の近傍やはく離せん断層など粘性や密度差のある流れの中で生起する連続的な渦度の分布を離散的な渦点で置き換え,各渦点の移動をラグランジュ的に追跡し非定常な流動状態を明らかにする方法である.

離散渦法は,他の数値解析法に比べその取り扱いが簡単で物理的な意味も理

解しやすく計算規模も比較的小さくてすむ，などのため高いレイノルズ数のはく離を伴う流れや噴流の流れ，特に非定常なそれらの流れの数値解析に多く用いられている(亀本，1989，Uchiyama & Okita, 2001)．Older & Goldschmidt (1980)，長谷川ら(1986)は離散渦法を用いて，二次元噴流のノズル出口付近の対称な渦配列が逆回転渦の交互配列に遷移するようすを説明している．

図2-2に，離散渦法による二次元自由噴流の数値計算例(清水，1985)を示す．図中，Tは無次元時間($=tu_0/b$)で，渦点の分布と圧力分布を示す．噴流の発達領域では流れの対称性が崩れ，渦塊がカルマン渦列状に形成されるのがわかる．

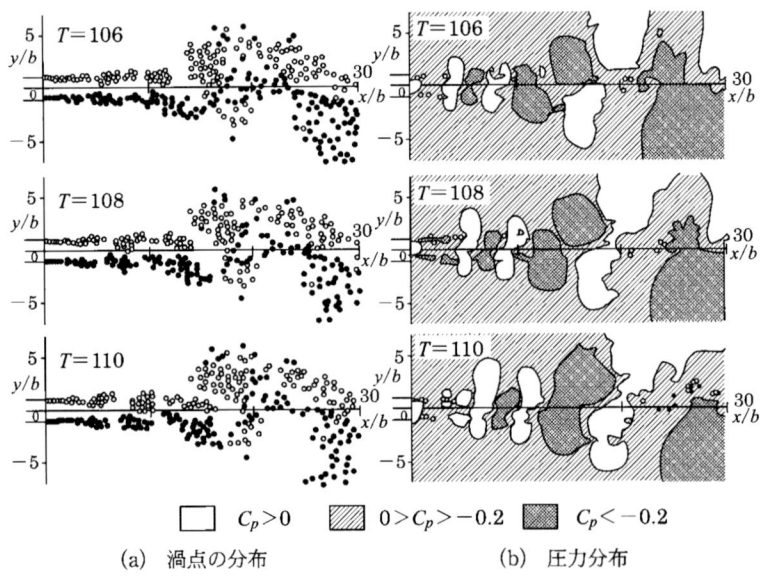

(a) 渦点の分布 　　　　　　(b) 圧力分布

図2-2　離散渦法による二次元自由噴流の流動解析(清水，1985)

2.4　乱　　流

前記したように，乱流(turbulent flow)によって生起するレイノルズ応力を合理的な方法でモデル化して与えることができればレイノルズ方程式を解くことができる．本節では，主要な乱流モデルについて述べる．

2.4.1 レイノルズ平均場

運動方程式中のレイノルズ応力τ_tを算出するためのモデル化について述べる．

- 0方程式モデル：レイノルズ応力を，$\tau_t = \rho\varepsilon(du/dy)$ または $\tau_t = \rho\overline{u'v'} = \rho l^2 (du/dy)^2$，($l$：混合距離）で表すモデルである．
- 1方程式モデル：乱流運動エネルギーkを輸送方程式から決め，乱れの代表長さlを代数式で決めるモデルである．
- 2方程式モデル：k, lを，ともに輸送方程式から決めるモデルで，lの代わりに乱流エネルギーの散逸率εを用いたのがk-ε乱流モデルである．本方法[2.2.3項]による数値計算例を，5.2節の円形衝突噴流，7.1節の同軸円形二重噴流，環状噴流（社河内ら，1997）などを対象に述べる．

一般に，k-ε乱流モデルは等方性乱流を仮定しているため，非等方性の強いはく離流れ，旋回流れなどの計算には適さない．しかしながら，それに代わる比較的簡便な方法がないため，工業的にはいわゆる汎用k-ε乱流モデルがよく使われている．また，非等方のk-ε乱流モデルも開発されているが，十分とはいえない．

2.4.2 LES

乱流モデルと時間平均した運動方程式による計算では乱流変動も平均化されるが，LES (large eddy simulation) では不規則（非定常）な乱流変動問題も計算でき，計算格子内で場所平均により格子内の小さな渦だけをモデル化する方法である．

すなわち，乱流のエネルギースペクトル特性をみると高波数の小さな渦は等方的で普遍的な性質を有しているのでこれをモデル化し，流れ場の影響を強く受ける低波数の大きなスケールの乱流渦の挙動のみを直接計算する．

非定常な流れ場を計算するには，比較的簡便で好つごうな計算方法といえる．

図2-3に，LESよる円形衝突噴流の流動解析結果の一例 (Olsson & Fuchs, 1998) を示す．ノズルレイノルズ数$Re = 10^4$の半拘束円形噴流が，間隔$H/d_0 = 4$の平板に衝突する．主流に，自由噴流で自然に生起する波数，ストローハル数$St = 0.28$，振幅0.028のかく乱を与えている．

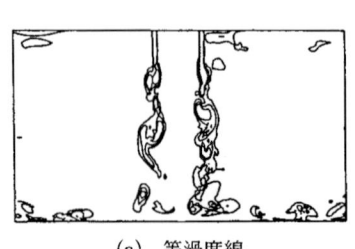 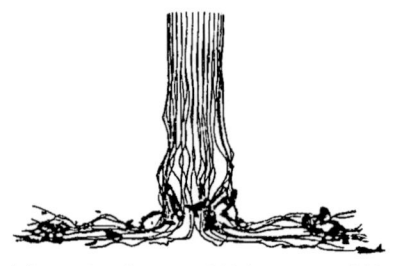

　　　(a)　等渦度線　　　　　　(b)　ノズル出口での噴流表面からの流線

図 2-3　LES よる円形衝突噴流の流動解析 (Olson ら, 1998)

　図 (a) は，ある瞬間の等渦度線を示す．ノズル出口から，ケルビン・ヘルムホルツ形のせん断層の不安定性に起因する軸対称の渦が生じ，下流でらせん状に変形するのがわかる．また，図 (b) にはノズル出口での噴流表面からの流線を示すが，衝突平板上の流動状態がわかる．

2.4.3　DNS，直接数値シミュレーション

　乱流計算をする際，ナビエ・ストークス式と連続式を連立させて直接数値解析すれば，乱流モデルを使わずに流れ場のようすを知ることができる．実際の計算では，一般に，流れの中に生起する最小の渦を表現するために十分に小さな計算格子と，その非定常な運動を表記するための十分に小さなタイムステップとが必要となり，大容量で高速の計算機が必要とされる．しかしながら，近年の計算機の急速な発達はそれを可能にしつつあり，DNS (direct numerical simulation) による計算も増えてきている．

　特に，流れの詳細な構造解析が可能で大小の乱流渦の挙動を解明するのに非常に有用である．

　図 2-4 に，DNS による円形自由噴流の流動解析例，低 Re 数の円形自由噴流の初期過渡流れの流動解析結果 (湯ら, 1997) を示す．

　図 (a) は，$Re=1\,200$ の円形噴流が静止自由空間中に噴出したあとの $t=0.333\,\mathrm{s}$ での流動状態を等渦度線で示す．また，図 (b) にはトレーサに塩化アンモニア粒子を使った流れの可視化写真を示す．数値解析結果は実験結果をよく表しており，噴流の初期過渡流れ状態がよく理解される．

　図 2-5 に，DNS による円形衝突噴流の流動解析例 (坪倉ら, 2001) を示す．$Re=2\,000$ の円形噴流が，間隔 $H/d_0=10$ の平板に衝突する．主流に，$St=$

2.4 乱流 19

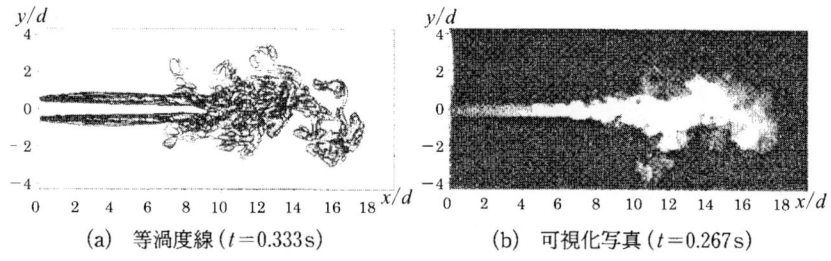

(a) 等渦度線 ($t=0.333$s)　　(b) 可視化写真 ($t=0.267$s)

図2-4　DNSよる円形自由過渡噴流の流動解析(湯ら，1997)

(等渦度線，θ：視覚)

図2-5　DNSよる円形衝突噴流の流動解析(坪倉ら，2001)

0.4のかく乱を，また，入り口条件として周方向に波長$\lambda/d_0=\pi/6$の正弦波状のかく乱を空間的に与えている．ノズル出口から下流で，せん断層の不安定性により軸対称のロールアップ渦が生じ，その下流で主流方向に軸をもつ縦渦の渦対が入り口条件の周方向波数と同じだけみられる．

ほかに，アスペクト比5の長方形(矩形)ノズルからの噴流のDNSによる流動解析(Remboldら，2002)などがある．

以上，各種の数値解析法と解析例を概説したがその進歩には驚くべきものがある．しかしながら，複雑な流れ場の解明にはまだ不十分な点も多く今後の発展が期待される．

参考文献

（1）荒川忠一，「数値流体工学」，東京大学出版会(1995)
（2）長谷川達也・山口誉起・大岩紀生・倉田勝，「二次元噴流の離散渦法によるシミュレーション」，日本機械学会論文集，**52**-476, pp. 1450-1455 (1986)
（3）梶島岳夫，「乱流の数値シミュレーション」，養賢堂(1999)
（4）亀本喬司，「離散渦法の基礎，セミナ＆シンポジウム，境界積分法による流れの数値解析—広がる応用性：パネル法，渦法，特異点法」，日本機械学会，セミナ No. 890-2, pp. 31-36 (1989)
（5）日本機械学会編，「流れの数値シミュレーション」，コロナ社(1988)
（6）Oler, J.W. and Goldschmidt, V.W., "Phys. Fluids", 23-1, pp. 119 (1980)
（7）Olsson, M. and Fuchs, L., "Large eddy simulations of a forced semiconfined circular impinging jet", Physics of Fluids, **10**-2, pp. 476-486 (1998)
（8）Patanker, S.V., "Numerical Heat Transfer and Fluid Flow", Hemisphere, (1980)(水谷幸夫・香月正司訳，「コンピュータによる熱移動と流れの数値解析」，森北出版(1985))
（9）Rembold, B., Adams, N.A. and Kleiser, L., "Direct Numerical Simulation of a Transitional Rectangular Jet", Intern. J. Heat and Fluid Flow, 23, pp. 547-553 (2002)
（10）社河内敏彦・末松良一・伊藤忠哉，「キャビティ発振の研究(第1報，発振機構の検討)」，日本機械学会論文集，**47**-424 B, pp. 2265-2273 (1981)
（11）社河内敏彦・加藤智宏，「環状噴流の流動特性とその制御」，日本機械学会論文集，**63**-614 B, pp. 3278-3286 (1997)
（12）清水誠二，「離散うず法による二次元噴流の解析」，日本機械学会論文集，**51**-472 B, pp. 3852-3858 (1985)
（13）数値流体力学編集委員会編，「乱流解析」，東京大学出版会(1995)
（14）数値流体力学編集委員会編，「非圧縮性流体解析」，東京大学出版会(1997)
（15）標宣男・鈴木正昭・石黒美佐子・寺坂晴夫，「数値流体力学」，朝倉書店(1995)
（16）坪倉誠・小林敏雄・谷口信行，「噴流形状による平面衝突噴流の組織的構造の違いについて(平面噴流と円形噴流の比較)」，日本機械学会流体工学部門講演会講演概要集，**01**-3, p. 247 (CD-ROM, 4ページ)(2001)
（17）Uchiyama, T. and Okita, T., "Numerical Simulation of Plume Diffusion Field Around a circular cylinder by Vortex Method", Proc. of the 2001 Intern. Symp. on Environmental Hydraulics, CD-ROM (2001)
（18）湯晋一・中島賢治・飛永浩伸，「低 Re 数自由噴流の初期過渡流れの直接数値計算と実測値による検証」，日本機械学会論文集，**63**-610 B, pp. 1928-1937 (1997)

3 自由噴流，壁面噴流

Free jet and wall jet flows

噴流は，前記したように，ノズル形状，噴出速度，作動流体，周囲の状況などによりその流動状態が大きく異なる．

本章では，無限の大きさの同一静止流体中に噴出される非圧縮性の自由噴流，壁面噴流などの挙動について記す．自由噴流 (free jet flow) については，その大規模渦構造についても述べる．

3.1 自 由 噴 流

3.1.1 二次元自由噴流

最も基本的な噴流現象である二次元形状のノズル（スリット）からの乱流噴流が，無限の大きさの同一静止流体中に噴出される場合，すなわち二次元自由噴流については古くから多くの研究がなされ，速度分布などが求められている[流動特性，フローモデルは，1.1.1 項および図 1-1 を参照]．以下に，二次元層流および乱流噴流の速度分布を示す．

（1）層流の場合　図 3-1 に，二次元層流噴流のフローモデルを示す．図中，ψ は流線を示す．噴流は，$x=-x_0$ の 1 点すなわち仮想原点から発すると考える．噴流は，周囲流体を巻き込み速度を減少させながら流下していく．

仮想原点位置 x_0 は，

1) ノズル出口 $x=0$ での流量 Q を実際のそれとマッチング（等しく）させる，
2) $x=0$ での噴流の運動エネルギーを実際のそれとマッチングさせる，
3) ノズル出口が適切な流線の接線方向になる，

などの方法によって，求めることができる．

なお，二次元層流噴流の速度分布に対する理論解が，Schlichting (1933, 1979) により求められている．

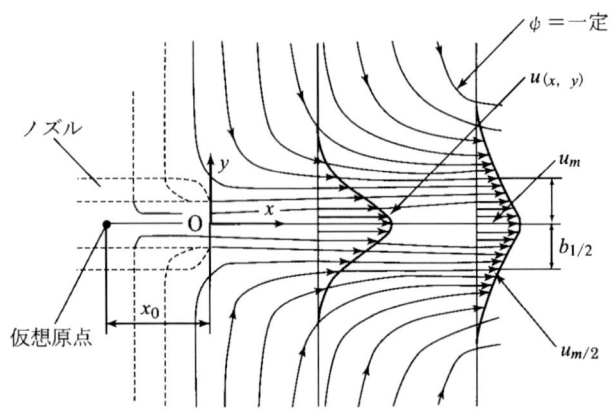

図 3-1　二次元層流噴流(フローモデル)

$$u = 0.4543\left(\frac{K^2}{\nu x}\right)^{1/3}(1 - \tanh^2\xi) \tag{3-1}$$

$$v = 0.5503\left(\frac{\nu K}{x^2}\right)^{1/3}[2\xi(1 - \tanh^2\xi) - \tanh\xi] \tag{3-2}$$

ここで，$\xi = 0.2752(K/\nu^2)^{1/3}(y/x^{2/3})$

$$K = \frac{J}{\rho} = \int_{-\infty}^{\infty} u^2 \, dy$$

(2) 乱流の場合(平均流特性)　図 3-2 に，二次元乱流噴流のフローモデルを示す．

二次元乱流噴流の速度分布は，Tollmien (1926) が，乱流せん断応力を $\tau_t = \rho l^2 |\partial u/\partial y|(\partial u/\partial y)$, ($l$：混合距離) で表すとする Prandtl の混合距離理論を使ってはじめて計算している．

また，Goertler (1942) は二次元自由噴流の速度分布を，せん断応力 $\tau_t = \rho \varepsilon(\partial u/\partial y)$ における渦粘性係数 ε を，Prandtl が仮定したつぎの関係 (Plandtl の第2仮定)，

$$\varepsilon = \varkappa_1 b u_c \tag{3-3}$$

ここで，$\varkappa_1$：定数，b：噴流幅 $(\sim x)$，u_c：噴流の中心線流速 $(\sim x^{-1/2})$ を使って計算している．以下に，その詳細を示す．

『ところで，式 (3-3) は，Plandtl によりつぎのように与えられた．噴流中心での y 方向への速度勾配は $du/dy = 0$ なので，混合距離 l を $l = $ const. とする

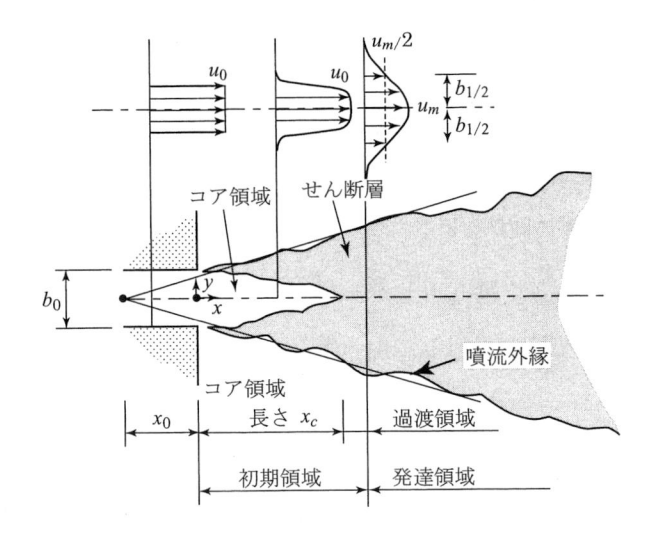

図 3-2 二次元乱流噴流(フローモデル)

と，$\varepsilon = l^2 |du/dy| = 0$ となり，噴流中心での速度分布形は実際とは異なった尖った形状となる．Prandtl は，混合距離の概念は流体塊の大きさが流れの場の代表長さ(たとえば，噴流幅)に比べて大きい場合には適用できず，ε を式(3-3)で表すことを提案した．噴流の実際の速度分布は，式(3-3)の導入によりかなりよく表すことができる．』

また，解析に際しつぎのことを仮定した．
1) ノズル幅は，無限小の大きさとする．
2) 無限小幅のノズルから噴出された噴流は，相似な速度分布形を有する．
3) 噴流軸に直角な断面を通過する運動量は，一定である．
4) 圧力勾配は，ない．

先に求めた二次元流れに対する運動方程式(1-17)と式(3-3)より，

$$u\left(\frac{\partial u}{\partial x}\right) + v\left(\frac{\partial u}{\partial y}\right) = \varepsilon\left(\frac{\partial^2 u}{\partial y^2}\right) \tag{3-4}$$

いま，$x = x_s$ での u_c と b をそれぞれ u_s, b_s とすると，それらは，

$$u_c = u_s\left(\frac{x}{x_s}\right)^{-1/2}, \quad b = b_s\left(\frac{x}{x_s}\right) \tag{3-5}$$

と表せ，次式を得る．

$$\varepsilon = \varepsilon_s \left(\frac{x}{x_s}\right)^{1/2}$$

ただし，$\varepsilon_s = x_1 b_s u_s$

また，$\eta = \sigma(y/x)$ [σ：拡散係数（=const.）] とおき，流れ関数 ψ を，

$$\psi = \sigma^{-1} u_s x_s^{1/2} x^{1/2} F(\eta) \tag{3-6}$$

とすると，つぎの関係を得る．

$$\begin{aligned} u &= \frac{\partial \psi}{\partial y} = u_s \left(\frac{x}{x_s}\right)^{-1/2} F', \\ v &= -\frac{\partial \psi}{\partial x} = \sigma^{-1} u_s x_s^{1/2} x^{-1/2} \left(\eta F' - \frac{F}{2}\right) \end{aligned} \tag{3-7}$$

『ところで，上記の流れ関数 ψ [式(3-6)] は，つぎのように与えられる．噴流の速度分布は，u と y をそれぞれ中心線流速 u_c と噴流の半値幅（速度 u が $u_c/2$ となる位置の y の値）$b_{1/2}$ で無次元化すると相似形となり次式で表される．

$$\frac{u}{u_c} = f(\xi) \tag{3-8}$$

ここで，$\xi = y/b_{1/2}$

実際に，噴流の発達領域での無次元速度分布は一つの代表速度 u_{m0}（ノズル出口最大流速）と一つの代表長さ ξ で決まる，いわゆる自己保存流（self preserving flow）となる．

いま，$u_c = C_1 u_{m0} (b_0/x)^{1/2}$, $\eta = \sigma(y/x)$ とおき $f(\xi)$ の代わりに $F'(\eta)$ を用いると，

$$u = C_1 u_0 \left(\frac{b_0}{x}\right)^{1/2} F'(\eta) \tag{3-9}$$

ここで，$\eta = \sigma C_2 \xi$

いま，$u = \partial \psi / \partial y$ なので流れ関数 ψ は，次式で与えられる．

$$\psi = \int_0^y u \, dy = \int_0^y C_1 u_{m0} \left(\frac{b_0}{x}\right)^{1/2} F'(\eta) \frac{x}{\sigma} d\eta = C_1 u_{m0} \left(\frac{b_0}{x}\right)^{1/2} \frac{x}{\sigma} F(\eta) \tag{3-10}$$

また，いま，

$$\frac{u_c}{u_{m0}} = C_1 \left(\frac{x}{b_0}\right)^{-1/2}, \quad \frac{u_c}{u_s} = \left(\frac{x}{x_s}\right)^{-1/2} \tag{3-11}$$

なので，流れ関数 ψ は式(3-6)で表される．』

式(3-7)，(3-6)より，

$$\frac{F'^2}{2} + \frac{FF''}{2} + \left(\frac{\varepsilon_s}{u_s x_s}\right)\sigma^2 F''' = 0 \tag{3-12}$$

ここで，境界条件は $\eta=0$ で $F=0$, $F'=1$, $\eta=\infty$ で $F''=0$
また，ε_s はつぎのようにもおける．

$$\sigma = \frac{\left(\dfrac{u_s x_s}{\varepsilon_s}\right)^{1/2}}{2} \tag{3-13}$$

これを式(3-11)に代入し2回積分すると，次式を得る．

$$F^2 + F' = 1 \tag{3-14}$$

式(3-14)の解は，$F(\eta) = \tanh\eta = (1-e^{-2\eta})/(1+e^{-2\eta})$ なので，

$$u = u_s\left(\frac{x}{x_s}\right)^{-1/2}(1 - \tanh^2\eta) \tag{3-15}$$

噴流の単位深さあたりの運動量は，

$$J = \rho\int_{-\infty}^{\infty} u^2 dy \tag{3-16}$$

ゆえに，

$$J = \frac{4u_s^2 x_s}{3\sigma} \tag{3-17}$$

いま，$J/\rho \equiv K$ とおくと，つぎの速度分布式を得る．

$$u = \left(\frac{3K\sigma}{4x}\right)^{1/2}(1 - \tanh^2\eta) \tag{3-18}$$

$$v = \left(\frac{3K}{16\sigma x}\right)^{1/2}[2\eta(1 - \tanh^2\eta) - \tanh\eta] \tag{3-19}$$

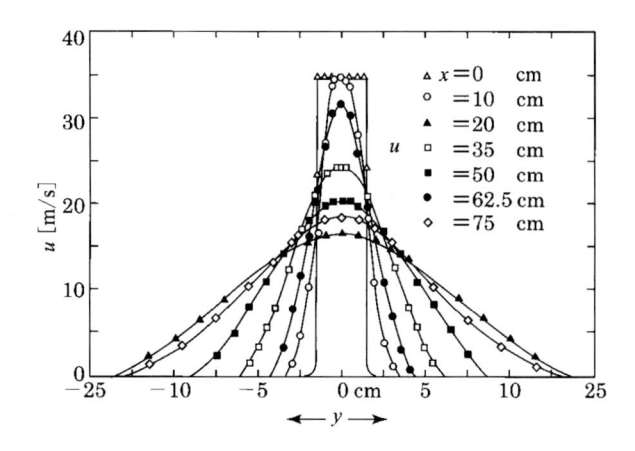

図 3-3 二次元乱流自由噴流の速度分布 $u-y$ (Foerthmann, 1934)

拡散係数 σ は噴流の広がりの程度を表し，二次元乱流自由噴流の場合，Reichardt (1942) により実験的に $\sigma=7.67$ と求められている．

図 3-3 に，二次元乱流自由噴流の速度分布 u の実験結果 (Foerthmann, 1934) の例を示す．ノズル出口 $x=0$ でほぼ矩形の速度分布形 ($u_0=35$ m/s) をもつ噴流が，$x=10$ cm での最大流速 u_m は同一であるが下流にいくにつれその最大流速を減衰させながら y 方向に拡散していくようすがよく見てとれる．

図 3-4 に，速度 u と座標 y をそれぞれ，u_m と噴流の半値幅 $b_{1/2}$ で無次元化して示す．図中の曲線 ② は，式 (3-18) による理論計算結果である．発達領域の各 x 断面での速度分布 u は相似形で一つの曲線で表され，計算結果は噴流の外縁部を除き実験結果をよく表すのがわかる．

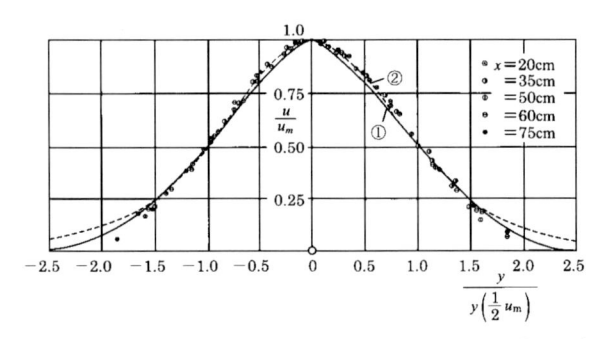

[測定値：Foerthmann による，理論：曲線 ①；Tollmien による，②；式 (3-18) による]

図 3-4　二次元乱流自由噴流の無次元速度分布　$u/u_m - y/b_{1/2}$ (Schlichting, 1979)

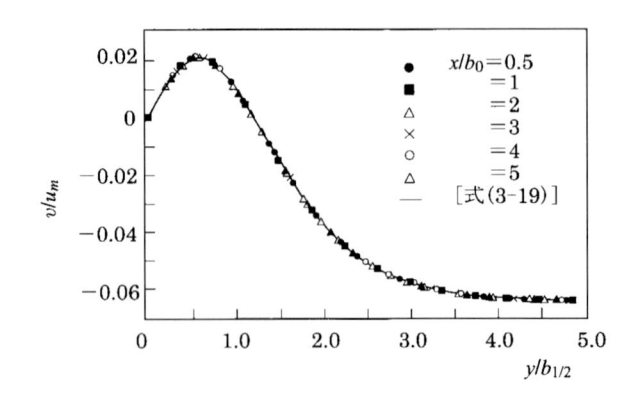

図 3-5　二次元乱流自由噴流の無次元速度分布　$v/u_m - y/b_{1/2}$

図 3-5 に，y 方向の速度分布 v の式 (3-19) による理論計算結果を無次元化して示す．分布形は，$y/b_{1/2}=0$ の軸に対し対称である．各 x 断面での速度分布 v は相似形で一つの曲線で表され，$y/b_{1/2}>1.5$ では v は負値となり，周囲の流体を巻き込みながら流下するのがわかる．

図 3-6 に，二次元乱流自由噴流の中心線 (最大) 流速 u_c の下流方向への変化のようすを示す．

前記したように噴流は，周囲の流体を巻き込みながら下流方向に拡散していく．巻き込み速度 V_e は，次式で定義される．

$$V_e = \frac{d}{dx}\int_0^\infty u\,dy = \frac{dQ}{dx} \tag{3-20}$$

Q は流量で，次式で与えられる．

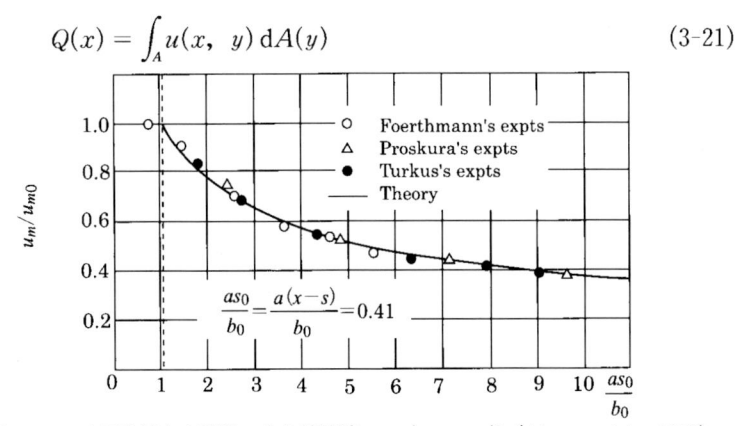

$$Q(x) = \int_A u(x,\ y)\,dA(y) \tag{3-21}$$

図 3-6 二次元乱流自由噴流の中心線流速　$u_m/u_0 - as_0/b_0$ (Abramovich, 1963)

(3) 乱流の場合 (乱流特性)　二次元乱流自由噴流の乱流 (乱れ) 特性についても非常に多くの測定結果があるが，図 3-7 に Heskestadt (1965) の結果のいくつかを示す．

図 3-7 (a) は，噴流中心線上の乱れ強さ u'/u_m の x 方向への変化を示しいるが，$x/b_0 > 40$ で $(x/b_0)^{0.0033}$ に比例して増加していく．

図 3-7 (b) ～ (d) にそれぞれ，流れが十分に発達した下流の領域 ($x/b_0=101$) での x, y, z 方向への乱れ強さの分布を示す．u'/u_m は，速度勾配の大きなせん断層で大きな値をとり，v'/u_m と w'/u_m はほぼ同様の分布形となる．

また，図 3-7 (e) に示すレイノルズ応力 $\overline{u'v'}/u_m^2$ 分布は噴流中心で零，速度勾配の大きなせん断層で最大値をとる．

28 第3章 自由噴流，壁面噴流

(a) x 方向の乱れ $\sqrt{\overline{u'^2}}/u_m$

(b) x 方向の乱れ強さ $\overline{u'^2}/u_m^2$

(c) y 方向の乱れ強さ $\overline{v'^2}/u_m^2$

(d) z 方向の乱れ強さ $\overline{w'^2}/u_m^2$

(e) レイノルズ応力 $\overline{u'v'}/u_m^2$

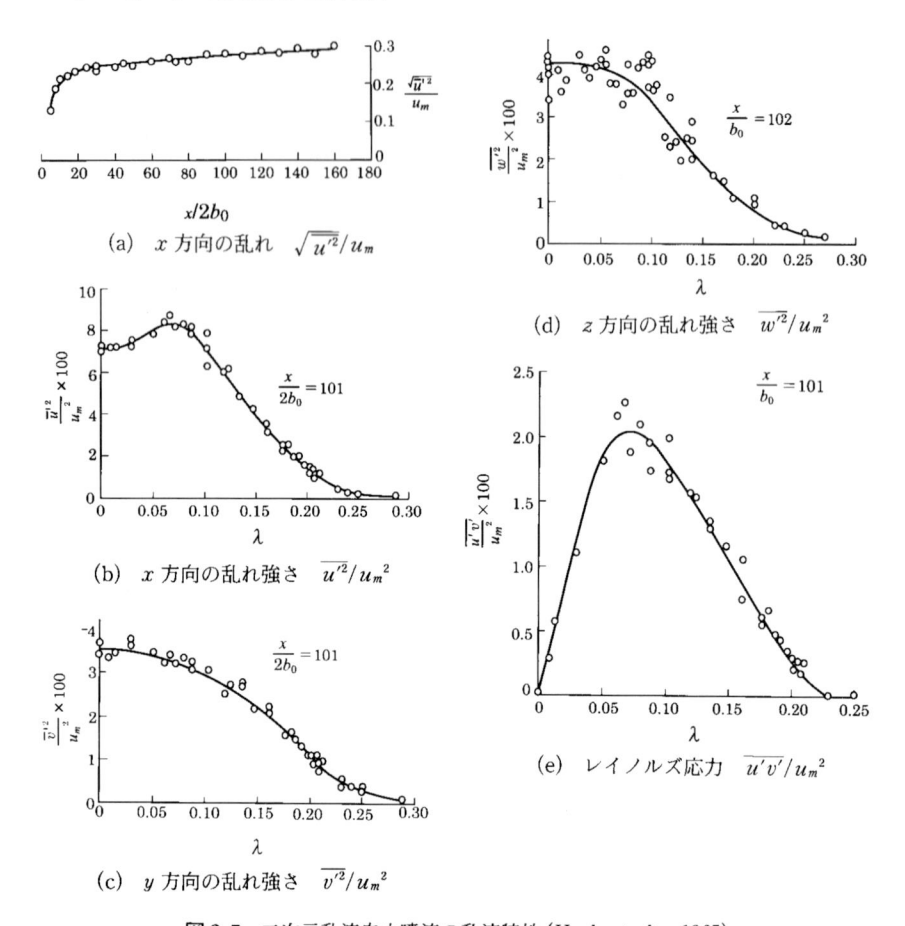

図3-7 二次元乱流自由噴流の乱流特性（Heskestadt, 1965）

以上，おもに，速度，乱れ分布について述べたが，噴流の広がり，流量などは，表3-1〜3-3にまとめて記した．

3.1.2 二次元自由せん断層，混合層

図3-8(a)に示すように，速度の異なる二つの層が出会うと二つの層間の不連続面では流体が粘性を有するためお互いに混合し，下流でのせん断層（混合層）の速度分布 u は図(b)のようになる．この混合のようすは，上記と同様の方法で以下のように明らかにすることができる（Goertler, 1942）．

自由せん断層の運動方程式は式(3-4)で表される．せん断層の厚さを b と

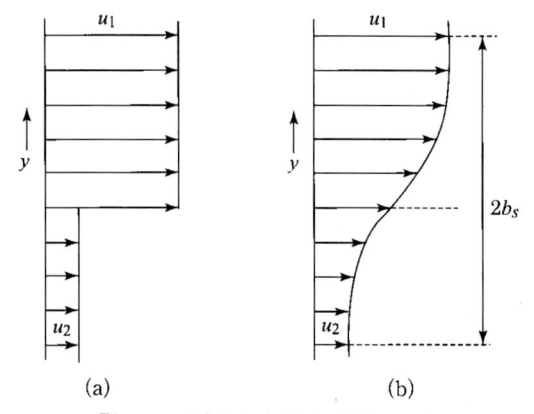

図 3-8 不連続な速度面の拡散・混合

し，$b = cx$ とおくと，渦粘性係数 ε は，
$$\varepsilon = kcx(u_1 - u_2) \tag{3-22}$$
いま，流れ関数 ψ を，
$$\psi = xUF(\eta) \tag{3-23}$$
ここで，$U = (u_1 + u_2)/2$, $\eta = \sigma y/x$
と仮定すると，次式を得る．
$$u = U\sigma F'(\eta) \tag{3-24}$$
式 (3-24) と式 (3-4)，(3-22) より，
$$F''' + 2\sigma FF'' = 0 \tag{3-25}$$
ここで，$\sigma = (kc\lambda)^{-1/2}/2$, $\lambda = (u_1 - u_2)/(u_1 + u_2)$
境界条件は，
$$\eta = \pm\infty \ \text{で}, \quad F'(\eta) = 1 \pm \lambda$$
いま，式 (3-25) を解くため，
$$\sigma F(\eta) = F_0(\eta) + \lambda F_1(\eta) + \lambda^2 F_2(\eta) + \cdots\cdots \tag{3-26}$$
を仮定し，式 (3-25) に代入して整理すると，次式を得る．
$$F_1''' + 2\eta F_1'' = 0 \tag{3-27}$$
この際，境界条件は，
$$\eta = \pm\infty \ \text{で}, \quad F_1'(\eta) = \pm 1$$
式 (3-27) の解は，つぎの誤差関数で与えられる．
$$F_1'(\eta) = \text{erf}\,\eta = \frac{2}{\sqrt{\pi}} \tag{3-28}$$

速度分布 u は，

$$u = \frac{1}{2}(u_1 + u_2)\left[1 + (u_1 - u_2)\frac{\operatorname{erf}\eta}{u_1 + u_2}\right] \quad (3\text{-}29)$$

図 3-9 に，理論計算結果と Reichardt (1942) による実験結果との比較を示す．この際，$u_2=0$ で，拡散係数は $\sigma=13.5$ となり，理論計算結果と実験結果はよく一致している．

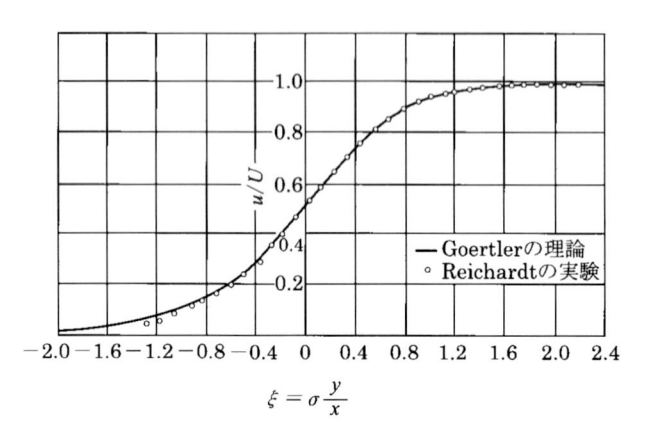

図 3-9 噴流のせん断層(混合層)内の速度分布 (Schlichting, 1979)

3.1.3 三次元円形自由噴流

三次元円形自由噴流の速度分布についても，二次元自由噴流の場合と同様に以下の理論式が求められている．

（1）層流の場合 円形層流自由噴流の速度分布に対する理論解が，Schlichting により求められている．

$$u = \frac{3}{8\pi}\left(\frac{K}{\nu x}\right)\frac{1}{(1+\xi^2/4)^2} \quad (3\text{-}30)$$

$$v = \frac{1}{4}\sqrt{\frac{3}{\pi}}\frac{\sqrt{K}}{x}\frac{\xi-\xi^2/4}{(1+\xi^2/4)^2} \quad (3\text{-}31)$$

ここで，$\xi = \dfrac{1}{4}\sqrt{\dfrac{3}{\pi}}\dfrac{\sqrt{K}}{\nu}\dfrac{y}{x}$

$$K = \frac{J}{\rho} = 2\pi\int_0^\infty u^2 y \, dy$$

（2）乱流の場合 図 3-10 に，円形乱流噴流のフローモデルを示す．円形乱流自由噴流の速度分布 (Goertler, 1942) は，

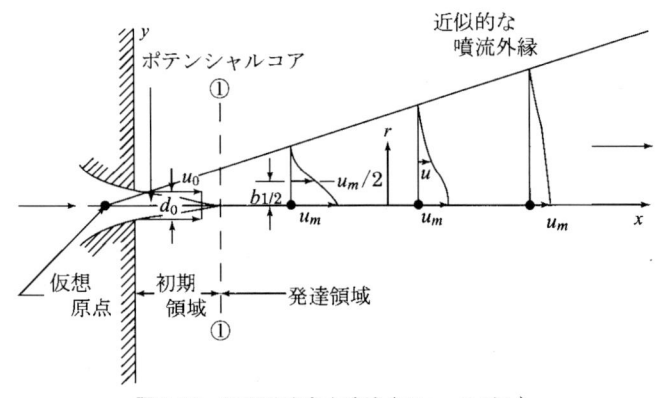

図 3-10　円形乱流自由噴流（フローモデル）

$$u = \frac{3K}{(8\pi\varepsilon_0 x)(1 + \eta^2/4)^2} \tag{3-32}$$

$$v = \left(\frac{3K}{16\pi x^2}\right)^{1/2}(\eta - \eta^2/4)(1+\eta^2/4)^{-2} \tag{3-33}$$

ここで，$\eta = [3K/(16\pi\varepsilon_0^2)]^{1/2}(y/x)$

$\varepsilon_0 = 0.0161 K^{1/2}$ (Reichardt による)

図 3-11 に，円形乱流自由噴流の速度分布 u の実験結果の例 (Truepel,

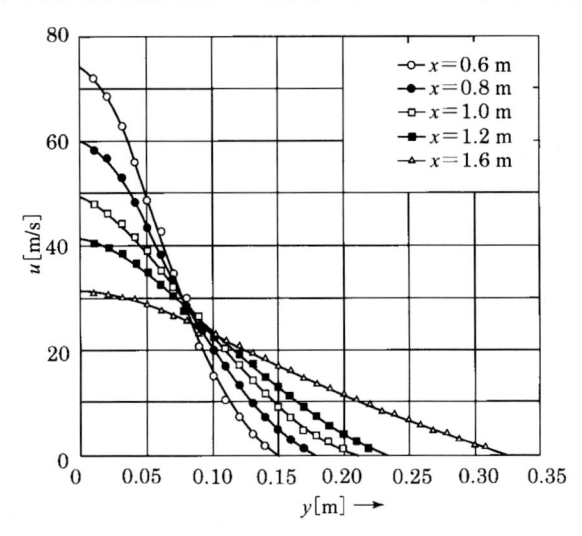

図 3-11　三次元円形乱流自由噴流の速度分布　$u - y$ (Truepel, 1915)

1915) を示す．分布形は，$y=0$ の軸に対し対称である．

噴流は，二次元噴流の場合 (図 3-1) と同様，下流にいくにつれその最大流速を減衰させながら y 方向に拡散していく．

図 3-12 に，速度 u と座標 y を u_{m0} と噴流の半値幅 $b_{1/2}$ で無次元化して示す．各 x 断面での速度分布 u は相似形で一つの曲線で表される．また，それは理論計算結果 (図中の実線，Tollmien, 1926) とよく一致する．

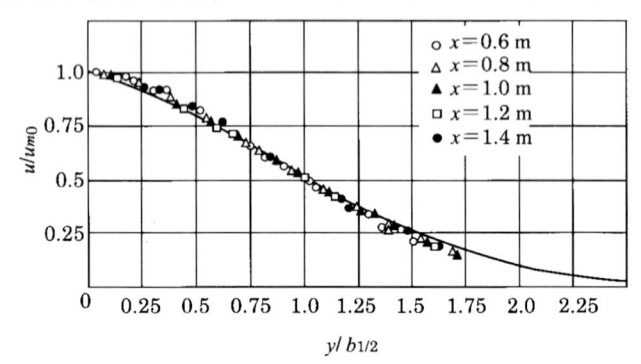

図 3-12 三次元円形乱流自由噴流の無次元速度分布 $u/u_m - y/b_{1/2}$

図 3-13 に，円形乱流自由噴流の中心線 (最大) 流速 u_c の下流方向への変化のようすを示す．図中の実験結果は，Truepel ら (1915) による．また，それは理論計算結果 (図中の実線，Tollmien, 1926) とよく一致する．

図 3.14 に，巻き込み流量 Q/Q_0 を示す．Q/Q_0 は下流方向に直線的に増加し，乱流噴流のそれは層流の場合に比べてはるかに大きい．たとえば，

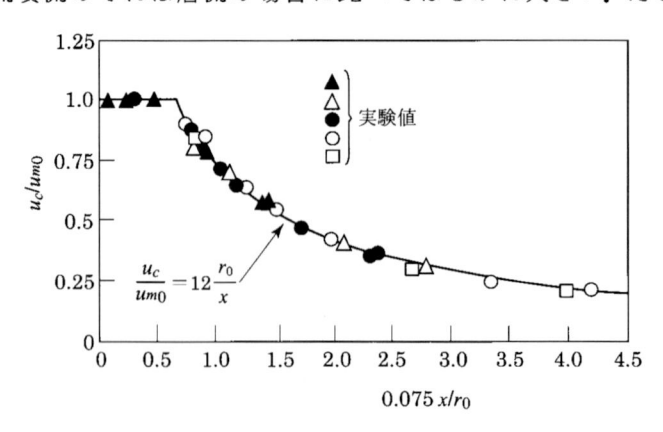

図 3-13 三次元円形乱流自由噴流の中心線流速 $u_c - x$

$x/(2r_0)=24$ では乱流噴流の Q/Q_0 は層流噴流の約 5.2 倍になる．

以上，各種自由噴流の速度分布について述べたが，ここで，同一流体の無限に大きな静止空間中に噴出される自由噴流の流動諸特性をまとめて表 3-1～3-3 に示す（プルーム：第 11 章参照）．

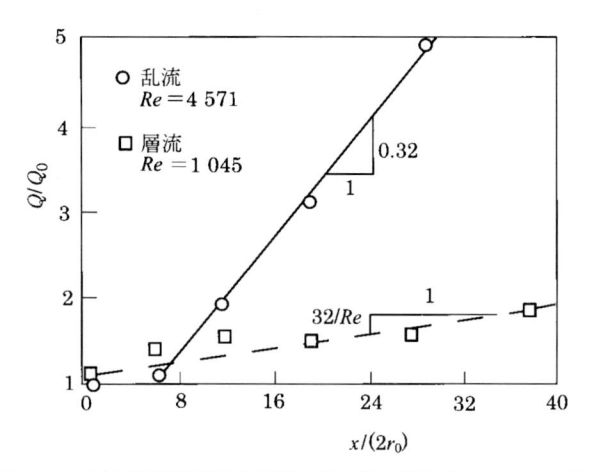

図 3-14 三次元円形乱流自由噴流の巻き込み流量 (Labus ら，1972)

表 3-1 噴流，せん断層，プルームの発達
(development of jet flows, shear layer and plume flows)

流れ，flow	層流 (laminar)		乱流 (turbulent)	
	半値幅 $b_{1/2}$	中心線（最大）流速 u_m	半値幅 $b_{1/2}$	中心線（最大）流速 u_m
a. 平面噴流 two-dimensional plane jet flow	$x^{2/3}$	$x^{-1/3}$	x	$x^{-1/2}$
b. 軸対称円形噴流 axisymmetric round jet flow	x	x^{-1}	x	x^{-1}
c. 平面せん断層 plane shear layer	$x^{1/2}$	1	x	1
d. 平面プルーム plane plume flow	$x^{2/5}$	$x^{1/5}$	x	1
e. 軸対称円形プルーム axisymmetric round plume flow	$x^{1/2}$	1	x	$x^{-1/3}$

(注) x：ノズル出口から下流方向への距離

表 3-2 層流噴流 (laminar jet flow)

噴流の流動特性 jet flow characteristics	平面噴流 (two-dimensional,) plane jet flow	軸対称円形噴流 (three-dimensional,) axisymmetric round jet flow
a. 流れ関数 ψ stream function	$\psi=1.651(J\nu x)^{1/3}\tan\xi$ ここで， $\xi=0.2752(J/\nu^2)^{1/3}(y/x^{2/3})$ $J=\int u^2 dy =$ const.	$\psi=\nu x\xi^2/(1+\xi^2/4)$ ここで， $\xi=0.2443(J^{1/2}/\nu)(r/x)$ $J=2\pi\int u^2 r dr =$ const.
b. 中心線(最大)流速 u_m centerline (maximum) velocity	$0.4543(J^2/\nu x)^{1/3}$	$0.1194\{J/(\nu x)\}$
c. 流れ方向速度 u inline velocity	$0.4543(J^2/\nu x)^{1/3}$ $\times(1-\tanh^2\xi)$	$0.1194\{J/(\nu x)\}/(1+\xi^2/4)^2$
d. 横方向速度 v transverse velocity	$0.5503(J\nu/x^2)^{1/2}[2\xi$ $\times(1-\tanh^2\xi)-\tanh\xi]$	$0.2443(J^{1/2}/x)(\xi-\xi^3/4)$ $/(1+\xi^2/4)^2$
e. 半値幅 $b_{1/2}$ half width	$3.203(\nu^2/J)^{1/3}x^{2/3}$	$5.269(\nu^2/J)^{1/2}x$
f. 体積流量 Q volume flow rate	$3.3019(J\nu x)^{1/3}$	$25.13\nu x$
g. レイノルズ数 $u_m b_0/\nu$ Reynolds number	$1.455(Jx/\nu)^{1/3}$	$0.6289(J^{1/2}/\nu)$
h. 臨界レイノルズ数 critical Re number	$u_0 b_0/\nu \fallingdotseq 30$	$u_0(2r_0)/\nu \fallingdotseq 1\,000$

(注) r_0：円形ノズルの半径，u_0：ノズル出口平均流速，J：流れ方向への噴流の運動量流束

表 3-3 乱流噴流 (turbulent jet flow)

噴流の流動特性	平面噴流	軸対称円形噴流
a. 初期領域の長さ x_c length of initial region	$6b_0$	$10r_0$
b. 中心線(最大)流速 u_m	$3.4[b_0/(2x)]^{1/2}u_0$	$12r_0 u_0/x$
c. 速度分布 u/u_m velocity profile	$\exp[-57(y/x)^2]$	$\exp[-94(y/x)^2]$
d. 半値幅 $b_{1/2}$	$0.11x$	$0.086x$
e. 体積流量 Q	$0.44(2x/b_0)Q_0^{1/2}$	$0.16(x/r_0)Q_0$
f. 巻き込み速度 v_e entrainment velocity	$0.053u_m$	$0.031u_m$
g. 運動エネルギー J kinetic energy	$2.6[b_0/(2x)]^{1/2}J_0$	$8.2(r_0/2x)J_0$

(注) $J_0:=\rho u_0^2/2$，b.～g. の関係式は，$x>x_c$ の発達領域においてのみ成り立つ．

3.2 自由噴流の安定性

噴流中には，速度，圧力について種々の振動数をもつかく(撹)乱(変動)成分が存在する．そのかく乱成分の時間的，空間的増幅および減衰が，噴流の広がり，拡散の拡大，縮小を生じさせる．

図3-15に，Joseph (1976) によって求められた噴流(コア領域)および混合層流れに対する中立安定曲線(Orr-Sommerfeld方程式の解)を示す．$u(z)=\text{sech}^2(z)$ の速度分布を有する噴流の臨界レイノルズ数は $Re_c=4.02$ と非常に小さく，また，そのときの波数は $a_c=0.17$ である．

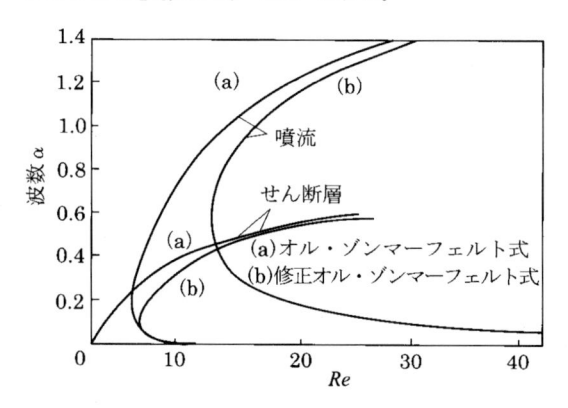

図3-15 噴流および混合層流れの中立安定曲線(Joseph, 1976)

図3-16に，Michalke (1972) による軸対称円形噴流の発達領域における第1次モードの安定性に対する Re 数の影響を示す．実際に興味があるのは $Re=\infty$ の場合で，最大の不安定性のときのストローハル数は $St_\theta=f\theta/u_m\fallingdotseq 0.11$ (θ：速度分布の運動量厚さ)である．これは，静止空間中に噴出される噴流に対し $St_x=fx/u_m\fallingdotseq 0.5$ に相当する．

図3-17に，他のモードの安定性を示す．安定性は，$\theta/b_{1/2}$ で表される平均速度分布形に依存する．ノズル出口近傍の噴流では第0次と1次モードの両方に対し不安定であるが，発達領域では第1次モードに対してのみ不安定である．

上記の噴流の安定性についての議論は，噴流をある特定のストローハル数で励起すると噴流の構造が大きく変わる可能性を示唆している．

また，噴流の安定性に関する同様の議論を7.1節で噴流のエッジトーン発振現象を対象に述べる．

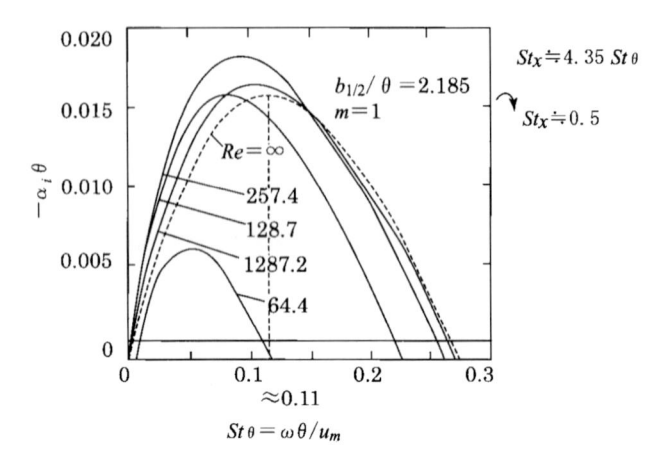

図 3-16 軸対称円形噴流（発達領域）の安定性と Re 数 (Fiedler, 1998)

$\theta/b_{1/2}$：小 → モード数：多，
　　第 0，1 モードが支配的→ノズル近傍

$\theta/b_{1/2}$：大 → モード数：少，第 1 モードが支配的，
　　第 0 モードには安定 → 下流

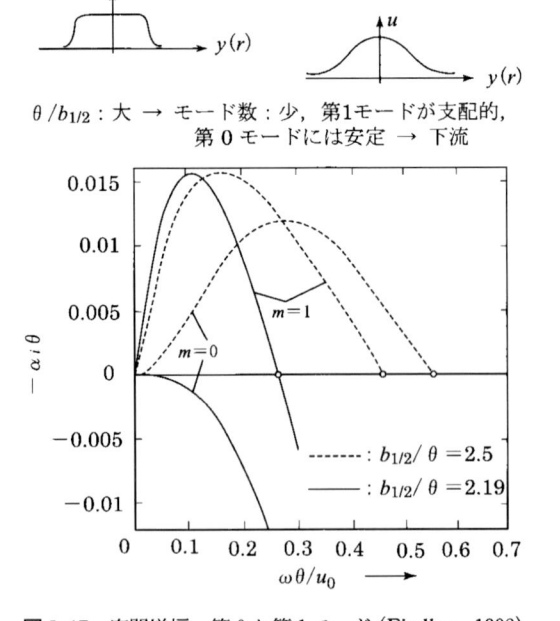

図 3-17 空間増幅，第 0 と第 1 モード (Fiedler, 1998)

3.3 自由噴流の大規模渦構造

図 3-18 に，直径 $d_0=10$ mm，長さ $L_0/d_0=50$ のパイプノズルから静止水中に噴出された水噴流 ($Re=5\times10^3$) の染料 (フレオレセインナトリウム水溶液) によって可視化された流れの写真を示す．図 (a)〜(c) はそれぞれ，$x/d_0=2$，4，8 の噴流断面の流れの可視化写真を示す．噴流外縁のせん断層には，規則的に生起する大規模渦構造が存在する．乱流中にも組織的な渦構造が存在することが，最初，Brown & Roshko (1974) により指摘された．この大規模渦構造を何らかの方法で操作すると，噴流の流動特性を制御することが可能となる．

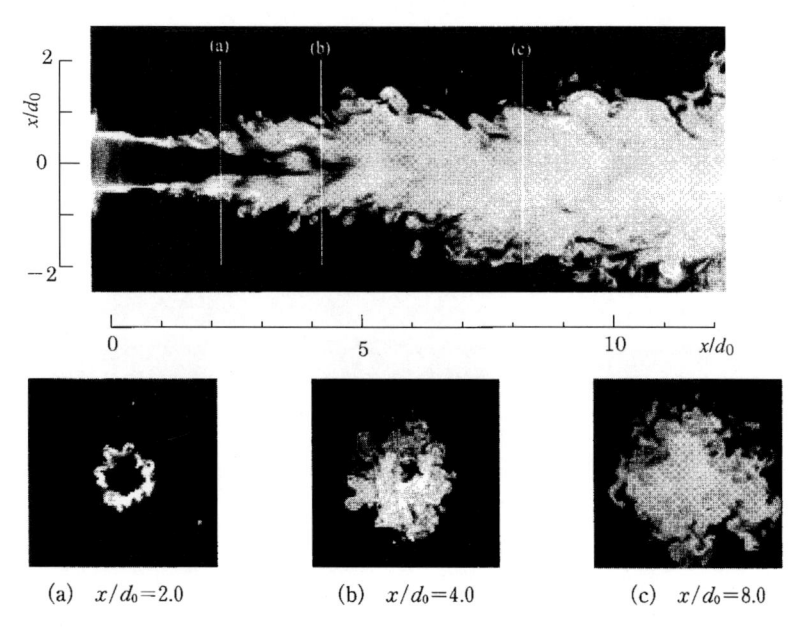

(a) $x/d_0=2.0$ (b) $x/d_0=4.0$ (c) $x/d_0=8.0$

図 3-18 パイプノズルからの噴流
(ノズル直径 $d_0=10$ mm，長さ $L_n/d_0=50$，$Re=u_0d_0/\nu=5\times10^3$)

3.3.1 大規模渦構造

図 3-19 に，オリフィスノズルから噴出する自由噴流の中心軸断面の可視化写真を示す．噴流外縁に，周期的な渦輪列が形成されているのがよくわかる．このように，せん断層にはその不安定性の増幅によりノズル出口近傍に渦列が形成される．また，下流では渦の合体，崩壊などが発生する．渦の発生周波数

は，実験的に次式で表される．

$$St = \frac{fd_0}{u_0} = 0.63 \sim 0.8 \tag{3-34}$$

ここで，St はストローハル数．

なお，円形噴流中における渦の挙動，渦の干渉，合体(図 3-20，3-21) などについては，Hussain & Zaman (1981) により，また，非円形(たとえば，楕円形，長方形など)噴流のそれらについては，Hussain ら (1983，1989)，豊田ら (1989，1992) によりくわしく検討されている．

噴出口がその断面を緩やかに絞ったノズル形状の場合，層流では渦の発生周波数は，$St_\theta = f\theta/u_0 = 0.012$(初期領域)，$0.3 \sim 0.5 (x/d_0 \fallingdotseq 3)$ である．また，乱流の場合には $x/d_0 = 2 \sim 3$ で $St = 0.38$ で増幅効果が最大になる．

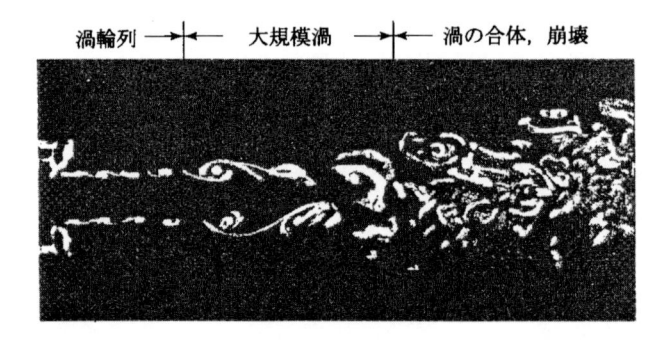

図 3-19 オリフィスノズルからの噴流 ($d_0 = 10$ mm，$Re = 1 \times 10^3$)

噴流中に生起した大規模渦(渦輪) は，その誘起速度によりお互いに近づき合体する(図 3-20)．この合体現象は，Hussain & Zaman (1980) により詳細に調べられている．$St = 0.85$ で円形噴流を励起すると，渦輪の安定な合体が生起しその際の渦度分布はたとえば，図 3-21 のようになる．図中の数字は，

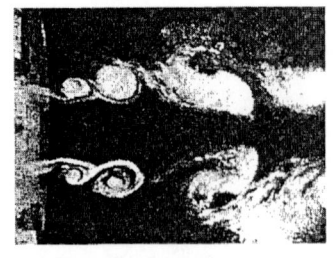

図 3-20 渦の干渉，合体
(Hussain & Zaman, 1980)

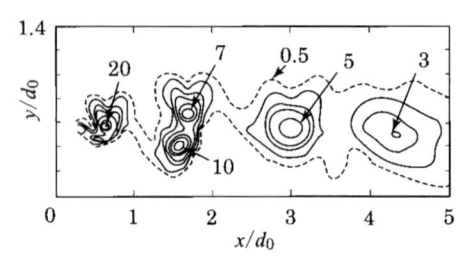

図 3-21 せん断層での渦の合体，渦度分布

渦度を励起振動数で除した値である．

3.3.2 大規模渦構造の制御

噴流をある特定の振動数 f_E で励起すると，不安定波が成長し始め渦度の集中が生じ，その結果，噴流幅の増加，巻き込みやレイノルズ応力のかなりの増加，などが現れるようになる．

図 3-22 に，ノズル出口近傍の噴流を第 0 次モードで励起したときのようすを示す．下流に向かって渦輪の成長が見てとれる．

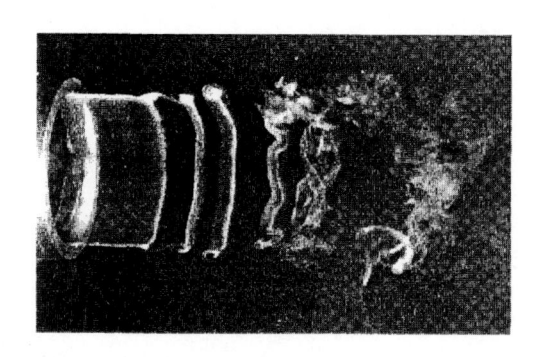

図 3-22 第 0 次モード（せん断層モード）での円形噴流の励起
(Michalke & Wahrmann, 1964)

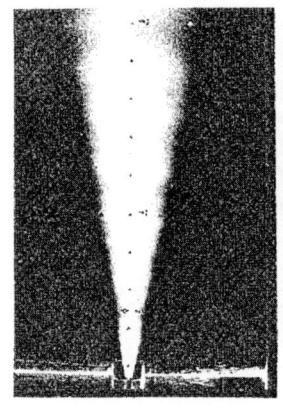

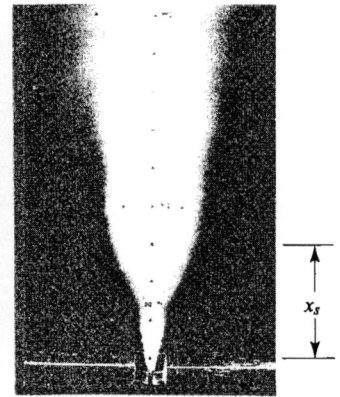

$St_{xs} = f_E x_s / u_0 \fallingdotseq 1.0$

(a) 自然噴流　　　　　(b) 励起噴流
　　(Korschelt, 1980)　　　　　(Hilberg, 1996)

図 3-23 第 1 次モードでの二次元噴流の励起

また，図3-23に，二次元噴流を第1次モードで励起したときの発達領域でのようすを示す．励起(加振)振動数 f_E で励起すると，噴流が発達領域で大きく拡散し，ストローハル数は，$St_{xs} = f_E x_s / u_0 ≒ 1.0$ となる．

励起する際のかく乱の振幅は，$(0.01 \sim 1.0) u_0$ である．

上記の結果をまとめると，
- コア領域 $(x/d_0 < 6)$ の制御について，
  - 最適モード　　：$0.2 \leqq f_E d_0 / u_0 \leqq 1.5$
  - せん断層モード：$0.8 \leqq St_{x,\max} (= f_E x / u_0) \leqq 1.5$
- 発達領域の制御について，

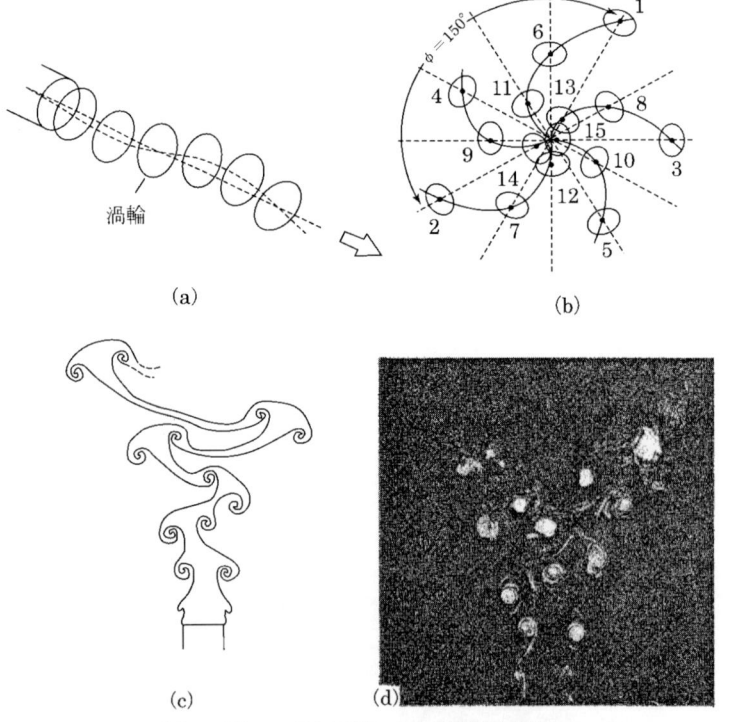

(a) 二重モードの励起による連続的な渦輪
(b) ブルーミング(開花)噴流の渦の位置
(c) 分岐噴流の渦の位置
(d) 分岐噴流の煙による可視化写真

図3-24　軸対称円形噴流の励起(Lee & Reynolds, 1985)

- 二次元噴流 ： $St_{x,\max} = f_E x/u_0 \fallingdotseq 1.5$（軸対称モード）
- 軸対称噴流 ： $St_{x,\max} = f_E x/u_0 \fallingdotseq 0.5$（第1次モード）

また，円形噴流では，$St=0.85$ で噴流を励起すると渦列の安定な合体が得られる，などが Hussain & Zaman (1981) により明らかにされている．

また，Lee & Reynolds (1985) は，ノズルの歳差運動と軸方向のかく乱を同時に加えると (double mode excitation)，図 3-24 に示す開花噴流 (blooming jet) や bi-/tri-/n-furcation の分岐噴流が実現されることを示した．

このように，大規模渦構造を減衰 (崩壊) および増幅させる，などの目的で何らかの方法を使って渦構造を操作 (ある特定の振動数で励起) すると，噴流の流動特性を制御することができる．

噴流の大規模渦構造の抑制，増幅などについては，機械的に振動流を印加するなどのほかに，つぎに示す非円形ノズル，音波，マイクロアクチュエータなどの使用，および，第9章に示すタブ，リブ，ボルテックスジェネレータなどの渦発生器の使用，共鳴噴流の使用，などの方法がある．

（1） 非円形ノズルによる噴流の制御　　従来，楕円形ノズル (Husain & Hussain, 1983)，正方形ノズル (Pani, 1972)，長方形ノズル (Yevdjevich, 1966, Torentacoste, 1966, Sfeir, 1979, Tsuchiya ら, 1986, 社河内・今井, 1987, Rembold ら, 2002)，三角形ノズル，十字形ノズル (藤田ら, 1984) など多用な形状のノズルからの噴流についてもその挙動が調べられている．また，これらの非円形ノズルを使って噴流の挙動を制御する，たとえば混合・拡散を促進する，という観点からの研究もみられる (Husain & Hussain, 1989, Toyoda & Hussain, 1989, 豊田・Hussain, 1989, 豊田・白浜, 1992)．

図 3-25 に，楕円形，長方形，および三角形ノズルからの噴流に生じた渦輪の下流方向への変化のようすを示す．それぞれの角部で渦輪は分裂し，その後合体，変形する．

（2） 音波による噴流の制御　　二次元あるいは三次元円形ノズルの上流および出口近傍に音源 (拡声器) を設置し，ある特定の振動数で噴流を励起すると，噴流の拡散，大規模渦の挙動，乱流特性などを制御することができる (たとえば，図 3-23 参照)．

円形噴流の音波による励起についての研究は数多くあるが (たとえば，Husain & Hussain, 1980, Hussain & Zaman, 1981, Tam & Morris,

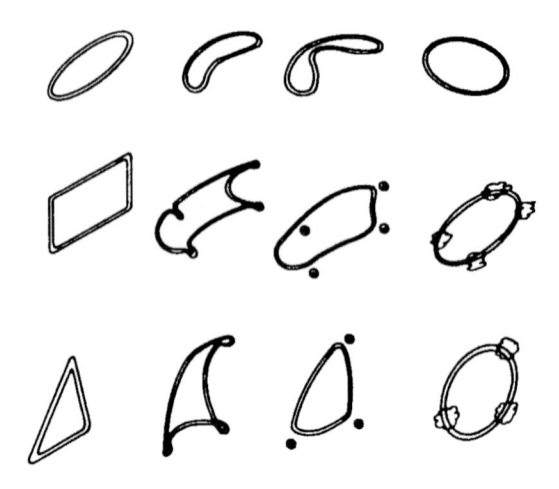

図 3-25 楕円形，長方形，三角形，各種三次元ノズルからの渦輪の発達（Fiedler，1998）

1985，Lepicovsky ら，1985，小川ら，1993，など），Crow & Champagne (1971) は，円形噴流を音波で励起し励起振動数 f_E と放出渦のストロハル数 St との関係を調べ，速度変動の振幅が最大となるときの St 数と f_E 数との関係を明らかにしている．

二次元噴流についても同様であるが，蒔田ら (1988) は二次元噴流を音波で励起し，励起された渦の発生から乱流への遷移までの過程を詳細に検討している．

（3）マイクロアクチュエータによる噴流の制御 鈴木ら (2001) は，直径 $d_0=20$ mm の円形ノズルの内側円周面上に大きさ $9\times3\,(\mathrm{mm})^2$ の薄いフラップ型電磁アクチュエータを 18 個均等に配置し，それらをパーソナルコンピュータに取り付けた多チャンネル DA ボードからの信号により独立に制御し最大変位 0.4 mm でノズルの半径方向に変形させ，円形噴流の流動制御に供した．

図 3-26 (a) に示す $Re=u_0d_0/\nu=3\,000$ の水噴流（静止水中に噴出され，中心断面が染料注入法により可視化されている．$x/d_0\fallingdotseq1$ から渦輪が形成され，下流に向かって乱流に遷移していく．）に対して，前述の 18 個のフラップすべてを軸対称モードの振動数 $f=4.5$ Hz ($St=fd_0/u_0=0.6$) の矩形信号で駆動したときの噴流の挙動を，図 (b) に示す．フラップの運動に同期した渦輪列が形成

され，下流での噴流の半径方向への広がりが大きくなるのがわかる．

また，図3-26(c)に，フラップ群を半周ごとに逆位相の $f=1.9\,\mathrm{Hz}$ ($St=fd_0/u_0=0.25$) の矩形信号で駆動したときの挙動を示す．フラップの運動に同期し，半周期ごとに互い違いに傾斜した渦輪が放出され，先の場合とまったく異なったフローパターンを示すのがわかる．

このように，マイクロアクチュエータを使った流れのアクティブ制御は翼の境界層制御などへも応用され，MEMS (micro electro mechanical systems) の一環として興味深くその発展が期待される．

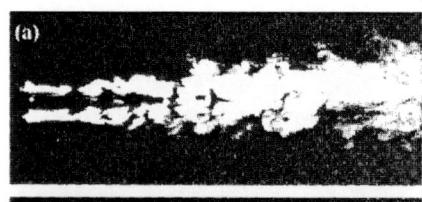

自然噴流

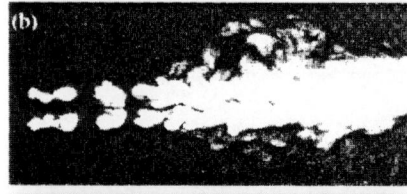

軸対称モード ($St=0.6$)

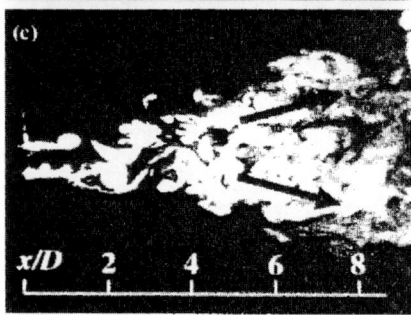

非対称モード ($St=0.25$)

図3-26 マイクロアクチュエータによる噴流の制御（鈴木ら，2001）

3.4 壁面噴流

固体境界(壁面)に沿って噴出される噴流，いわゆる壁面噴流 (wall jet flow) は，境界層制御，高温壁の膜冷却などに利用され，その流動特性を理解

することは重要である．ここでは，平板に沿って流れる壁面噴流の特性について述べる．

図 3-27(a), (b) にそれぞれ，二次元壁面噴流，および円形ノズルと近接平板との間 ($H/d_0<1$) から噴出する放射状壁面噴流のフローモデルを示す．なお一般に，ノズル・平板間距離が $H/d_0>1$ の場合を衝突噴流とよぶ．

壁面噴流では，いずれの場合も平板壁面上に境界層（壁面せん断層）を，噴流の外側に自由境界（自由せん断層）を形成して流れる．両せん断層が交わるときポテンシャルコアがなくなり，この断面以降では流れは完全に発達した流れとなる．

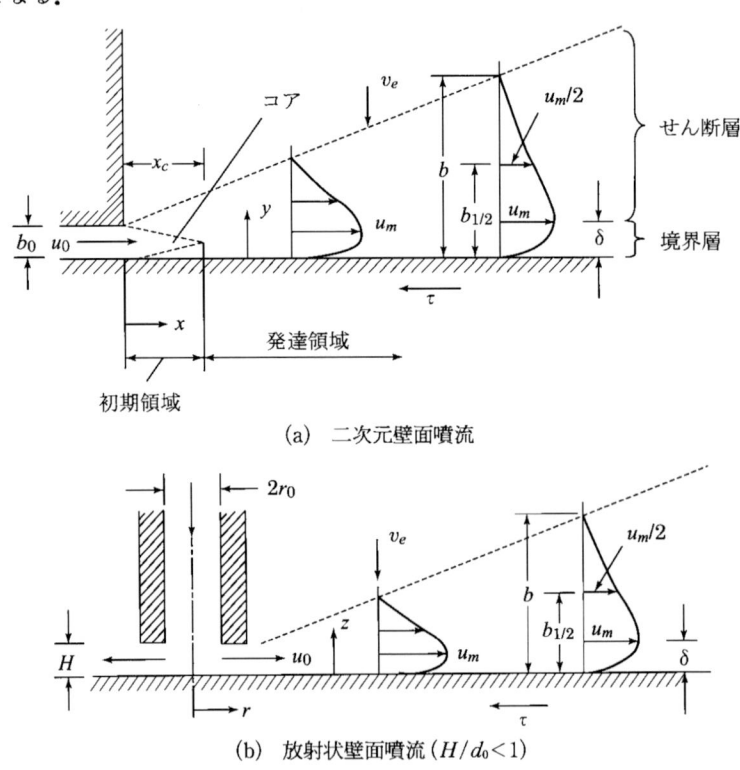

(a) 二次元壁面噴流

(b) 放射状壁面噴流 ($H/d_0<1$)

図 3-27 乱流壁面噴流

3.4.1 二次元壁面噴流

平板に沿って流れる二次元壁面噴流については，下記の速度分布の解析がある．

(1) 層流の場合

図 3-28 に，Glauert (1956) による二次元層流壁面噴流の理論速度分布を示す．

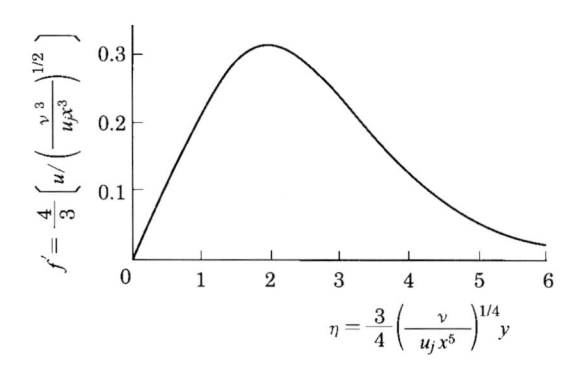

図 3-28 二次元層流壁面噴流の速度分布 (Glauert, 1956)

(2) 乱流の場合

(a) 速度分布 二次元壁面噴流の速度分布の測定は，Foerthmann

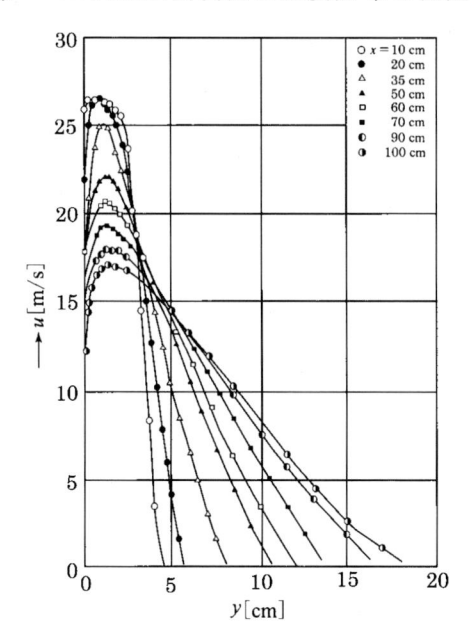

図 3-29 二次元壁面噴流の速度分布 (Foerthmann, 1934)

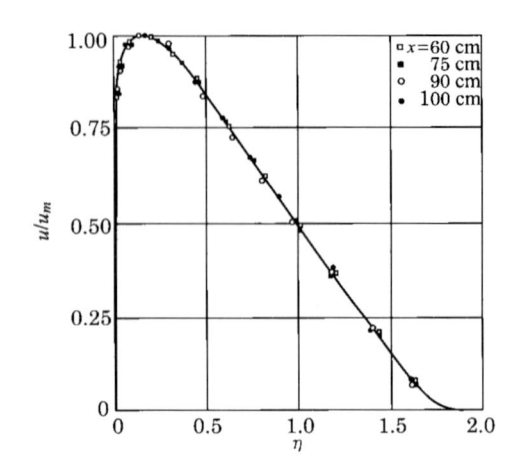

図 3-30 二次元壁面噴流の無次元速度分布 (Foerthmann, 1934)

(1934) によって初めて行われた.

図 3-29, 3-30 にそれぞれ, Foerthmann による二次元壁面噴流の速度分布の実験結果, およびそれを最大流速 u_m と半値幅 $b_{1/2}$ で無次元化した分布を示す. 発達領域の速度分布形は, ほぼ完全に相似形となり一つの曲線で表される.

従来, 速度分布を表す種々の式が提案されているが, たとえば, $y \geqq \delta$ では,

$$\frac{u}{u_m} = \exp\left[-0.693\left(\frac{y-\delta}{b_{1/2}}\right)^2\right] \tag{3-35}$$

図 3-31 二次元壁面噴流の無次元速度分布 (Verhoff, 1963)

と，表される．

また，図 3-31 に，Verhoff (1963) によるつぎの実験式，

$$\frac{u}{u_m} = 1.479\eta^{1/7}[1 - \mathrm{erf}(0.6776\eta)] \tag{3-36}$$

ここで，$\eta = y/b_{1/2}$
と実験結果を示す．

また，図 3-32 に最大速度 u_m の下流 (x) 方向への減衰のようすを示す．u_m/u_{m0} は，$x^{-1/2}$ に比例して減衰し，次式で与えられる．

$$\frac{u_m}{u_{m0}} = 3.5\left(\frac{b_0}{x}\right)^{1/2} \qquad \left(\frac{x}{b_0} < 100\right) \tag{3-37}$$

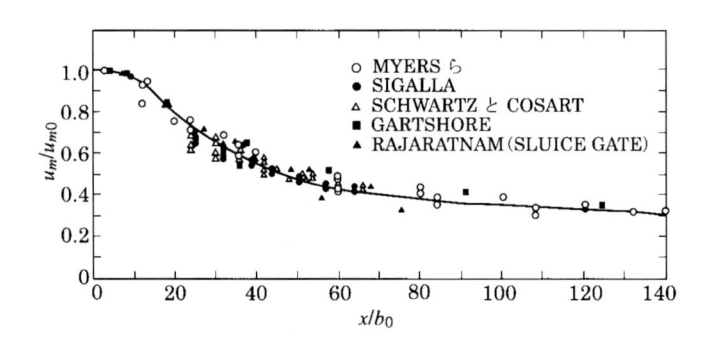

図 3-32　最大流速，二次元壁面噴流 (Rajaratnam & Subramanya, 1967)

（b）噴流の広がり（半値幅）　図 3-33 に，半値 $b_{1/2}$ の下流方向への変化のようすを示す．実験者により結果にいくぶん差異があるが，$b_{1/2}$ は x 方向に直線

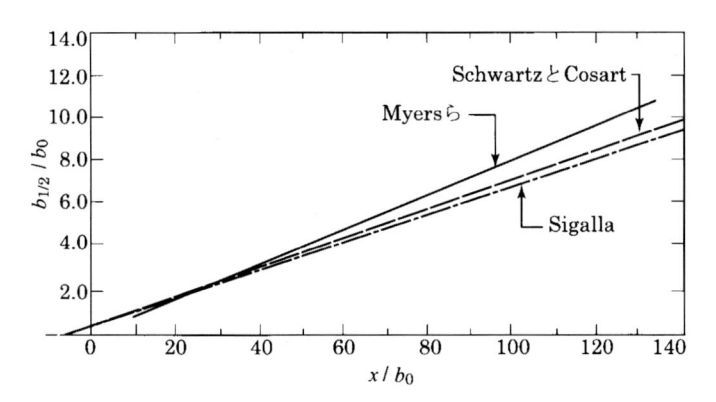

図 3-33　二次元壁面噴流の広がり，半値幅 (Rajaratnam, 1976)

的に増加し仮想原点の位置を $x=-10b_0$ とすると次式で表される．

$$b_{1/2} = 0.068x \tag{3-38}$$

二次元壁面噴流の下流方向への広がり（半値幅）は，先に述べた二次元自由噴流のそれの約 0.7 倍である．

（c）壁面摩擦応力　Myers ら (1961) は，ホットフィルム法で測定した壁面近傍の速度分布を Clauser's chart に適用し壁面摩擦応力 τ_0 を求めている．τ_0 は，x^{-1} に比例して減衰し ($\tau_0 \propto x^{-1}$)，壁面摩擦応力係数 C_f は，

$$C_f Re_x^{1/12}\left(\frac{x}{b_0}\right) = 0.1976 \tag{3-39}$$

ここで，$Re_x = u_0 x/\nu$

この結果は，Sigalla (1958) のプレストン管を使って測定した実験値と約 2% 異なるだけである．

（d）流量，巻き込み速度　なお，体積流量（単位長さあたり）Q，および巻き込み v_e は，

$$\frac{Q}{Q_0} = 0.248\frac{x}{b_0} \tag{3-40}$$

$$v_e = \frac{dQ}{dx} = 0.035 u_m \tag{3-41}$$

3.4.2 放射状壁面噴流

図 3-27 (b) に，円形ノズルと近接平板との間 ($H/d_0 < 1$) から噴出する放射状壁面噴流のフローモデルを示す．

（1）速度分布　図 3-34 に，放射状壁面噴流の無次元速度分布 (Bakke,

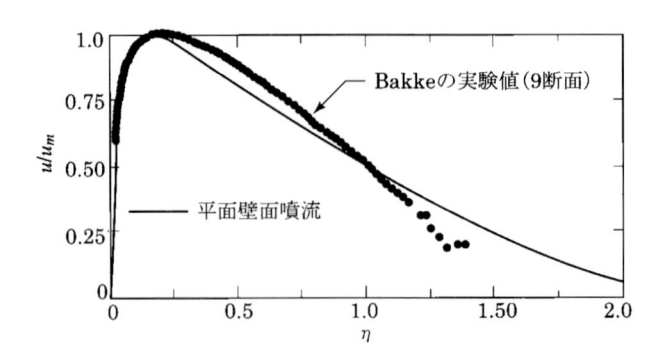

図 3-34　放射状壁面噴流の速度分布 (Rajaratnam, 1976)

1957)を示す．Bakke の実験は，ノズル直径 $d_0=126$ mm，$H/d_0=0.119$ に対する結果である．u_m と $b_{1/2}$ で無次元化された速度分布形は，ほぼ完全な相似形となる．また，それは，図中実線で示した二次元壁面噴流の分布形とは噴流の外側領域 ($y>\delta$) でかなり異なる．

（2）最大流速 Bakke(1957)の実験によると，最大流速 u_m は x 方向に直線的に減少し，仮想原点の位置を $x=-0.214d_0$ とすると次式で表される．

$$\frac{u_m}{u_{m0}} = 5.41\left(\frac{r}{d_0}\right)^{-1} \tag{3-42}$$

（3）噴流の広がり（半値幅） Bakke(1957)の実験によると，半値幅 $b_{1/2}$ は x 方向に直線的に増加し，仮想原点の位置を $x=-0.48d_0$ とすると次式で表される．

$$b_{1/2} = 0.078x \tag{3-43}$$

表 3-4 に，二次元(平面)，および放射状壁面噴流と衝突噴流の流動諸特性を示す．

表 3-4 壁面噴流，衝突噴流 (wall jet flow, impinging jet flow)

噴流の流動特性 ($x>x_c$)	平面壁面噴流	放射状壁面噴流 radial wall jet flow	衝突噴流 ($r>0.22H$) impinging jet flow
a．コア領域長さ x_c length of core region	$3.2b_0$	—	—
b．速度分布 u/u_m velocity profile	$\exp\{-0.693[(y-\delta)/b_{1/2}]^2\}$ for $y \geq \delta$ or $1.479(y/y_{1/2})^{1/7}[1-\mathrm{erf}(0.6776y/y_{1/2})]$	$\fallingdotseq \exp\{-0.693 \times [(y-\delta)/y_{1/2}]^2\}$	$\fallingdotseq \exp\{-0.693 \times [(y-\delta)/y_{1/2}]^2\}$
c．最大流速 u_m maximun velocity	$3.5(b_0/x)^{1/2}u_0$	$3.5[(Hr_0)^{1/2}/r]u_0$	$2.1(r_0/r)u_0$
d．壁面せん断応力 τ shear stress on surface	$0.2(b_0/x)[\nu/(u_0b_0)]^{1/2}\times(\rho u_0^2/2)$	$\fallingdotseq [(Hr_0)^{1/2}/r] \times (\rho u_0^2/2)$	$0.655[\nu/(u_0r_0)]^{0.54} \times (r_0/r)^2(\rho u_0^2/2)$
e．境界層厚さ δ boundary layer thickness	$0.014x$	$0.016r$	$0.02r$
f．半値幅 $b_{1/2}$	$0.068x$	$0.078r$	$0.087r$
g．巻き込み速度 v_e	$0.035u_m$	$0.081u_m$	—
h．体積流量 Q	$0.248xQ_0/b_0$	$0.201rQ_0/(Hr_0)^{1/2}$	—

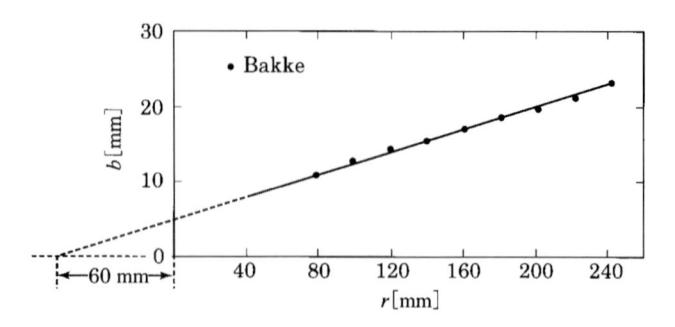

図 3-35 放射状壁面噴流の広がり（半値幅）

放射状壁面噴流については，第 5 章 衝突噴流でも述べる．

3.4.3 三次元壁面噴流

平板に沿って流れる三次元円形壁面噴流の流動特性については，Newman ら(1971)，Rajaratnam & Pani(1974) らの研究が，長方形壁面噴流(Slender wall jet)については，Viets & Sforza(1966)，Sforza & Herbst(1970) らの研究が，また正方形壁面噴流(Bluff wall jet)については Sforza & Herbst(1967)，Rajaratnam & Pani(1974) らの研究がみられる．

また，Padmanabham & Gowda(1991) は，円形，半円形，長方形，三角形などの各種三次元ノズルから平板に沿って噴出される壁面噴流についてレビューを行っている．

さらに，曲壁面に沿って噴出される二次元，および三次元円形噴流の流動特性については，社河内ら(1988，1990，1992，1993)，檜原ら(1995) の研究がみられる．これについては，あとの 4.2 節で述べる．

参考文献

(1) Abramovich, G.N., "The Theory of Turbulent Jets", MIT Press, Cambridge, Mass. (1963)
(2) Bakke, P., "An Experimental Investigation of a Wall Jet", J. Fluid Mech., 2, pp. 467-472 (1957)
(3) Blevins, R.D., "Applied Fluid Dynamics Handbook", Van Nostrand Reinheld (1984)
(4) Brown, G.L. and Roshko, A., "On Density Effects and Large Structure in

Turbulent Mixing Layers", J. Fluid Mech., **64**-4, pp. 775-816 (1974)
(5) Crow, S.C. and Champagne, F.H., "Orderly Structure in Jet Turbulence", J. Fluid Mech., 48, pp. 547-591 (1971)
(6) Fiedler, H.E., "Control of Free Turbulent Shear Flows", in : Flow Control, Mohamed G-el-H, Pollard, A. and Bonnet, J-P. (Eds.), Springer, pp. 333-429 (1998)
(7) Foerthman, E., "Turbulent Jet Expansion", NACA, TM-789 (1936)
(8) 藤田重隆・大坂英雄・上野五郎,「十字形ノズルから流出する3次元噴流」(第1報, 平均流特性), 日本機械学会論文集, **50**-458 B, pp. 2586-2591 (1984)
(9) Glauert, M.B., "The Wall Jet", J. Fluid Mech. 1, pp. 625-643 (1956)
(10) Goertler, H., "Berechnung von Aufgaben der frien Turbulenz auf Grundeines neunen Naeherungsansatzes", ZAMM, 22, pp. 244-254 (1942)
(11) Gutmark, E. and Ho, C.-M., "On a Forced Elliptic Jet", Proc. of 4th Turbulence Shear Flow Conf., Karlsruhe (1983)
(12) Gutmark, E. and Ho, C.-M., "Preferred Modes and the Spreading Rates of Jets", Phys. Fluid$s$, 26(10), pp. 2932 (1983)
(13) 八田圭爾・野崎勉,「有限幅ノズルから流出する二次元噴流」, 日本機械学会論文集(第2部), **38**-314, pp. 2593-2599 (1972)
(14) Heskestadt, G., "Hot-Wire Measurements in a Plane Turbulent Jet", Trans. ASME, J. Appl. Mech., pp. 1-14 (1965)
(15) Hussain, A.K.M.F. and Zaman, K.B.M.Q., "The Preferred-Mode Coherent structure in the Near Field of an Axisymmetric Jet with and without Excitation". Unsteady Turbulent Shear Flows. in : Proc. Symp., Toulouse, Springer, Berlin, pp. 390-401 (1981)
(16) Hilberg, D., "Repeatedly Deflected Jets and Flames", unpublished, Hermann-Foettinger-Institute, TU-Berlin (1996)
(17) Hussain, F and Husain, H.S., "Elliptic jets. Part 1. Characteristics of Unexcited and Excited Jets", J. Fluid Mech., 208, pp. 257-320 (1989)
(18) Husain, Z.D. and Hussain, A.K.M.F., "Controlled Excitation of Elliptic Jets", AIAA J., 17(1), pp. 2763-2766 (1983)
(19) Husain, Z.D. and Hussain, A.K.M.F., "Vortex Pairing in a Circular Jet under Controlled Excitation, Part 2. Coherent Structure Dynamics", J. Fluid Mech., 101, pp. 493-544 (1980)
(20) 井上良紀・木谷勝編,「乱れと波の非線形現象」, 朝倉書店 (1997)
(21) 石原智男・槌田昭,「噴流について」, 日本機械学会誌, **66**-537, pp. 1333-1340 (1963)
(22) Joseph, D.P., "Stability of Fluid Motions I and II", Springer Tracts in Natural Philosophy, Springer, Vol. 27 and 28 (1976)

(23) Korschelt, D., "Experimentelle Untersuchng zum Waerme-and Stofftransport im turbulenten ebenen Freistrahl mit periodisher Anregung Duesenaustritt"., Dissertation, Technishe Universitaet Berlin (1980)

(24) Labus, T.L. and Symons., E.P., "Experimental Investigation of an Axisymmetric Free Jet with an Initially Uniform Velocity Profile", NASA TND-6783, Lewis Res. Center, Cleveland (1972)

(25) Lee, M. and Reynolds, W.C., "Bifurcating and Blooming Jets", Fifth Symp. on Turbulent Shear Flows, Springer, pp. 1.7-1.12 (1985)

(26) Lepicovsky, J., Ahuja, K.K. and Burrin, R.H., "Tone Excited Jets, Part Ⅲ: Flow Measurements", J. Sound and Vibration, 102-1, pp. 71-91 (1985)

(27) 蒔田秀治・大谷秀雄・石角勝利,「音波による噴流構造の制御」(第1報, 励起モードによる噴流構造の相違について), 日本機械学会論文集, 54-504, pp. 1938-1945 (1988)

(28) 蒔田秀治・大谷秀雄・石角勝利,「音波による噴流構造の制御」(第2報, スペクトル分布と速度場の流れ方向変化について), 日本機械学会論文集, 54-504, pp. 1946-1952 (1988)

(29) Michalke, A., "The instability of free shear layers", Prog. Aerospace Sci., 12, (1972), pp. 213-239.

(30) Michalke, A., "Survey on Jet Instability Theory", Prog. Aerospace Sci., 21, pp. 159-199 (1984)

(31) Michalke, A. and Wehrmann, "Akustische Beeinflussung von Freistrahlgrenzschichten", Proc. Intern. Council Aeronaut Sci., Third Congress, Stochholm, Washington, London, pp. 773-785 (1964)

(32) Michalke, A., "The Instability of Free Shear Layer", Prog. Aerospace Sci., 12, pp. 213-239 (1972)

(33) Michalke, A. and Wehrmann, O., "Akustishe Beeinflussung von Freistrahlgrenzschichten", Proc. of Intern. Council Aeronaut. sci., Third Congress, Stockholm, Washington, London, pp. 773-785 (1964)

(34) Miller, D.R. and Comings, E.W., "Static Pressure Distribution in the Free Turbulent Jet", J. Fluid Mech., 3, pp. 1-16 (1957)

(35) Myers, G.E., Schauer, J.J. and Eustis, R.H., "The Plane Turbulent Wall Jet Ⅰ, Jet Development and Friction Factor", Tech. Rep., 1 (1961), Dept. of Mechanical Engineering, Stanford Univ., (also published in Trans. of ASME, J. Basic. Eng. (1963))

(36) Newman, B.G., Patel, R.P., Savage. S.B. and Tjio, H.K., "Three-Dimensional Wall Jet Originating from a Circular Orifice", Rep. of Dept. of Mechanical Eng., MacGill Univ., Montreal (1971)

(37) 小川信夫・牧博司・黒田健嗣,「音波により励起される噴流の研究」, 日本機械

学会論文集, **59**-566 B, pp. 2975-2981 (1993)
(38) Padmanabham, G. and Gowda, B.H.L., "Mean and Turbulent Characteristics of a Class of Three-Dimensional Wall Kets-Part 1 : Mean Flow Characteristics, Part 2 : Turbulence Characteristics", Trans. ASME, J. of Fluids Eng., 113, pp. 620-634 (1991)
(39) Rajaratnam, N., "Turbulent Jets", Elsevier (1976)
(40) Rajaratnam, N. and Subramanya, K., "Diffusion of Rectangular Wall Jets in Wider Channel", J. Hydraulic Res., 5, pp. 281-294 (1967)
(41) Rajaratnam, N. and Pani, B.S., "Three-dimensional turbulent wall jets", Proc. of A.S.C.E., J. Hydraulic Div., 100, pp. 69-83 (1974)
(42) Rajaratnam, N., "Turbulent Jet", Elsevier (1976), eines neuen Naherungsansatzes, Z.A.M.M., 22, pp. 244-254 (1942)
(43) Reichardt, H., "Gesetzmaessigkeiten der freien Turbulenz", VDI-Forschungsheft, 414 (1942)
(44) Rembold, B., Adams, N.A. and Kleiser, L., "Direct Numerical Simulation of Transitional Rectangular Jet", Intern. J. Heat and Fluid Flow, 23, pp. 547-553 (2002)
(45) Schlichiting, H., "Laminare Strahlenausbreitung", ZAMM, 13, pp. 260-263 (1933)
(46) Schlichiting, H., "Boundary Layer Theory", 7th edi., McGraw-Hill, pp. 179-183 (1979)
(47) Schram, C. and Riethmuller, M.L., "Measurement of Vortex Ring Characteristics during Pairring in a Forced Subsonic Air Jet, Experiments in Fluids, 33-6, pp. 879-888 (2002)
(48) Sfeir, A.A., "Investigation of Three-Dimensional Turbulent Rectangular Jets", AIAA J., 17-10, pp. 1055-1060 (1979)
(49) Sforza, P.M. and Herbst, G., "A Study on Three-Dimensional Incompressible Turbulent Wall Jets", 1022 (1967), Rep. of Dept. of Aerospace Eng., Polytechnic Institute of Brooklyn, New York, AIAA J., 8, pp. 276-283 (1970)
(50) Sforza, P.M. and Herbst, G., "A Study on Three-Dimensional Incompressible Turbulent Wall Jets", AIAA J., 8, pp. 276-283 (1970)
(51) Sigalla, A., "Measurements of Skin Friction in a Plane Turbulent Wall Jets", J.R. Aeronaut. Soc., 62, pp. 837-877 (1958)
(52) 社河内敏彦・今井雅宏,「長方形三次元噴流に対する隣接平板の影響」, 日本機械学会論文集, **53**-491 B, pp. 1939-1946 (1987)
(53) 社河内敏彦・小野原美徳・加藤征三,「円柱壁面に沿う噴流の流動特性」(第1報, 速度および圧力分布), 日本機械学会論文集, **54**-500 B, pp. 783-790 (1988)
  * Shakouchi, T., Onohara, Y. and Kato, S., "Analysis of a Two-Dimensional

Turbulent Wall Jet along a Circular Cylinder" (Velocity and Pressure Distributions), JSME Int. J., Series II, **32**-3, pp. 332-339 (1989)

(54) 社河内敏彦・上杉正和・加藤征三,「凹壁面に沿う二次元乱流噴流の流動特性」, 日本航空宇宙学会誌, **38**-442 B, pp. 600-608 (1990)

(55) 社河内敏彦・吉田佳弘・加藤征三,「円柱壁面に沿う三次元, 円形噴流に関する研究」, 日本機械学会論文集, **58**-552 B, pp. 2274-2379 (1992)

(56) 社河内敏彦・青木利一・上杉正和,「三次元円形凹壁面噴流に関する研究」, 日本機械学会論文集, **59**-563 B, pp. 2157-2164 (1993)

(57) 檜原秀樹・須藤浩三,「凹面に沿う三次元噴流」, 日本機械学会論文集, **61**-586 B, pp. 2053-2011 (1995)

(58) 鈴木雄二・笠木伸英,「アクチュエータ群を用いた円形噴流のアクティブ制御」, 日本機械学会講演論文集, No. 01-1, pp. 127-130 (2001)

(59) Tam, C.K.W. and Morris, P.J., "Tone Excited Jets, Part V : A Theoretical Model and Comparison with Experiment", J. Sound and Vibration, 102-1, pp. 119-151 (1985)

(60) Tollmien, W., "Berechnung turbulenter Ausbreitungsvorgaenge", ZAMM, 6, pp. 468-478 (1926)

(61) Toyoda, K. and Hussain, F., "Dynamics of Noncircular Vortex Rings", Memoirs of Hokkaido Inst. tech., 17 pp. 1-5 (1989)

(62) 豊田国昭・白浜芳朗・小谷幸慈,「渦構造の操作による非円形噴流の制御に関する研究」, 日本機械学会論文集, **58**-545 B, pp. 7-13 (1992)

(63) 豊田国昭・Hussain, F.,「非円形噴流中の渦構造に関する研究」, 日本機械学会論文集, **55**-514 B, pp. 1542-1545 (1989)

(64) Truepel, T., "Ueber die Einwirkung eines Luftstrahles auf die umgebende Luft", Zeitschlift fuer das gesammte Turbinenwesen, 5-6 (1915)

(65) Tsuchiya, Y., Horikoshi, C. and Sato, T., "On the Spread of Rectangular Jets", Experiments in Fluids, 4, pp. 197-204 (1986)

(66) Verhoff, A., "The Two-Dimensional Turbulent Wall Jet with and without an External Stream", Rep.626, Princeton Univ. (1963)

(67) Viets, Y.M. and Sforza, P.M., "An Experimental Investigation of a Turbulent Incompressible Three-Dimensional Wall Jet", Rep. 968, Dept. of Aerospace Engineering, Polytechnic Institute of Brooklyn, New York (1966)

(68) Westerweel, J., Hofmann, T., Fukushima, C. and Hunt, J.C.R., "The Turbulent/Non-Turbulent Interface at the outer Boundary of a Self-Similar Turbulent Jet", Experiments in Fluids, **33**-6, pp. 873-878 (2002)

(69) Wygnansky, I.J. and Petersen, R.A., "Coherent Motion in Excited Free Shear Flows", AIAA J., **25**-2, pp. 201-213 (1987)

(70) Zienen, B.G. and Van der Hegge, "Measurements of the Velocity Distribution

in a Plane Turbulent Jet of Air", Appl. Aci. Res., Sec. A, 7, pp. 256-276 (1958)
(71) Zienen, B.G. and Van der Hegge, "Measurements at Turbulence in a Plane Jet of Air by the Diffusion Method by the Hot Wire Method", Appl. Aci. Res., Sec. A, 7, pp. 293-313 (1958)

4 付着噴流
（平面，曲壁面への噴流の付着）
Reattached jet flow (Reattachment to flat and curved plates)

本章では，噴流がノズル出口近傍の静止空間中に設置された平面あるいは曲壁面に付着する現象，いわゆる付着噴流について述べる．

二次元円柱壁付着噴流の流動解析については，運動量積分方程式に基づいた近似理論および汎用 k-ε 乱流モデルによる数値解析結果についても述べる．

4.1 側壁付着噴流

二次元噴流の近傍に平板壁面（側壁）が存在すると，側壁側の噴流外縁からその間の流体が速度勾配と粘性の作用の結果巻き込まれ，下流へ持ち去られるため圧力が低下し，噴流が側壁側に湾曲しながら付着して流れる（図4-1）．この現象は発見者 Henri Coanda に因んでコアンダ効果（Coanda effect）とよばれ，運動量理論を使って付着距離や渦領域内の圧力を求めた Borque. C & Newman B.G. (1960) による以下の解析などがある．

Borque と Newman は，

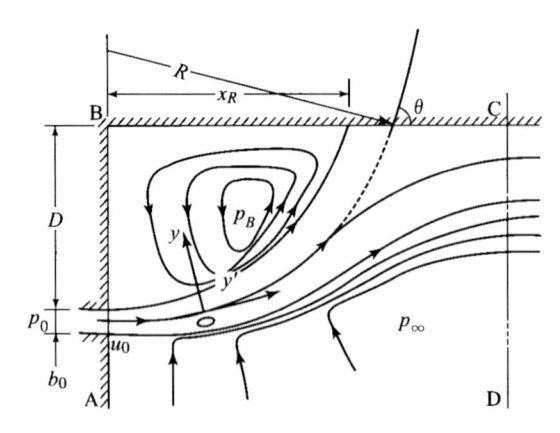

図4-1 二次元側壁付着噴流（フローモデル）

1) 噴流は，非圧縮性で二次元である．
2) 噴流中心線は半径 R の円弧で近似され，噴流幅は $b/R \ll 1$ である．
3) 付着渦領域内の圧力は，一様である．
4) 噴流の巻き込み量と速度分布は，自由噴流のそれと等しい．

$$u = \left[\frac{3K\sigma}{4(x+x_0)}\right]^{1/2}\left[1 - \tanh^2\left(\frac{\sigma y}{x+x_0}\right)\right] \tag{4-1}$$

ここで，x：ノズル出口から噴流軸に沿う距離
　　　　x_0：ノズル出口から仮想原点までの距離 ($=\sigma b_0/3$)
　　　　σ：拡散係数 (自由噴流の場合：$=7.67$，Reichrdt による)
　　　　K：$=J/\rho$，J：噴流の運動量 ($=\rho b u_0^2$)

などの仮定のもとに，運動量理論を使って付着距離や渦領域内の圧力を求めている．

付着噴流の中心線と再付着流線 ($y=y'$) との間の体積流量は一定で，次式で表される．

$$Q = \int_0^{y'} u\,dy \tag{4-2}$$

速度分布式 (4-1) を代入し積分すると，

$$u_0 b_0 = \left[\frac{3J(x+x_0)}{4\rho\sigma}\right]^{1/2}\tanh\left[\frac{\sigma y'}{x+x_0}\right] \tag{4-3}$$

ゆえに，

$$\left[\frac{3(x+x_0)}{4b_0\sigma}\right]^{1/2}\tanh\left[\frac{\sigma y'}{x+x_0}\right] = 1 \tag{4-4}$$

いま，$t=\tanh[\sigma y/(x+x_0)]$ とおくと，再付着流線を与える式は次式となる．

$$\frac{3x}{\sigma b_0} = \frac{1}{t^2} - 1 \tag{4-5}$$

つぎに，付着点での運動量の平衡を考えると (衝突流モデル)，$\alpha=0°$ の側壁 (平行平板) に対して，

$$\cos\theta = \frac{3t}{2} - \frac{t^3}{2} \tag{4-6}$$

ここで，θ：付着角度

また，図 4-1 に示す検査面 ABCD での運動量の平衡 (検査面モデル) からつぎの関係を得る．

$$\cos\theta = \frac{1}{2} + \frac{3t}{4} - \frac{t^3}{4} \tag{4-7}$$

幾何学的な関係から,

$$\frac{D}{b_0} = \sigma\left(\frac{1}{t^2} - 1\right)\left(\frac{1 - \cos\theta}{3\theta}\right) - \frac{1}{2} \tag{4-8}$$

ここで,D:オフセット距離

噴流両側での圧力差 C_{pB} は,次式で表される.

$$C_{pB} = \frac{p_\infty - p_B}{p_0 - p_\infty} = -\frac{2b_0}{r} \tag{4-9}$$

ここで,p_0:噴流供給圧力,p_B:渦領域の圧力,p_∞:周囲の圧力

付着点距離 x_R は,

$$\frac{x_R}{b_0} = \sigma\left(\frac{1}{t^2} - 1\right)\frac{\sin\theta}{3\theta} - \frac{\tanh^{-1} t}{3t^2 \sin\theta} \tag{4-10}$$

ここで,t と θ は,式 (4-6) または式 (4-7) と式 (4-10) から D/b_0 の関数で表される.したがって,付着距離 x_R と渦領域の圧力 C_{pB} は,D/b_0 の関数として求めることができる.

図 4-2〜図 4-4 にそれぞれ,Borque & Newman (1960) による付着距離

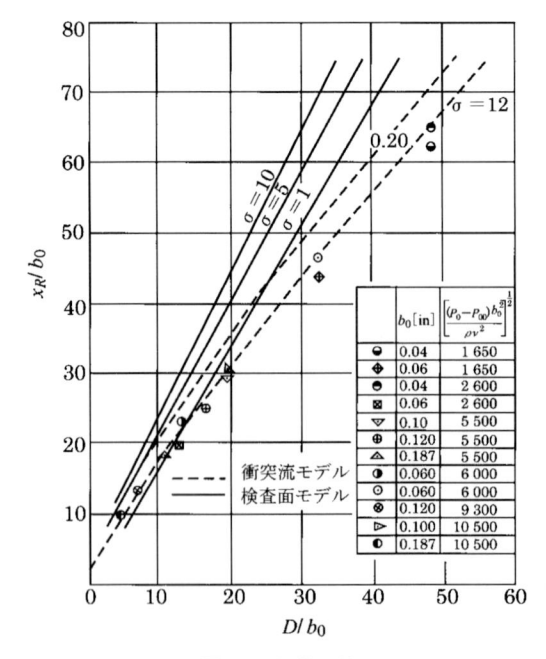

図 4-2 付着距離

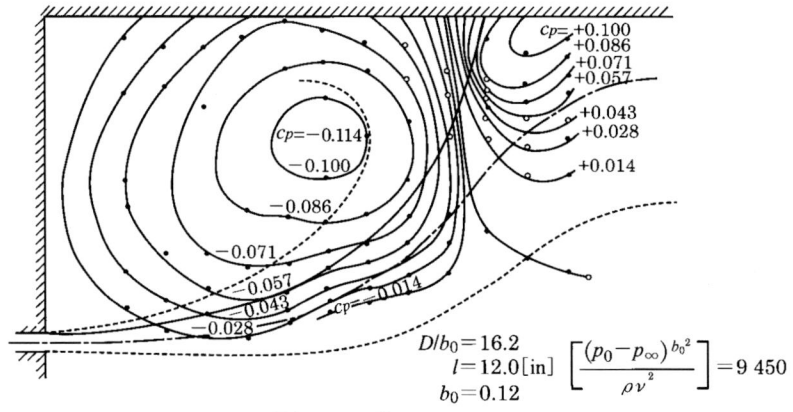

図 4-3 付着噴流の圧力分布

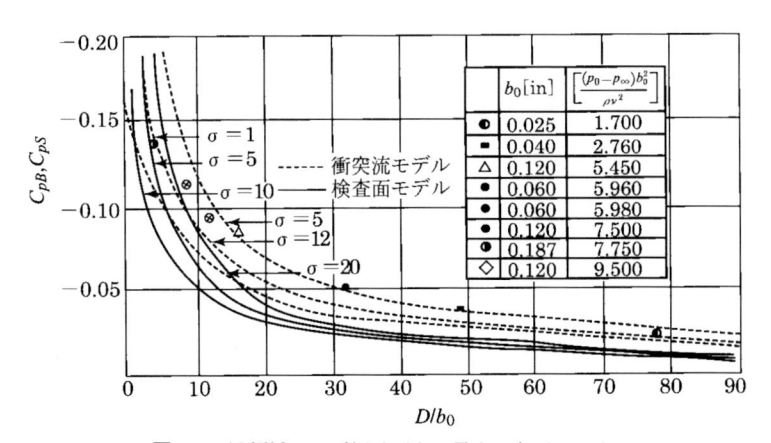

図 4-4 渦領域および側壁面上の最小圧力 C_{pB}, C_{ps}

x_R, 付着噴流の圧力分布，渦領域内および平板上の最小 C_{pB}, C_{ps} の結果を示す．

実験結果との比較から $D/b_0>3$ の場合には衝突流モデルがよいとしている．

また，$D=0$ の傾斜側壁についても同様の解析を示し，$\alpha>25°$ の場合には検査面モデルがよいとしている．

4.2 曲壁付着噴流

コアンダ効果によって曲壁面に沿って流れる二次元および三次元噴流は，それらが曲壁面上の境界層制御すなわち，翼の揚力増加(高橋，1986，舞田，

1986)，タービンブレードの膜冷却，サイクロン分離，ウランの濃縮，微粉粒子の分級などに関係する事象であるため，その流動特性を明らかにすることは重要である．

本節では，特に基本的な形状である円柱壁面，および円柱凹壁面に沿って流れる噴流(円柱壁付着噴流)の挙動について述べる．

4.2.1 二次元円柱壁付着噴流

二次元噴流を円柱壁面に沿って噴出させると，噴流はコアンダ効果により壁面に付着し遠心力作用下に流れる(図4-5, 4-19)．円柱壁面噴流の速度分布，圧力分布についての理論的な解析(Shakouchi, T., 1989)を示す．

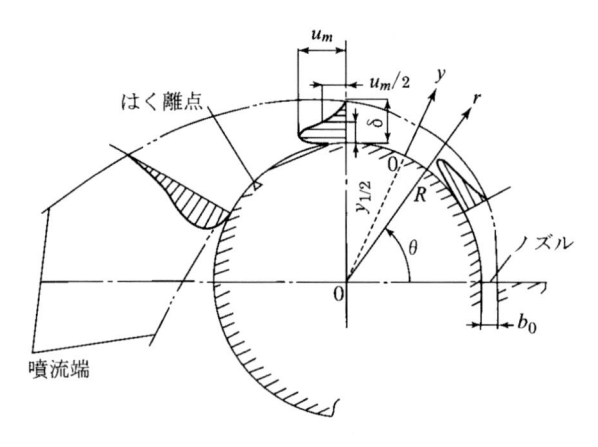

図 4-5 二次元円柱壁付着噴流(フローモデル)

（１） 近似理論

（ａ） 運動量積分方程式　円柱壁面上の二次元，非圧縮性，乱流噴流を考え，検査体積を図4-6のABCD(厚さは単位幅)ととり，運動量積分方程式を導くと次式を得る．

$$\frac{\partial}{\partial \theta}\int_0^b \rho u^2 \,dy - v_e \frac{\partial}{\partial \theta}\int_0^b \rho u \,dy$$
$$= -\frac{\partial}{\partial \theta}\int_0^b p \,dy + p_\infty \frac{\partial b}{\partial \theta} - \tau_w R \tag{4-11}$$

ここで，b：噴流幅，p：圧力，p_∞：周囲の圧力
r, θ：極座標(図4-1)，u：円周方向への速度，

y：円柱壁面を原点とする r 方向への座標，
v_e：周囲の流体が面 BC から噴流に巻き込まれる速度

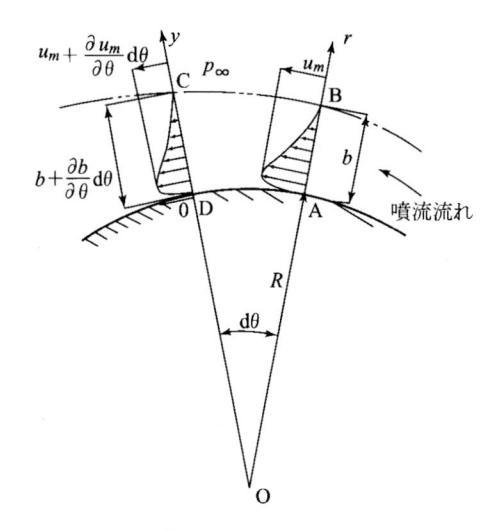

図4-6 検査体積

（b） 速度分布形　式(4-11)を解くには，噴流の円周方向への速度分布 u を与える必要がある．ここでは，円柱壁面噴流の速度分布をプロフィール法により求める．

まず，速度分布形はどの位置 x（ノズル出口から円柱壁面に沿う距離）においても相似であり，次式で表されるものとする．

$$\frac{u}{u_m} = F\left[\left(\frac{y}{b}\right)^n\right] \tag{4-12}$$

ここで，F：関数記号，n：定数

いま，

$$y=0 \text{ で } u=0,\ y=b \text{ で } u=0,\ \frac{\partial u}{\partial y}=0 \tag{4-13}$$

なので，$C_1 \sim C_4$ を定数とし，

$$\frac{u}{u_m} = C_1\left(\frac{y}{b}\right)^n + C_2\left(\frac{y}{b}\right)^{n+1} + C_3\left(\frac{y}{b}\right)^{n+2} + C_4 \tag{4-14}$$

とおくと，次式を得る．

$$\frac{u}{u_m} = C\left(\frac{y}{b}\right)^n\left[1-\left(\frac{y}{b}\right)\right]^2 \tag{4-15}$$

ここで，C：定数

つぎに，$y_m = b/k$ (k：定数，$k>1$) で $u = u_m$，$\partial u/\partial y = 0$ とすると，

$$\frac{u}{u_m} = \left[\frac{(n+2)^{n+2}}{4n^n}\right]\left(\frac{y}{b}\right)^n\left[1 - \left(\frac{y}{b}\right)\right]^2 \tag{4-16}$$

速度分布の測定結果より $n = 1/6$ を得た．これより，u/u_m，k の値は，次式で与えられる．

$$\frac{u}{u_m} = 1.8\left(\frac{y}{b}\right)^{1/6}\left[1 - \left(\frac{y}{b}\right)\right]^2 \tag{4-17}$$

$$k = 13 \tag{4-18}$$

また，噴流の半値幅 ($u/u_m = 0.5$ となる y の値，この場合，y の大きいほうの値とした．) を $b_{1/2} = b/k'$ (k'：定数，$k>1$) で与え，式 (4-17) を書きなおすと次式を得る．

$$\frac{u}{u_m} = 0.3\left(\frac{y}{b_{1/2}}\right)^{1/6}\left[2.3 - \left(\frac{y}{b_{1/2}}\right)\right]^2 \tag{4-19}$$

$$k' = 2.3 \tag{4-20}$$

また，上記の速度分布式，および式 (4-18)，(4-19) から次式を得る．

$$y_m = \frac{b}{13}, \qquad b_{1/2} = \frac{b}{2.3} \tag{4-21}$$

（c） **最大流速**　　ここでは，先に求めた速度分布式，運動量積分方程式 (4-11) を用い，最大流速 u_m を算出する．

いま，噴流幅 b を速度分布の測定結果より，次式で与える．

$$\frac{b}{b_0} = A_1 \exp(A_2 x) \tag{4-22}$$

ここで，A_1，A_2 は定数で，それぞれ $4.42/b_0$，$0.0465/b_0$ である．

また，巻き込み速度 v_e は Q を噴流流量とすると，

$$v_e = \frac{\partial Q}{R\partial\theta} = \frac{\partial}{R\partial\theta}\int_0^b u\,\mathrm{d}y \tag{4-23}$$

半径方向の圧力勾配は，

$$\frac{\partial p}{\partial r} = \frac{\rho u^2}{r} \qquad \text{または，} \qquad \frac{\partial p}{\partial y} = \frac{\rho u^2}{R+y} \tag{4-24}$$

これより，任意の位置での圧力 p は，

$$p = p_\infty + \int_0^y \frac{\rho u^2}{R+y}\mathrm{d}y - \int_0^b \frac{\rho u^2}{R+y}\mathrm{d}y \tag{4-25}$$

また，壁面摩擦係数 C_f は，速度分布の測定結果より，

$$\frac{C_f}{2} = \frac{\tau_w}{\rho u_m^2} = 0.0225\left(\frac{u_m y_m}{\nu}\right)^{-0.223} \tag{4-26}$$

以上の結果を式(4-1)に用いて整理すると,

$$0.203 b^2 \left(\frac{\mathrm{d}u_m}{\mathrm{d}\theta}\right)^2$$
$$- 2u_m b\left[0.324 - 0.068\left(\frac{b}{R}\right) + 0.0217\left(\frac{b}{R}\right)^2 - 0.0087\left(\frac{b}{R}\right)^3\right.$$
$$\left. - 0.203\left(\frac{\mathrm{d}b}{R\,\mathrm{d}\theta}\right)\right]\left(\frac{\mathrm{d}u_m}{\mathrm{d}\theta}\right) - u_m^2\left[0.324 - 0.137\left(\frac{b}{R}\right)\right.$$
$$\left. + 0.0651\left(\frac{b}{R}\right)^2 - 0.0348\left(\frac{b}{R}\right)^3 - 0.203\left(\frac{\mathrm{d}b}{R\,\mathrm{d}\theta}\right)\right]\left(\frac{\mathrm{d}b}{\mathrm{d}\theta}\right)$$
$$- 0.0399 u_m^{1.78} b^{-0.223} \nu^{0.223} R = 0 \tag{4-27}$$

上式をルンゲ・クッタ法を用いて解くと,u_m のノズル出口から円柱壁面に沿う距離 x に対する関係が求められる.

(d) 圧力分布 上記の諸結果をもとに,流れ場の圧力分布がつぎのように求められる.

いま,

$$\frac{u}{u_m} = F(\eta) = 1.8\eta^{1/6}(1-\eta)^2 \tag{4-28}$$

ここで,$\eta = y/b$

とおくと,式(4-24)は次式のように表される.

$$p = p_\infty + \int_0^\eta \frac{\rho u_m^2}{R + b\eta} f^2(\eta) b\,\mathrm{d}\eta - \int_0^1 \frac{\rho u_m^2}{R + b\eta} f^2(\eta) b\,\mathrm{d}\eta \tag{4-29}$$

式(4-28)を式(4-29)に代入し,噴流幅 b と先に求めた最大流速 u_m を用いると,円柱周りの圧力分布が求められる.

(2) ノズル-円柱系 図4-7に,ノズル-円柱系の概略を示す.噴流は,幅 $b_0 = 2.0$ mm,高さ $H = 40$ mm(アスペクト比:20)の長方形断面ノズルから,半径 $R = 40$ mm の円柱壁の接線方向に噴出される.ノズルの形状は図4-7に示すように平行部の短いもので,図4-8にノズル出口[$x=0$($\theta=0°$),$z=0$]での円周方向の速度分布 u,乱れ分布 $(\overline{u'^2})^{1/2}$ を示す.ノズル出口での速度分布形は,比較的薄い境界層厚さと小さな乱れ強さ($y/b_0 = 0.5$ で,$(\overline{u'^2})^{1/2}/u_{m0} = 0.0015$)を有している.

円周方向の速度分布 u,乱れ分布 $(\overline{u'^2})^{1/2}$ は,熱線流速計,シングルプローブを用いて測定され,はく離点は,流路中心高さの位置($z=0$)で円柱表面に

沿って境界層ピトー管（管厚：0.36 mm）を移動させ，はく離点前後でその符号が変わることから測定された．

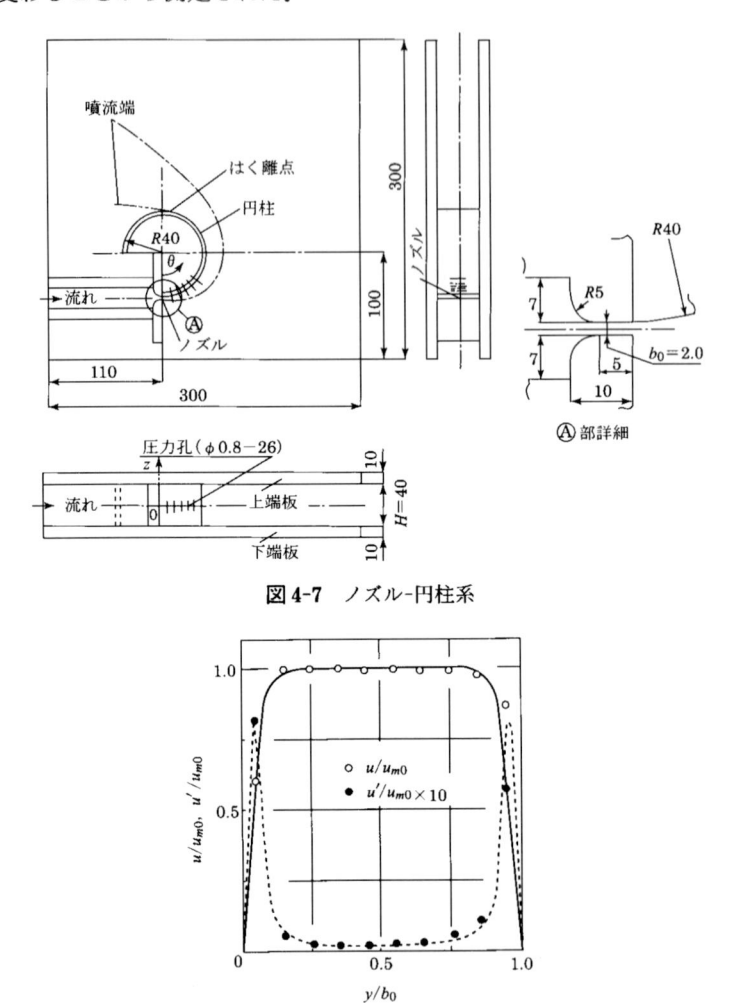

図 4-7 ノズル-円柱系

図 4-8 ノズル出口での速度と乱れ分布

4.2 曲壁付着噴流　65

（3） 計算結果と実験結果

（a） 速度・乱れ分布，最大流速　図4-9(a)に，流路中心高さ$(z=0)$での，円周方向の速度分布を示す．ノズル出口平均流速は$u_0=40\,\mathrm{m/s}$で，はく離点位置は$x/b_0=41.9\,(\theta=120°)$である．

また，図4-9(b)に上記の結果を最大流速u_mと半値幅$y_{1/2}$で無次元化して示した．それらの結果は，コア領域$(x/b_0 \leqq 9.2$，詳細は後述する$)$以後はく離点に至るまでの発達領域$(9.2 \leqq x/b_0 \leqq 41.9)$において，相似な分布形となり，図4-9(b)の実線で示す式(4-19)の結果とよく一致することがわかる．また，図(b)には参考のため平板に沿って流れる二次元(平板)壁面噴流(以後，壁面噴流ともよぶ)に対するVerhoff(1963)の実験式，

$$\frac{u}{u_m} = 1.479\left(\frac{y}{y_{1/2}}\right)^{1/7}\left\{1 - \mathrm{erf}\left[0.6776\left(\frac{y}{y_{1/2}}\right)\right]\right\} \tag{4-30}$$

を示す．円柱壁面噴流の速度分布形は，壁面噴流のそれに比較的近い分布形と

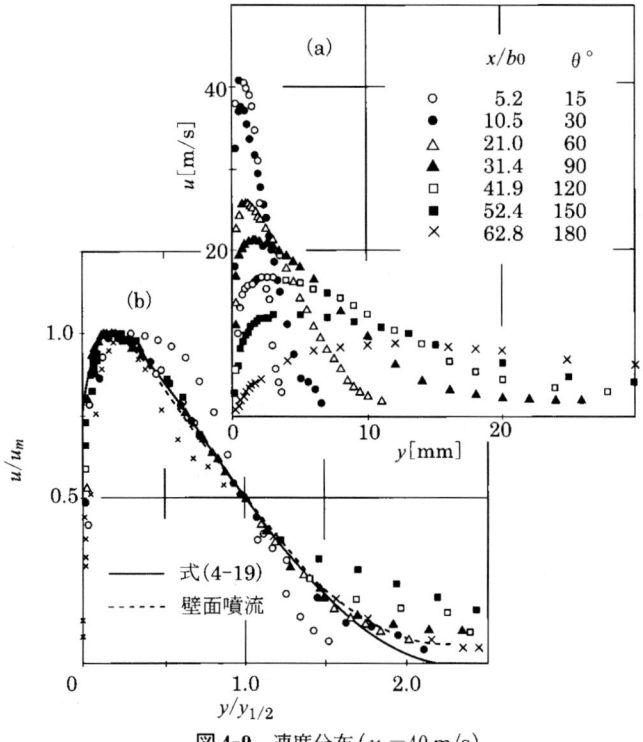

図4-9　速度分布$(u_0=40\,\mathrm{m/s})$

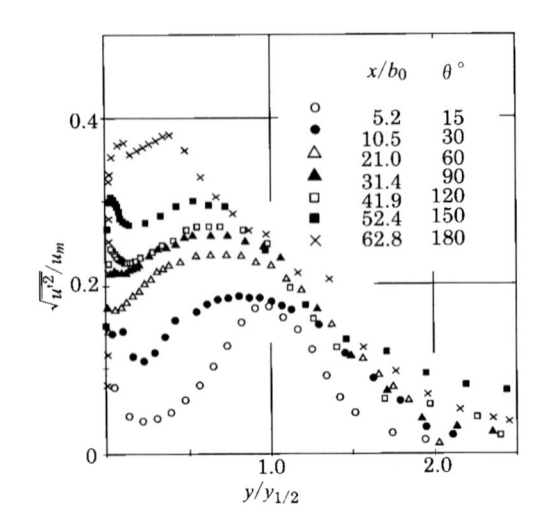

図 4-10 乱れ分布 ($u_0=40$ m/s)

なる.

　図 4-10 に，乱れ強さ $(\overline{u'^2})^{1/2}/u_m (z=0)$ を示す．ノズル出口近傍の $y/y_{1/2} \fallingdotseq 1$ で最大値であった乱れ強さは，下流にいくにつれ $y/b_{1/2} < 1$ の小さい位置で生じている．

　図 4-11 に，最大流速 u_m/u_{m0} (u_{m0}：ノズル出口最大流速) の下流方向への変化を示す．図中の破線は，前述の計算結果を示す．また，参考のため壁面噴流の結果 (図 4-11 の一点鎖線) および二次元自由噴流の結果 (図 4-11 の二点鎖

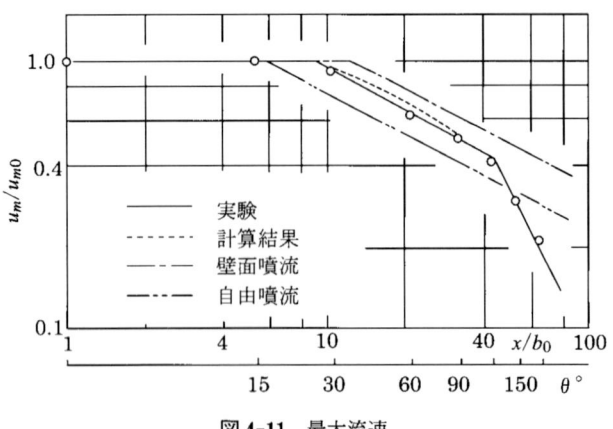

図 4-11 最大流速

線)も示した．この場合，コア領域はノズル出口から $x/b ≒ 9.2$ まで存在する．それは自由噴流の場合 ($x/b_0 ≒ 5.2$) より長く，壁面噴流の場合 ($x/b_0 ≒ 10$) より短い．コア領域以後，はく離点までの発達領域 ($9.2 ≦ x/b_0 ≦ 41.9$) では，u_m/u_{m0} は，自由噴流，壁面噴流の場合と同じく $(x/b_0)^{-1/2}$ に比例して，また $41.9 ≦ x/b_0 ≦ 70$ の範囲では $(x/b_0)^{-1.8}$ に比例して減衰するのがわかる．計算結果は実験結果をよく表しており，最大流速に対する解析に妥当性を示すものと思われる．

図 4-12 に，前述の速度分布の測定結果および Clauser's chart を用いて算出した壁面摩擦応力係数 C_f を，横軸に y_m に関するレイノルズ数 $Re'(= u_m y_m/\nu)$ をとって示す．それらの関係は，

$$C_f = 0.045 Re'^{-0.223} \tag{4-31}$$

これより壁面せん断応力を求めると，

$$\tau_w = 0.0225 \rho u_m^2 \left(\frac{u_m y_m}{\nu}\right)^{-0.223} \tag{4-32}$$

となり，滑らかな平板上の場合の壁面せん断応力，すなわち

$$\tau_w = 0.0225 \rho u_\infty^2 \left(\frac{u_\infty \delta}{\nu}\right)^{-0.25} \tag{4-33}$$

ここで，u_∞：主流速度，δ：境界層厚さ

に近い値となる．

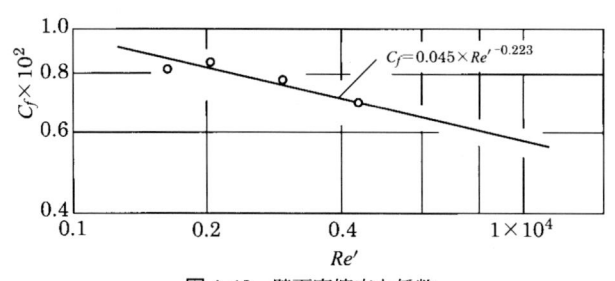

図 **4-12** 壁面摩擦応力係数

(**b**) **流量，運動量，運動エネルギー** 図 4-13 に，前述の速度分布の測定結果から体積流量 Q，運動量 J，および運動エネルギー E を，以下の式で算出して示す．

$$Q = \int_0^b u\,dy, \quad M = \rho \int_0^b u^2\,dy, \quad E = \frac{1}{2}\rho \int_0^b u^3\,dy$$

図 4-13 の破線は，壁面噴流に対する Q/Q_0 の結果 (Rajaratnam, 1976) で

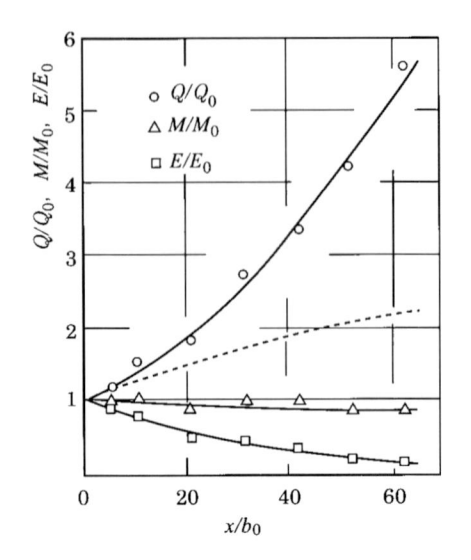

図 4-13 流量，運動量，運動エネルギー

ある．流量 Q は，下流にいくにつれ急増し，壁面噴流のそれよりかなり大きな値となる．運動量 M は，自由噴流の場合のようにほぼ一定の値を保つ形とはならず下流方向にやや減少する．これらの諸量は，b_0/R および u_0 の影響を受けるものと推察されるが，その定性的傾向は上記の結果と同様であると考えられる．

（c）半値幅，噴流幅，最大流速位置 図 4-14 に，前述の速度分布の測定結果を用いて算出した噴流の半値幅 $y_{1/2}$，噴流幅 δ，最大流速位置 y_m の下流方向への変化を示す．$y_{1/2}$ は下流方向に急激に増加し，実験的に次式で与えられる．

$$\frac{y_{1/2}}{b_0} = 0.96 \exp \frac{0.046x}{b_0} \tag{4-34}$$

図 4-14 の破線は，壁面噴流に対する結果（Rajaratnam, 1976）である．壁面噴流の場合，$y_{1/2}$ は距離 x とともに直線的に増大するが，遠心力場にある円柱壁面噴流の場合には，さらに急激に増大する．b および y_m も同様の変化を示し，前述の理論計算結果で求めた式 (4-21) をよく満足することがわかる [図 4-14 の一点および二点鎖線が，式 (4-21) による計算結果である]．

（d）付着距離 図 4-15 に，付着距離（ノズル出口からはく離点までの距離 x）x_R とノズル出口平均流速 u_0 との関係を示す．x_R は u_0 とともに増加し，

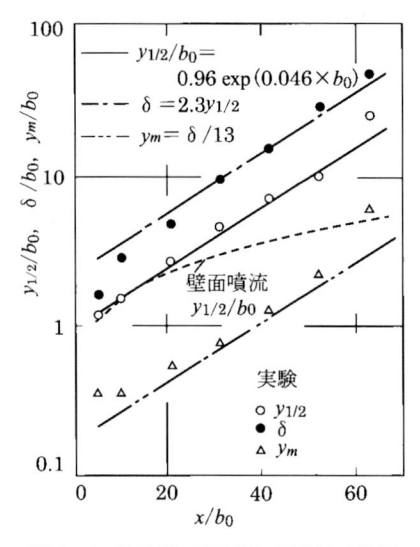

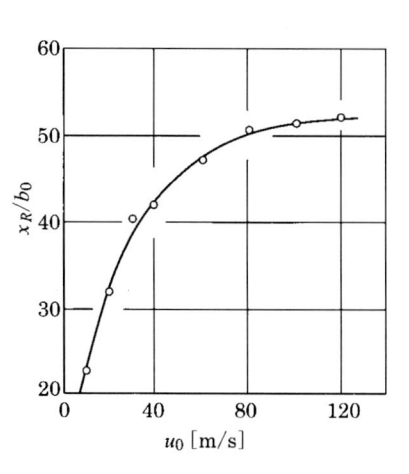

図 4-14　半値幅，噴流幅，最大流速位置　　　図 4-15　付着距離

$u_0 ≒ 80$ m/s $(Re ≒ 1.1×10^4)$ でほぼ一定値 $x_R/b_0 ≒ 52$ になることがわかる．このとき，円柱壁面からはく離した下流の流れは，ノズル軸に対して $θ = 150°$ で流れる．

（e）圧力分布　図 4-16 に，円柱壁面上 $(z=0)$ の圧力分布を圧力係数 $C_p [=(p-p_∞)/(ρu_0^2/2)]$ で示す．ノズルから出た噴流は円柱壁面に沿って遠心力作用下に流れるため，壁面上の圧力は負値となる．また，下流では，圧力が回復し周囲の圧力（大気圧，$C_p=0$）に近づいていく．$u_0=20$ m/s と 40 m/s の場合では，C_p の値にかなり差のある領域が存在するが，$u_0≧40$ m/s ではほぼ類似の流動状態となっていることが推察される．図の実線は，$u_0=40$ m/s

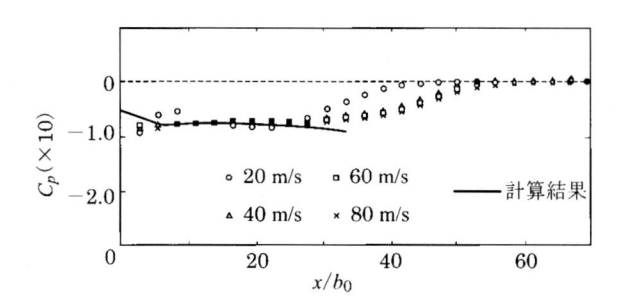

図 4-16　円柱壁面上圧力分布

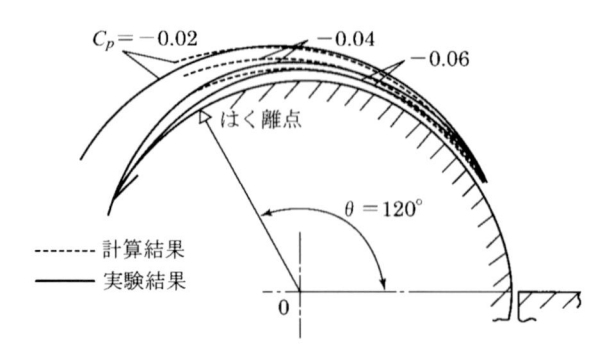

図 4-17　円柱壁面周りの圧力分布

の場合について，前述の理論計算による結果を示しているが，流れが壁面からはく離する位置 [$\theta=120°$ ($x/b_0=41.9$)] までの領域において，実験結果をかなりよく表す．

図 4-17 に，流れ場の圧力分布を C_p で示す．図の実線と破線は，それぞれ実験結果および前述の理論計算による結果である．理論計算は実験結果をよく表しており，本理論計算の妥当性を示していると考えられる．

図 4-17 に示した流れ場の圧力分布のようすをより詳細に示すため，図 4-18(a)～(d) にそれぞれ $\theta=30°$，$60°$，$90°$，$120°$ での y 方向への圧力変化のようすを示す．図 4-18 の実線は計算結果である．流れ場は遠心力場にあるため，圧力は円柱壁面上で最小値（負値）を示し壁面から遠ざかる（$y\to$ 大）につれて漸次周囲の圧力（$C_p=0$，大気圧）に近づいていく．計算結果は，実験結果をよく表している．

以上，二次元円柱壁付着噴流の速度分布をプロフィール法により算出し，それが実験結果をよく表すことを示した．また，運動量積分方程式による解析は実験結果（円柱壁面噴流の流動特性）をよく表す．

（4）**数値解析**　以上では，二次元円柱壁付着噴流の流動解析について運動量積分方程式による近似理論，実験結果を述べたが，ここでは，汎用 k-ε 乱流モデルによる数値解析結果（社河内ら，2000）について述べる．

先と同様のノズル-円柱系で，$u_0=40\,\mathrm{m/s}$ の二次元噴流が円柱壁面に沿って噴出された場合の流れの数値解析結果を示す．数値解析は，第 2 章で述べたようにナビエ・ストークス式，連続式および汎用 k-ε 乱流モデルによる乱流輸送方程式を有限差分法で解くことによった．

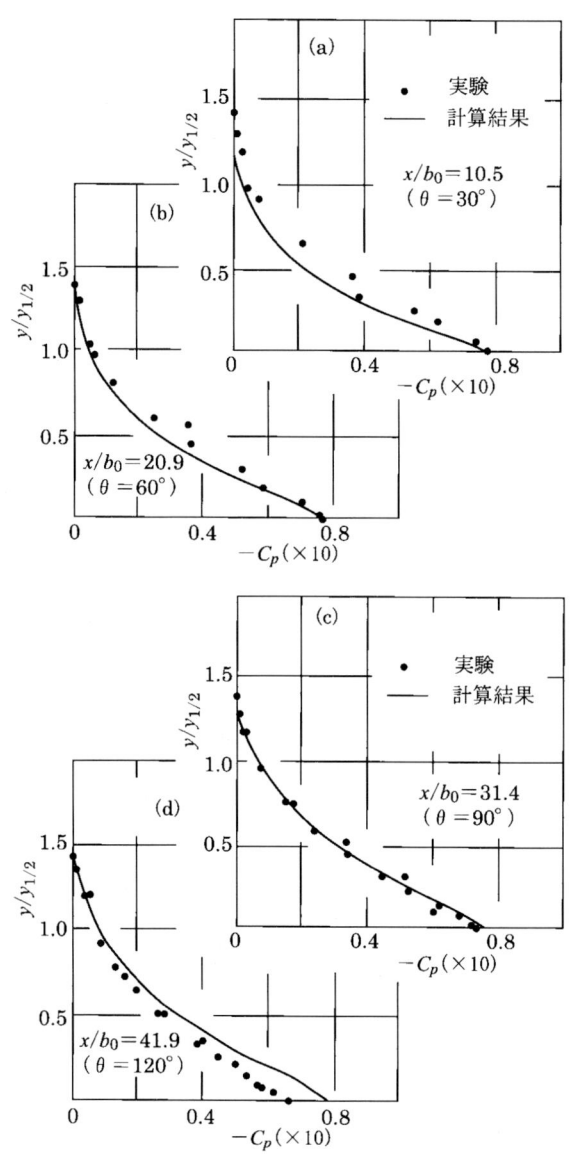

図 4-18 円柱壁面周りの圧力分布 ($y/y_{1/2} - C_p$)

図 4-19 (a) 〜 (e) にそれぞれ，流線，速度ベクトル，速度分布，圧力分布，乱流運動エネルギー分布を示す．図 (a), (c) 〜 (e) の数字はそれぞれ，流れ関

72　第4章　付着噴流

(a) 流線

(b) 速度ベクトル

(c) 等速度線

(d) 等圧力線

(e) 乱流運動エネルギー線

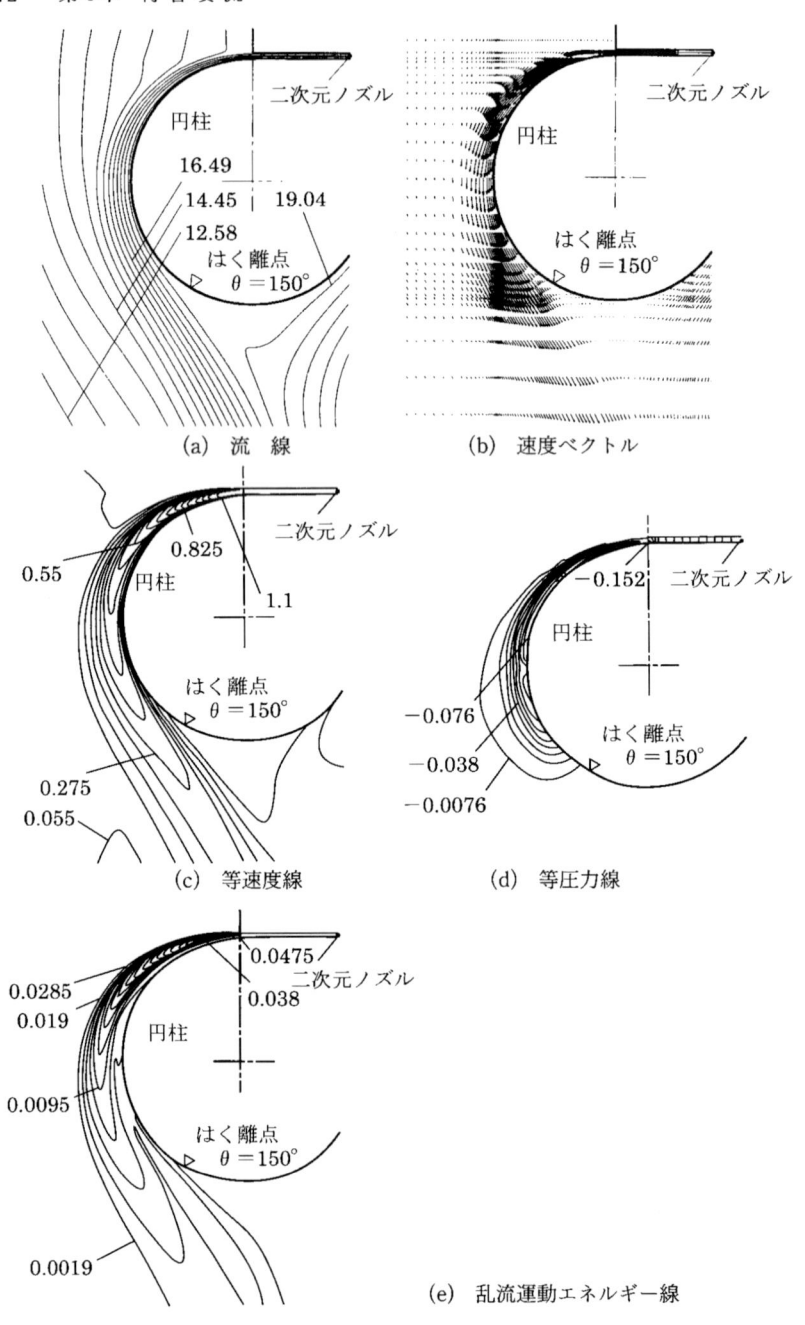

図 4-19　円柱壁面周りの流れ ($R=40$ mm, $b_0=2$ mm, $u_0=40$ m/s)

数,等速度,圧力係数,乱流運動エネルギーの値を示す.噴流は円柱壁面に沿って流れ $\theta=150°$ ではく離している.先に示した実験結果(図4-15) $\theta=120°$ に対し少し大きな値になっている.これは,汎用 k-ε 乱流モデルが等方性乱流を仮定している,また,実験では三次元性の影響が無視できない,などによると考えられる.

4.2.2 三次元円形円柱壁付着噴流

円形噴流を円柱壁面の接線方向へ噴出させると,ノズル出口近傍では噴流と円柱壁面との接触面積が小さいため,噴流は円柱壁面にほとんど付着することなく,あまり偏向せずに流れる.これに対し,図4-20に示すように噴流の噴出角度 α を変化させる(噴流を円柱壁面に対し,ある衝突角度で噴出させる)と噴流と壁面との接触面積が増加し,その結果噴流はコアンダ効果により円柱に付着して流れる.

ここでは,円柱壁面に沿って流れる三次元円形噴流の流動特性を示すとともに,速度分布,圧力分布,最大流速,噴流の広がり,付着距離,などに及ぼす噴出角度の影響について述べる.

(1) **ノズル-円柱系** 図4-20に,ノズル-円柱系の概略を示す.噴流は,直径 $d_0=10$ mm の円形ノズルより,直径 $D=215$ mm の円柱壁面上に噴出される.ノズル出口から円柱壁面に沿って x 軸,および角度 θ を,また円柱表

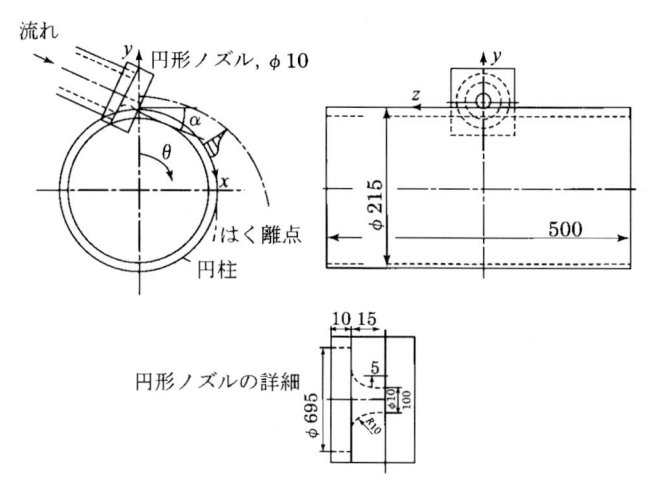

図4-20 三次元円形円柱壁付着噴流

面を原点として y, z 軸をとった.

(2) 速度・乱れ分布，最大流速　図4-21(a), (b) にそれぞれ，噴出角度 $\alpha=0°$ と $20°$ の x-y 面 ($z=0$) での速度分布を，図4-22 に最大流速 u_m の位置 ($z=0$) を示す．ノズル出口での速度分布形は，境界層厚さの薄い矩形分布形である．$\alpha=0°$ の場合，ノズル出口近傍で噴流と円柱壁面との接触面積が小さいため，噴流は円柱にあまり付着することなく，ほとんど偏向せずに流れる．

それに対し，$\alpha=20°$ の場合には噴流が円柱壁面に衝突し接触面積が増加するため，コアンダ効果による付着がみられる．各場合の付着距離はそれぞれ，$x_R/d=11.5\,(\theta=61.3°)$，$22.0\,(\theta=117°)$ である．

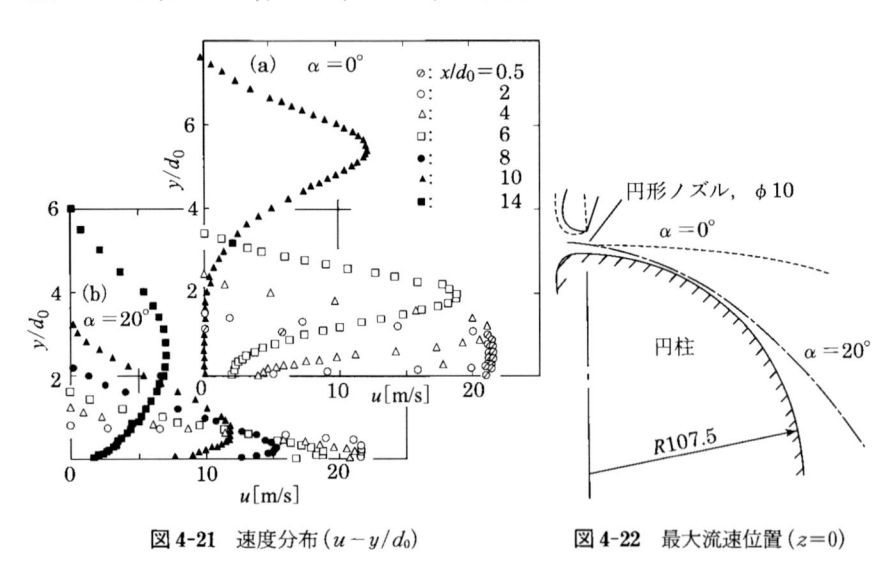

図 4-21　速度分布 (u-y/d_0)　　　図 4-22　最大流速位置 ($z=0$)

図4-23(a), (b) にそれぞれ，図4-21 の結果を噴流の y 方向の半値幅 $y_{1/2}$ と最大流速で無次元化して示す．$\alpha=0°$，$20°$ の場合ともに，x-y 面 ($z=0$) での速度分布形は，相似な分布形とはならない．図中の実線と破線はそれぞれ，二次元壁面噴流に対する Glauert (1956) の理論曲線および Bakke (1957) の実験結果である．また，一点鎖線は二次元円柱壁面噴流に対する次式 (社河内ら，1988) の結果で，参考のため記した．

$$\frac{u}{u_m}=0.3\left(\frac{y}{y_{1/2}}\right)^{1/6}\left[2.3-\left(\frac{y}{y_{1/2}}\right)\right]^2 \tag{4-35}$$

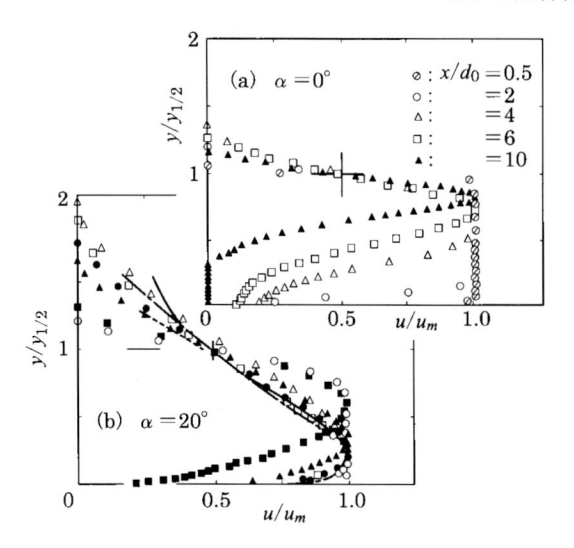

図 **4-23** 無次元速度分布 $(u/u_m - y/y_{1/2})$

図 4-24 (a), (b) にそれぞれ, $\alpha=0°$ と 20° の x-z 面 $(y=y_m)$ での速度分布を z 方向の半値幅 $z_{1/2}$ と最大流速 u_m で無次元化して示す. 図中の実線は, Goertler (Schlichiting, 1979) による円形自由噴流に対する計算解である. いずれも, $z=0$ に対して対称な分布形なので, $z \geq 0$ の領域の結果のみを記す. $\alpha=0°$ の場合, $x/d_0 < 6$ で速度分布形はほぼ相似形となるが, それらは Goert-

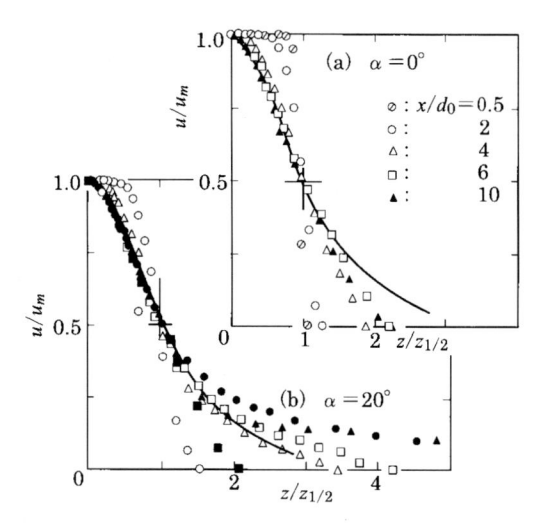

図 **4-24** 無次元速度分布 $(u/u_m - z/z_{1/2})$

lerの計算解ではよく表されない．$\alpha=20°$の場合，噴流の外側$z/z_{1/2}\geq1$では，相似な分布形とならない．これは，円柱壁面に衝突しz方向に広げられることによる．

図4-25(a), (b)にそれぞれ，$\alpha=0°$，$20°$でのx-y面($z=0$)における主流方向の乱れ成分u'(rms値)を示す．図中の破線は，壁面噴流の$x/d=6$での結果で参考のために記した．乱れ強さu'/u_mは，速度分布に対応し速度勾配の大きなところで大きくなり，下流でのその最大値は噴出角度とともに大きくなる．また，いずれの場合もその分布形は相似形とならない．

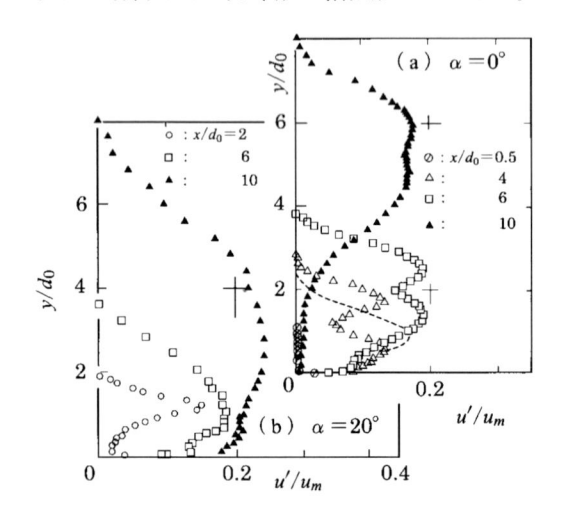

図4-25 乱れ分布 u'/u_m-y/d (x-y面, $z=0$)

図4-26に，x-z面($y=y_m$)における乱れ強さu'/u_mを示す．それは，下流に向かって概ね増大するが，相似な分布形とはならない．

図4-27に，最大流速の減衰を示す．図中の破線は，二次元自由噴流に対する結果で参考のために記した．コア領域は，いずれの場合も$0\leq x/d_0<3.5$，遷移領域は，壁面噴流および$\alpha=20°$の場合$3.5<x/d_0<6$，$\alpha=0°$の場合$3.5<x/d_0<7$である．遷移領域の下流，いわゆる発達領域では最大流速u_m/u_{m0}は，いずれの場合も距離x/d_0とともに次式で示すべき関数の形で減衰する．

$$\frac{u_m}{u_{m0}} \propto \left(\frac{x}{d_0}\right)^n \tag{4-36}$$

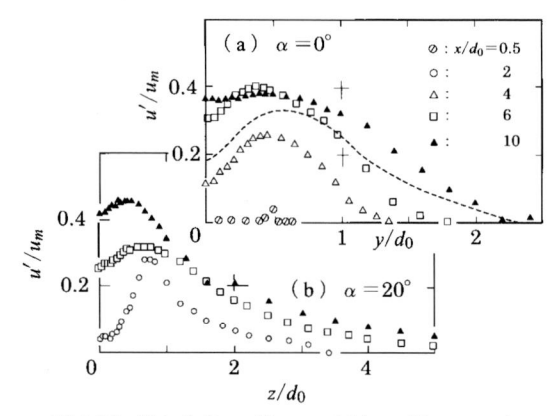

図4-26 乱れ分布 $u'/u_m - z/d$ (x-z面, $y=y_m$)

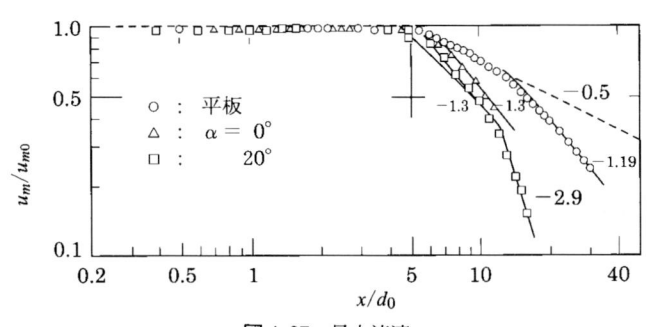

図4-27 最大流速

ここで, n は, 下表のようになる.

	$x/d_0 < 12$	$12 < x/d_0$
平板	$n=-0.5$	$n=-1.19$
$\alpha=0°$	-1.3	
$20°$	-1.3	-2.9

また, 円柱壁面噴流の場合には噴流が y 方向へ広がりやすいので, 最大流速の減衰は壁面噴流の場合よりかなり大きくなる.

(3) 噴流の広がり 図4-28に, $\alpha=0$, $20°$ の円柱壁面噴流および壁面噴流の, 最大流速の位置までの距離 y_m と半値幅 $y_{1/2}$ を示す. 壁面噴流の場合, 最大流速が減衰しないコア領域を除いて, 最大流速位置および半値幅は, 二次元壁面噴流の場合と異なり, それぞれ $y_m/d_0 ≒ 0.25$, $y_{1/2}/d_0 ≒ 1.21$ となり, ほぼ一定となる. これは, 噴流が z 方向にも広がることによる. それに対し, 円柱壁面噴流の場合には, いずれの場合も y_m/d_0, $y_{1/2}/d_0$ はともに, 距離 $x/$

d_0 の増加とともに次式で示す指数関数の形で増加し，円柱にほとんど付着しない $\alpha=0°$ の場合よりかなり大きな値をとる．ただし，$\alpha=20°$ の場合には噴流はノズル出口近傍で円柱壁面に衝突するため，$0 \leq x/d_0 < 4$ ではそれらの値は小さくなる．

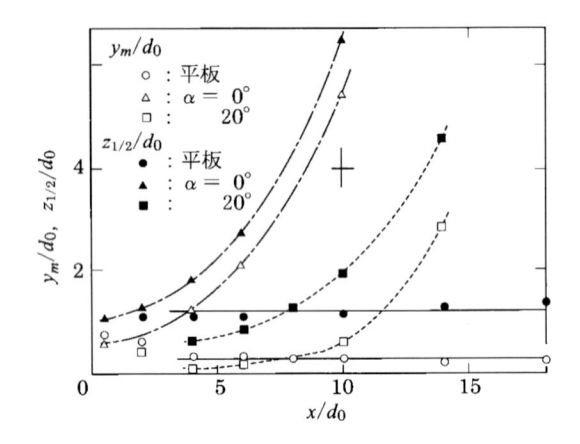

図 4-28 噴流の広がり (y_m/d_0, $z_{1/2}/d_0 - x/d_0$)

$$\frac{y_m}{d_0}, \frac{y_{1/2}}{d_0} = C_1 \exp\left(\frac{C_2 x}{d_0}\right) \tag{4-37}$$

ここで，C_1, C_2 は，下表のようになる．

$\alpha=0°\ (x/d_0>2)$	C_1	C_2	$\alpha=20°\ (x/d_0>6)$	C_1	C_2
y_m/d_0	0.42	0.26	y_m/d_0	0.013	0.39
$y_{1/2}/d_0$	0.72	0.22	$y_{1/2}/d_0$	0.22	0.21

図 4-29 に，z 方向の半値幅 $z_{1/2}$ を示す．壁面噴流および $\alpha=0°$ の円柱壁面噴流の場合には，$0 \leq x/d_0 < 6$ で，$z_{1/2}$ はいずれも直線的に増加しほぼ一定値をとる．$\alpha=20°$ の場合には，噴流がノズル出口近傍で円柱に衝突するため $x/d \fallingdotseq 4$ で極大値をとる．また，$x/d_0 > 7$ 以降ではいずれも直線的に増加する．

$$\frac{z_{1/2}}{d_0} = C_1'\left(\frac{x}{d_0}\right) + C_2' \tag{4-38}$$

ここで，C_1', C_2' は，下表にようになる．

	平板	$\alpha=0°$	$\alpha=20°$
C_1'	0.16	0.075	0.048
C_2'	-0.35	0.19	0.39

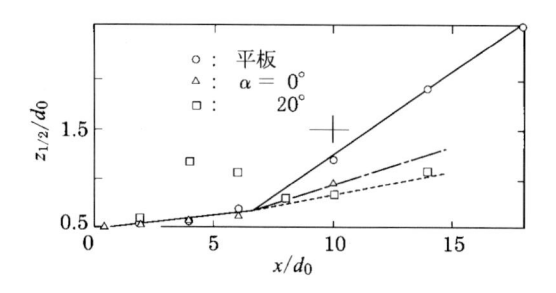

図 4-29 噴流の広がり ($z_{1/2}/d_0 - x/d_0$)

また，壁面噴流の場合には噴流が y 方向へ広がりやすいため，その $z_{1/2}$ は壁面噴流の場合よりかなり大きい．

(4) 圧力分布 図 4-30 (a) に，噴流が $\alpha = 0 \sim 35°$ で円柱に噴出するときの円柱壁面上 ($y=0$) の圧力分布を圧力係数 $C_p[=(p-p_\infty)/(\rho u_0^2/2)]$ で示す．いずれの場合も，噴流がノズル出口近傍で円柱壁面に衝突するため，C_p はその位置で最大値となる．また，円柱に付着した噴流は遠心力作用下にあるので円柱壁面での圧力は負値となり，下流で周囲の圧力（大気圧）と等しくなる．

図 4-30 (b) に，同図 (a) の結果をもとに求めた最大圧力 $C_{p\max}$ および最小圧力 $C_{p\min}$ とその位置 x と α との関係を示す．圧力の最大値は，α の増加とともに増加する．一方，最小値は $\alpha = 15 \sim 20°$ で生じる．また，最小圧力が生じる位置は $\alpha = 15 \sim 20°$ までは α とともに増大するが，$\alpha > 20°$ ではほぼ一定値

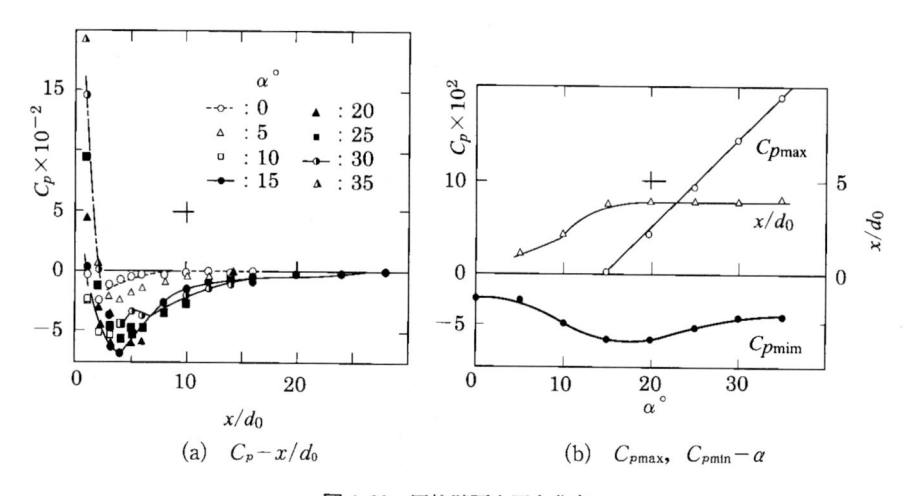

図 4-30 円柱壁面上圧力分布

$(x/d_0 ≒ 4)$ となる．

（5） 付着距離　図 4-31 に，付着距離 x_R と噴出角度 $α$ との関係を示す．x_R は $α$ の増加とともにほぼ直線的に増加する．$α$ が大きくなると噴流は，ノズル出口直後で円柱に強く押し付けられるようになり，z 方向に広げられ平面形状の付着噴流となる．すなわち，ノズル出口近傍において噴流と円柱壁面との接触面積が増加する結果，コアンダ効果による付着現象が顕著となり，x_R が増加する．それらの結果は，次式で与えられる．

$$\frac{x_R}{d_0} = 0.492α + 12 \qquad (4\text{-}39)$$

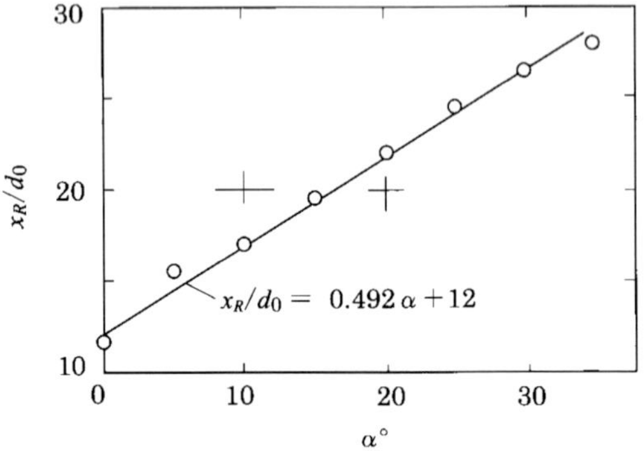

図 4-31　付着距離

以上，円形噴流が円柱壁面にある角度 $α$ で噴出された（三次元円形円柱壁面付着噴流）場合の流動特性，付着特性を，おもに噴出角度 $α$ との関係において検討し噴流の広がりなどについての実験式を示した．

4.2.3　二次元凹壁面付着噴流

二次元噴流を静止空間中に設置された凹壁面（円柱内壁面）の接線方向に噴出させると，噴流は遠心力作用下に流れ，噴流の半値幅 $y_{1/2}$ と壁面の曲率半径 R との比 $y_{1/2}/R$ が 0.17〜0.27 より大きくなると，壁面近傍の速度分布が遠心力に対して不安定となり，テイラー・ゲルトラー渦が生起することが知られている (Schlichting, 1976)．この特異な現象のため，従来，テイラー・ゲルトラー渦が生起する条件，および渦の形態，安定性について多くの報告がなされている．

この項では，噴流の半値幅が円柱内壁面の曲率半径に比べて比較的小さく，

テイラー・ゲルトラー渦が生起しない範囲での遠心力作用下に流れる凹壁面噴流(図4-32)の流動特性について述べる．

（1）近似理論　図4-32に，フローモデルを示す．座標系は，凹壁面の曲率中心を原点とし，ノズル出口より流れの方向に角度 θ を，半径方向に座標 r をとった．また，凹壁面上を原点としその中心に向かう方向を座標 y とした．速度分布と，圧力分布について述べる．

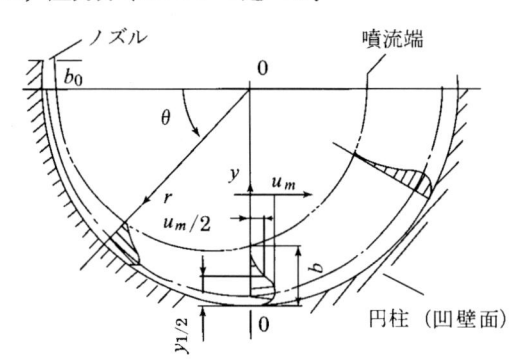

図4-32 二次元凹壁面付着噴流(フローモデル)

（a）速度分布　θ 方向への噴流の速度 u の分布形は先に示したプロフィール法および実験結果を使うと式(4-17)～(4-21)とまったく同様に，

$$\frac{u}{u_m} = 1.8\left(\frac{y}{b}\right)^{1/6}\left[1-\left(\frac{y}{b}\right)\right]^2, \qquad k=13 \tag{4-40}$$

ここで，最大流速位置 $y_m = b/k$

また，噴流の半値幅を $y_{1/2} = b/k'$ とし，式(4-40)を書きなおすと，

$$\frac{u}{u_m} = 0.3\left(\frac{y}{y_{1/2}}\right)^{1/6}\left[2.3-\left(\frac{y}{y_{1/2}}\right)\right]^2, \qquad k'=2.3 \tag{4-41}$$

（b）最大流速　流れ場中に検査体積(図4-33)をとり，そこに働く力の釣合いから求めた運動量積分方程式を用いて，最大流速 u_m を求める．その際，速度分布形は，式(4-41)で表す．

運動量積分方程式は，式(4-11)と同様の式となる．

式(4-11)中の v_e (検査面BCから周囲の流体が巻き込まれる速度)は，噴流流量を Q とすると，

$$v_e = \frac{\partial Q}{(R-\delta)\partial\theta} = \frac{\partial}{(R-\delta)\partial\theta}\int_0^b u\,dy \tag{4-42}$$

いま，半径方向の圧力勾配は，

第4章 付着噴流

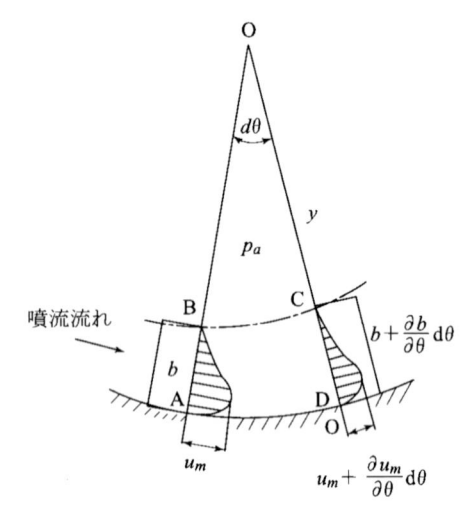

図 4-33 検査体積

$$\frac{\partial p}{\partial r} = \frac{\rho u^2}{r}, \quad \frac{\partial p}{\partial y} = -\frac{\rho u^2}{R-y} \tag{4-43}$$

これより，任意の位置での圧力は，

$$p = p_a + \int_y^b \frac{\rho u^2}{R-y} dy \tag{4-44}$$

また，噴流幅 b および壁面摩擦係数 C_f は，実験結果より，

$$\left.\begin{array}{l}\dfrac{b}{R} = 0.124 \exp\left(0.36\dfrac{x}{R}\right), \quad \left(\dfrac{b_0}{R} \leq 0.05\right) \\[6pt] \dfrac{b}{R} = 0.190 \exp\left(0.36\dfrac{x}{R}\right), \quad \left(\dfrac{b_0}{R} = 0.1\right) \\[6pt] \dfrac{b}{R} = 0.284 \exp\left(0.146\dfrac{x}{R}\right), \quad \left(\dfrac{b_0}{R} \leq 0.15\right)\end{array}\right\} \tag{4-45}$$

$$\frac{C_f}{2} = \frac{\tau_w}{\rho u_m^2} = 0.039\left(\frac{u_m y_m}{\nu}\right)^{-0.294} \tag{4-46}$$

ここで，x はノズル出口から凹壁面に沿う距離である．
以上の結果を運動量積分方程式に代入し，整理した式をルンゲ・クッタ法で解き，u_m を求める．

(c) 圧力分布 いま，式 (4-40) の速度分布を

$$\frac{u}{u_m} = F(\eta) = 1.8\eta^{1/6}(1-\eta)^2, \quad \eta = \frac{y}{b} \tag{4-47}$$

とおくと，式 (4-44) は，

$$P = P_a + \int_\eta^1 \frac{\rho u_m^2}{R - \delta y} f^2(\eta) \mathrm{d}\eta \tag{4-48}$$

式 (4-47), (4-48) と, 先に求めた最大流速 u_m および噴流幅 b を用いて, 任意の位置での圧力 p を求める.

(2) 速度分布, 乱れ分布　図 4-34 (a) に, ノズル幅 $d_0 = /R = 0.33$ ($d_0 = 2$ mm) の場合の, 流路中心高さ ($z=0$) の円周 (θ) 方向の速度分布 u/u_m を示す. ノズル出口平均流速は, $u_0 = 40$ m/s である. 図中の実線と破線はそれぞれ, 式 (4-41) および壁面噴流に対するつぎの Verhoff (1963) の実験式 (4-30) の結果である.

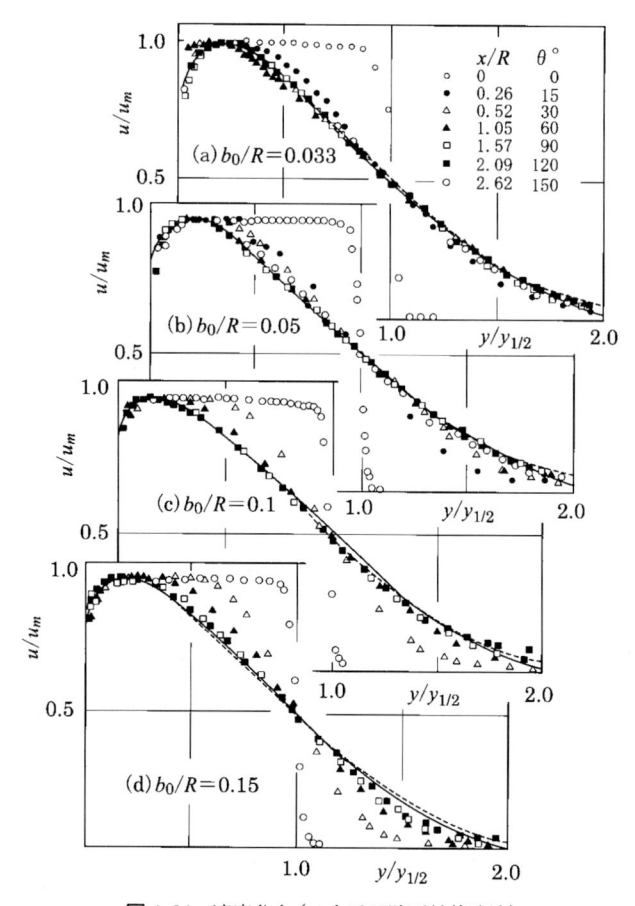

図 4-34　速度分布 (二次元凹壁面付着噴流)

速度分布形は，コア領域以降の $x/d_0>1.05$ において相似となり式(4-41)でよく表される．これはまた，壁面噴流に対するVerhoffの実験式ともよく一致し，凹壁面噴流の速度分布形は壁面曲率の影響を受けないことがわかる．

十分に発達した壁面噴流が湾曲部に流入する条件（コア領域が存在しない）下での小林ら(1983)の結果も式(4-41)でよく表される．式(4-31)はまた，前記したように円柱壁面（凸壁面）噴流の発達領域での速度分布形 ($d_0/R=0.05$〜0.15)をもよく表す．このように，壁面，円柱壁面，凹壁面噴流の発達領域での速度分布形はほぼ相似で，それらは式(4-41)でよく表される．

図4-34 (b)〜(d)にそれぞれ，$b_0/R=0.05$，0.1，0.15の場合の結果を示す．ノズル幅 b_0/R が大きくなるとコア領域が大きくなり，速度分布形が相似となりはじめる位置が下流方向へ移動する（$d_0/R=0.05$，0.1でそれぞれ，$x/R=1.05$，1.57）．$b_0/R=0.15$ になると，速度分布形は式(4-41)では十分表されなくなる．この場合の流動状態は，$b_0/R \leq 0.1$ の場合のそれと異なることが推測される．

コア領域は，$0 \leq x/d_0 < 6$ の範囲に存在し，凹壁面側に偏った非対称な形になっている．また，コア領域長さは円柱壁面噴流の場合（$x/d_0=9.2$）に比べ，小さくなっている．

図4-35に，$d_0/R=0.05$ の場合の乱れ強さ u'/u_m（u'：rms値）を示す．図中の実線は円柱壁面噴流の結果の一例（$d_0/R=0.05$，$u_0=40\,\mathrm{m/s}$，$\theta=90°$）で

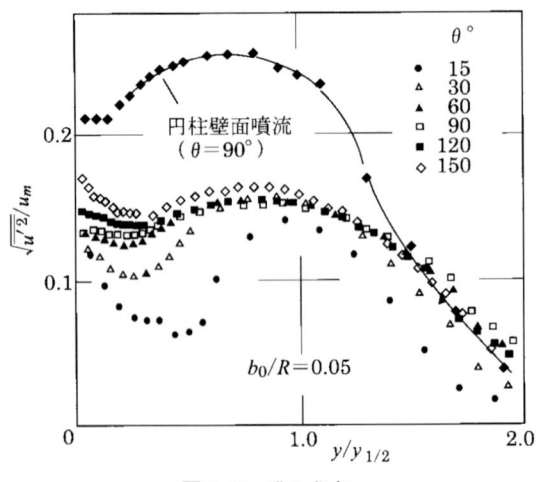

図4-35 乱れ分布

参考のために記した．u'/u_m は，速度勾配の大きなところで大きな値をとり，下流にいくにつれ大きくなる．しかし，$\theta > 60°$ の $y/y_{1/2} > 0.5$ の範囲では，その値はほとんど変わらない．

また，凹壁面噴流の乱れ強さは，円柱壁面噴流のそれよりかなり小さい．これは，円柱壁面噴流が半径方向に広がる拡大流れであるのに対し，凹壁面噴流では遠心力が凹壁面側に作用し噴流が凹壁面側に押し付けられるような流動形態になることに起因する．

（3） 最大流速　図 4-36 に，最大流速の減衰のようすを示す．図中の実線はそれぞれ，$b_0/R = 0.033 \sim 0.15$ の場合の前述の理論計算結果を示す．コア領域は前記したように，ノズル出口から $x/b_0 ≒ 6$ まで存在する．その後，いずれの場合も u_m/u_{m0} は $(x/R)^{-0.183}$ に比例して減衰する．これに対し，自由噴流，壁面噴流，円形壁面噴流のコア領域以後の最大流速は，いずれも $(x/b_0)^{-1/2}$ に比例して減衰する．上記各種噴流に比し，凹壁面噴流の最大流速は減衰しにくい．

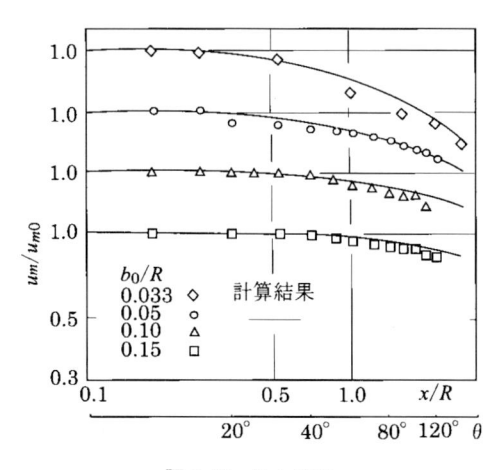

図 4-36　最大流速

（4） 摩擦係数　図 4-37 に，先の速度分布の測定結果および Clauser's chart をもとに求めた壁面摩擦応力係数 C_f を示す．横軸は，最大流速位置 y_m に関する局所レイノルズ数 $Re'(= u_m y_m/\nu)$ である．C_f は，ノズル幅に依存せずほぼ同じ値をとり，式(4-46)で表される．これは，遠心力により凹壁面噴流が凹壁面側へ押し付けられる結果，図中破線で示す平板の場合の C_f (=

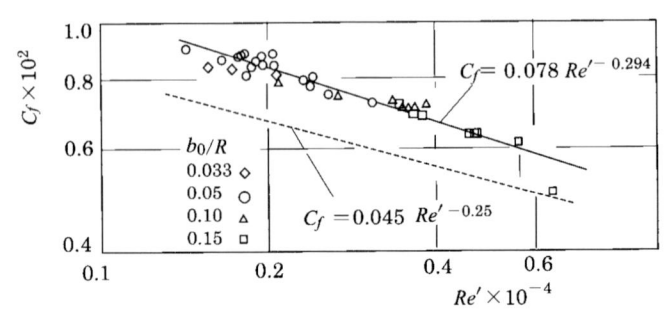

図 4-37 壁面摩擦応力係数

$0.045 Re'^{-0.25}$) よりやや大きな値となる。

（5） 噴流の広がり　図 4-38 に，噴流の下流方向への広がりを，前述の速度分布の測定結果をもとに求めた噴流幅 b，半値幅 $y_{1/2}$，最大流速位置 y_m で示す。図には，円柱壁面噴流の場合（$b_0/R=0.05$，$u_0=40\,\mathrm{m/s}$）の各値も記入されている。半値幅 $y_{1/2}/R$ は，下流方向へ指数関数的に増加するが，ノズル幅が大きくなると（$b_0/R=0.15$）その勾配が小さくなる。これは，$b_0/R=0.15$ になると $y_{1/2}/R$ の値が，テイラー・ゲルトラー渦が生起する限界（0.17〜

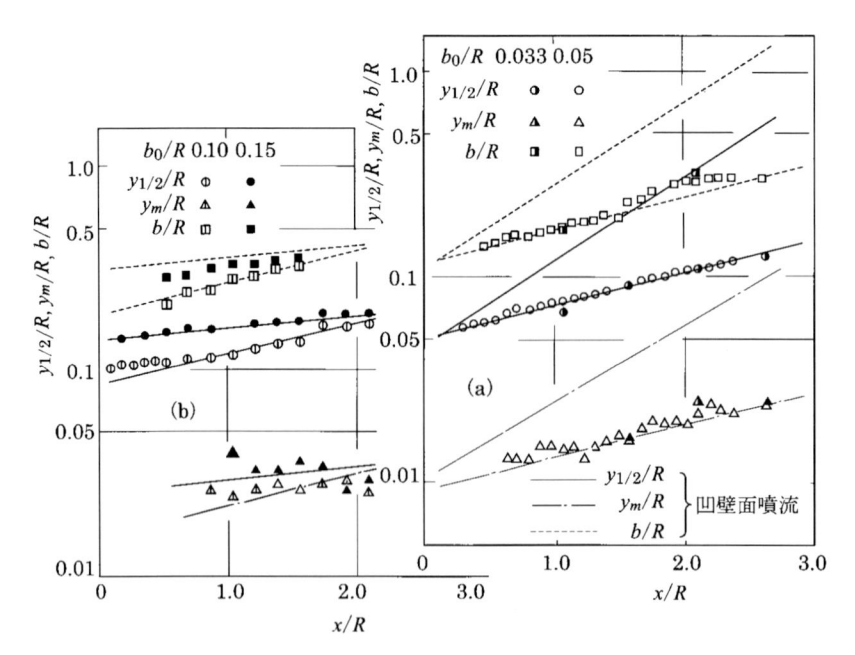

図 4-38 半値幅，噴流幅，最大流速位置

0.27)近傍に分布するため流動状態が変化しているためと思われる．

半値幅は，実験的に次式で表される．

$$\left. \begin{array}{l} \dfrac{y_{1/2}}{R} = 0.052 \exp\left(0.36 \dfrac{x}{R}\right) \quad \text{for} \quad \dfrac{b_0}{R} \leq 0.05 \\ \dfrac{y_{1/2}}{R} = 0.084 \exp\left(0.36 \dfrac{x}{R}\right) \quad \text{for} \quad \dfrac{b_0}{R} = 0.1 \\ \dfrac{y_{1/2}}{R} = 0.14 \exp\left(0.146 \dfrac{x}{R}\right) \quad \text{for} \quad \dfrac{b_0}{R} = 0.15 \end{array} \right\} \quad (4\text{-}49)$$

y_m/R, b/R もともに，下流方向へほぼ直線的に増加し，それらは先に示した理論計算結果 ($y_m = b/13$, $y_{1/2} = b/2.3$, 図中の直線) でよく表される．また，凹壁面噴流の各値は，遠心力が噴流が広がる方向に作用する円柱壁面噴流のそれらよりかなり小さく，噴流 (凹壁面) があまり広がらない．

（6） 圧力分布　図4-39に，凹壁面上の流路中心高さ ($z=0$) での圧力分布を圧力係数 C_p で示す．図中の各実線は，理論計算結果である．$d_0/R=0.05$ の場合だけ，$u_0=20 \sim 80$ m/s の結果を示しているが，$u_0 \geq 40$ m/s でほぼ同一の値になり，流動状態がほぼ相似になると思われる．また，遠心力が凹壁面側へ作用するため壁面上の圧力は正値で，その各値はほぼノズル幅の大きさ (噴流運動量) に比例している．

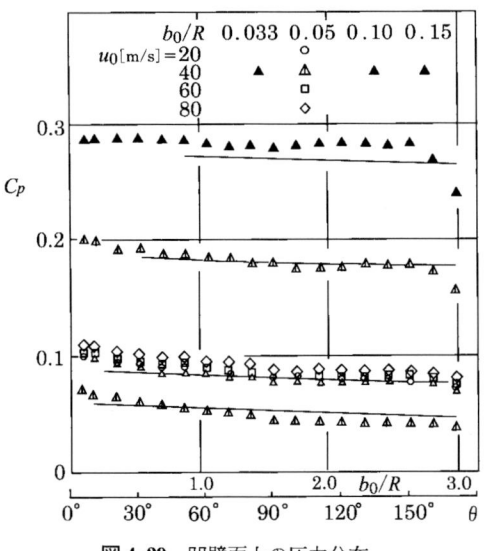

図 4-39　凹壁面上の圧力分布

図4-40に, $\theta=60°$, $90°$, $120°$ での y 方向への圧力分布を示す．噴流は，凹壁面側へ働く遠心力作用下に流れるため，圧力は凹壁面上で最大値（正値）を示し，壁面から遠ざかるにつれ周囲の圧力（大気圧，$C_p=0$）に近づいていく．

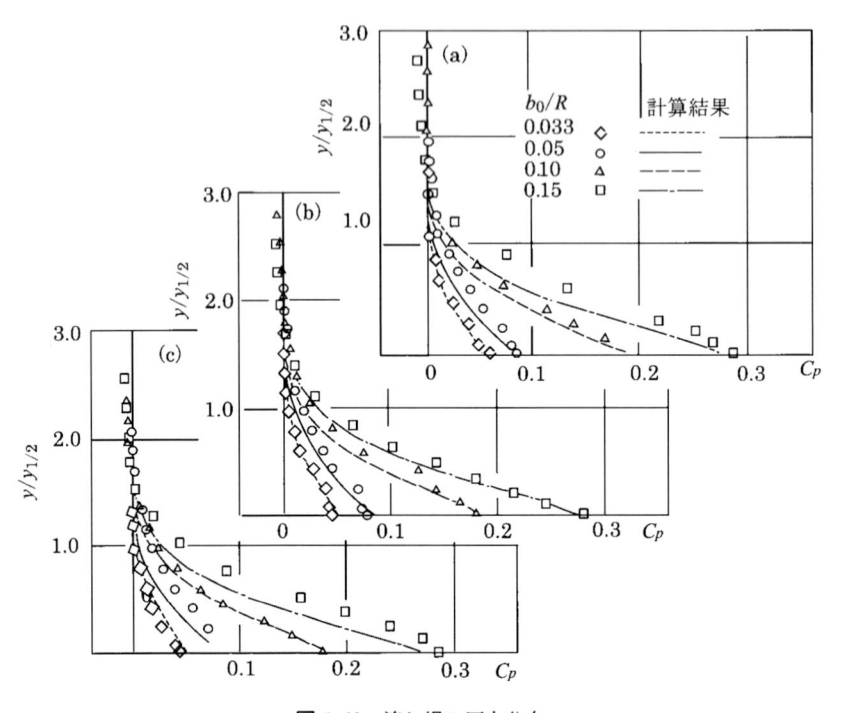

図4-40 流れ場の圧力分布

以上，凹壁面に沿って流れる二次元噴流の速度分布，圧力分布，噴流の広がり，などの流動特性を示した．運動量理論に基づく近似計算は，噴流の流動特性をよく表す．

4.2.4 三次元円形凹壁面付着噴流

図4-41に示すように，円形噴流を凹壁面の接線方向へ噴出させると噴流は遠心力作用下に凹壁面に押し付けられるように流れ，平板上に沿って流れる円形噴流の場合に比べ噴流の半径方向および z 方向への広がりはそれぞれ縮小，広大する．このことは，実際には，タービンブレードの吹き出し冷却，サイクロン分離器，などでみられる．

4.2 曲壁付着噴流　89

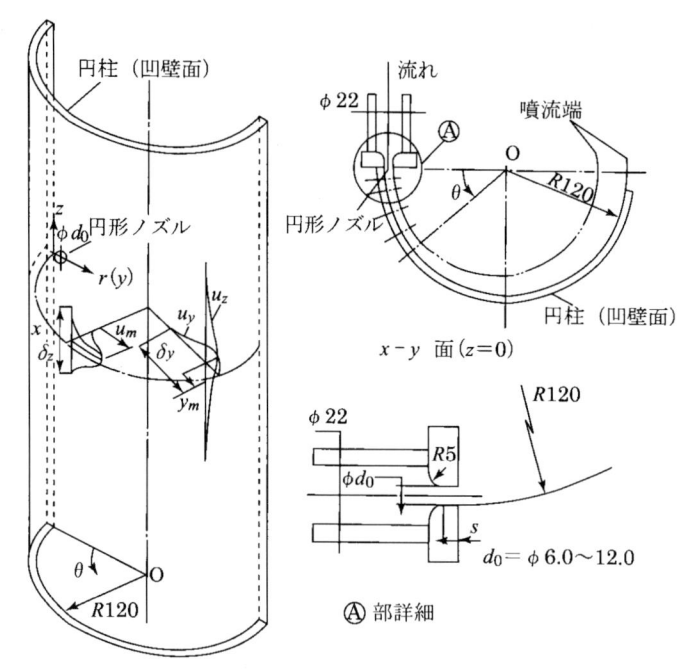

図 4-41　三次元凹壁面付着噴流（フローモデル）

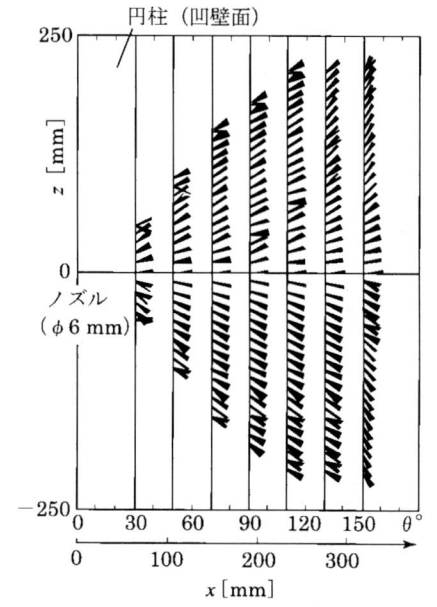

図 4-42　壁面近傍の流動状態，タフトの挙動 ($y=1\,\text{mm} ≒ y_m$)

90　第4章　付着噴流

　図4-42に，凹壁面上 $y=1$ mm $\fallingdotseq y_m$ の位置に設置した多数のタフト（絹製の刺繍糸）の挙動を，CCDカメラ，画像処理装置・計算機を用い1/30秒間隔で，10フレームを連続サンプリングし，曲面を平面に広げ同一画面に出力した結果を示す．ノズル直径は $d_0=6.0$ mm $(d_0/R=0.05)$ で，ノズル出口平均流速は $u_0=40$ m/s $(Re=1.69\times10^4)$ である．下流に向かい，噴流が $\pm z$ 方向に急速に広がるのがわかる．

（1）速度分布
（a）**x-y 断面**$(z=0)$　図4-43に，$d_0=6$，9，12 mm $(d_0/R=0.05$，0.075，0.1) の場合の，流路中心高さ $(z=0)$ での x-y 断面の速度分布 u_y/u_m を示す．ノズル出口 $(\theta=0°)$ での速度分布は，いずれの場合も凹壁面側の速度がいくぶん大きく比較的境界層の薄い矩形の分布形をもつ．

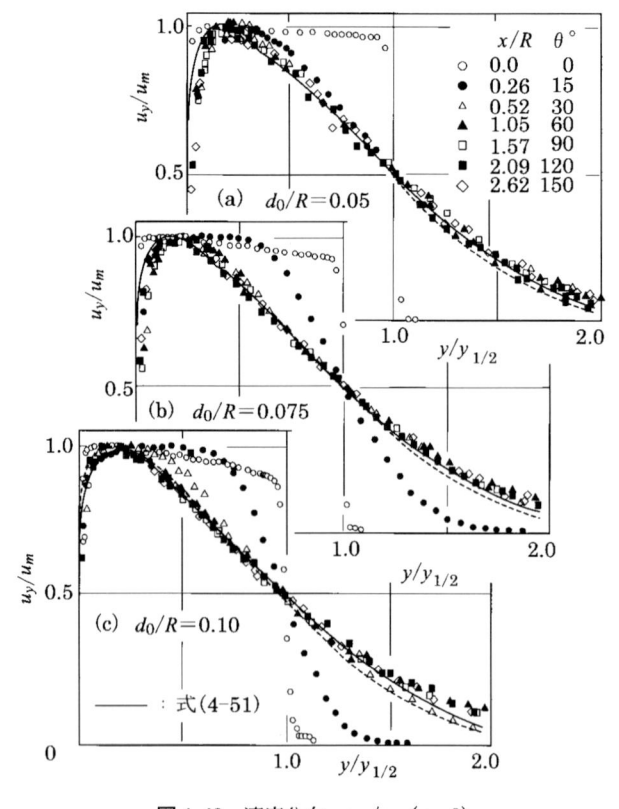

図4-43　速度分布　u_y/u_m $(z=0)$

分布形は下流にいくにつれ相似となり，先に示したプロフィール法および実験結果を使うと，

$$\frac{u_y}{u_m} = 0.242 \frac{y}{y_{1/2}} \left(2.44 - \frac{y}{y_{1/2}} \right)^2 \tag{4-50}$$

また，

$$y_m = \frac{\delta_y}{17}, \quad y_{1/2} = \frac{\delta_y}{2.44} \tag{4-51}$$

また，d/R が大きくなると，分布形が相似となる位置が下流側に移る．図の実線と破線はそれぞれ，式(4-50)の計算結果および二次元凹壁面噴流の結果である．式(4-50)は，発達領域での速度分布形のあらましをよく表すが，d_0/R が小さくなると壁面近傍（$y < y_m$）での差が大きくなる．

図4-44に，一例として $\theta = 90°$ での各 z での u_y を示す．速度分布形はほぼ相似となるが，図中の実線で示す式(4-50)とはかなり異なる．$\theta = 60°$，120°，150°の場合でも同様である．

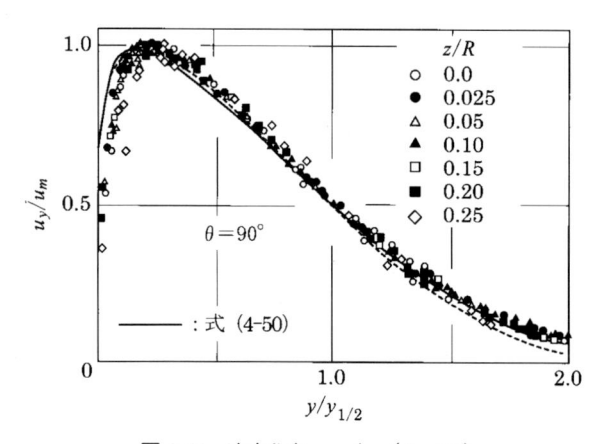

図 4-44 速度分布 u_y/u_m ($\theta = 90°$)

(**b**) **x-z 断面 ($y = y_m$)** 図4-45に，一例として $y = y_m$ における速度分布 u_z/u_m を示す．分布形は，$z = 0$ に対して対称である．この場合も，先に示したプロフィール法と実験結果を使うと速度分布は，

$$\frac{u_z}{u_m} = \left(\frac{z}{\delta_z} \right)^{n'} \left[-(n'+1) + n' \left(\frac{z}{\delta_z} \right) \right] + 1 \tag{4-52}$$

ここで，$n' = 1.6$ ($z/z_{1/2} \leqq 1.0$)，$n' = 1.25$ ($z/z_{1/2} \geqq 1.0$)

図中の実線と破線はそれぞれ，式(4-53)および Goertler (Schlichting,

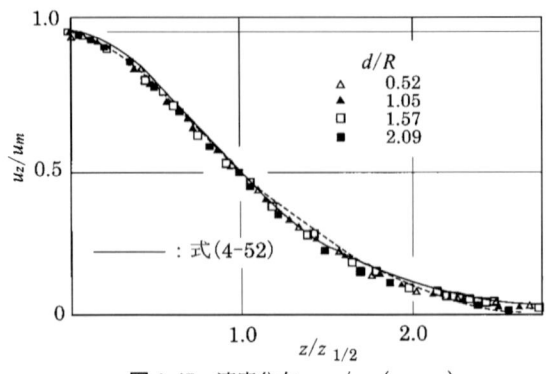

図 4-45 速度分布　$u_z/u_m\,(y=y_m)$

1979) の三次元円形自由噴流に対する計算結果である．分布形はほぼ相似で，式 (4-52) でよく表される．

（c）　x-z 断面の速度成分 $w\,(z=0)$　　ノズルから出た噴流は $-y$ 方向へ遠心力を受けるため y 方向への広がりは比較的小さく速度成分 v も小さいと思われる．それに比べ，z 方向への広がりは大きく速度成分 w もかなり大きいものと思われる．

図 4-46 に，凹壁面近傍 ($y=1\,\text{mm} \fallingdotseq y_m$) における速度分布 w/w_m を示す．これは，タフトの振れ角とその位置における x-z 面内の速度成分から z 方向の速度成分 w を近似的に算出したものである．分布形はいくぶんばらつきがあるが，ほぼ相似形となり図中の破線で示す次式で結果がほぼ表される．

$$\frac{w}{w_m} = 2.67\left(\frac{z}{z_{1/2}}\right) - 2.09\left(\frac{z}{z_{1/2}}\right)^2 + 0.41\left(\frac{z}{z_{1/2}}\right)^3 \tag{4-53}$$

図 4-46 中の実線は，Goertler の三次元円形自由噴流の計算結果である．三次元円形凹壁面噴流の場合，噴流が遠心力の影響を受け壁面に押しつけられる結果，z 方向への広がりが大きくなり，自由噴流に比べ最大流速位置がかなり

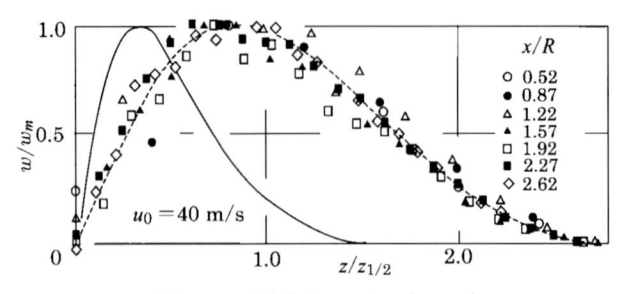

図 4-46 速度分布　$w/w_m\,(y=y_m)$

図 4-47 速度分布 w_m/u_0

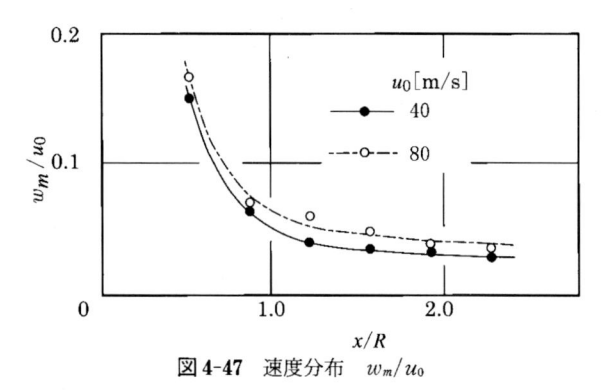

外側に存在する．

　図 4-47 に，w_m の下流方向への変化のようすを示す．w_m/u_0 は，$x/R=1$ ($\theta=60°$) 付近までは急速に減衰する．

（2） 最大流速　図 4-48 に，$d_0=6 \sim 12$ ($d_0/R=0.05 \sim 0.1$) の場合の最大流速 $u_m(z=0)$ を示す．図中の破線は，二次元凹壁面噴流の結果である．二次元凹壁面噴流の場合，u_m が減衰しないコア領域が存在するが三次元円形凹壁面噴流の場合には，ノズルから出た噴流はすぐに y 方向のみならず $\pm z$ 方向にも広がるため，ノズル出口直後から最大流速を減衰させながら速度分布 u_y が相似形となる発達領域に至る．遷移領域は $d_0/R=0.05$，0.75，0.1 の各場合，それぞれノズル出口からほぼ $\theta=30°$，35°，40° まで存在し d_0/R が大きくなると増大する．遷移領域では d_0/R が大きいほど，また，発達領域では小さいほ

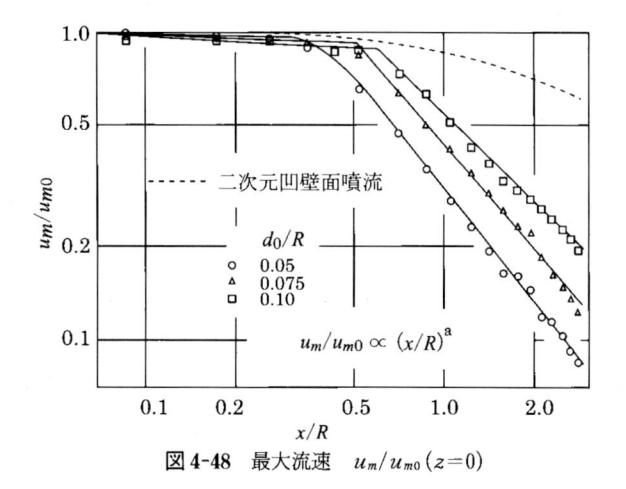

図 4-48 最大流速 $u_m/u_{m0}(z=0)$

ど，u_m の減衰が大きい．また，二次元の場合に比べ三次元円形凹壁面噴流の場合のほうが噴流が $\pm z$ 方向にも広がるため，u_m の減衰がはるかに大きい．

最大流速の減衰は，実験的に次式で表される．

$$\frac{u_m}{u_{m0}} \propto \left(\frac{x}{R}\right)^a \tag{4-54}$$

ここで，a は，下表のようになる．

d_0/R	遷移領域	a	発達領域	a
0.05	$\theta<30°$	-0.028	$\theta<30°$	-1.21
0.075	$\theta<35°$	-0.037	$\theta<35°$	-1.19
0.1	$\theta<40°$	-0.05	$\theta<40°$	-0.95

(3) 噴流の広がり

(a) $x\text{-}y$ 断面 $(z=0)$　　図 4-49 (a) に，流路中心高さ $(z=0)$ における y 方向への噴流の広がりを，最大流速位置 y_m/R，半値幅 $y_{1/2}/R$，噴流幅 δ_y/R（$\delta_y:u=0.05\,u_m$ となる y の大きいほうの値）で示す．y_m/R は，d_0/R によらずほぼ同一の値をとり，図中の一点鎖線で示す二次元凹壁面噴流の場合（$b/R=0.05$，b_0：ノズル幅，$u_0=40\,\text{m/s}$）とほぼ同様であるが，その値は，遠心力の影響，および噴流が y 方向だけでなく z 方向へも広がる結果，小さくなる．

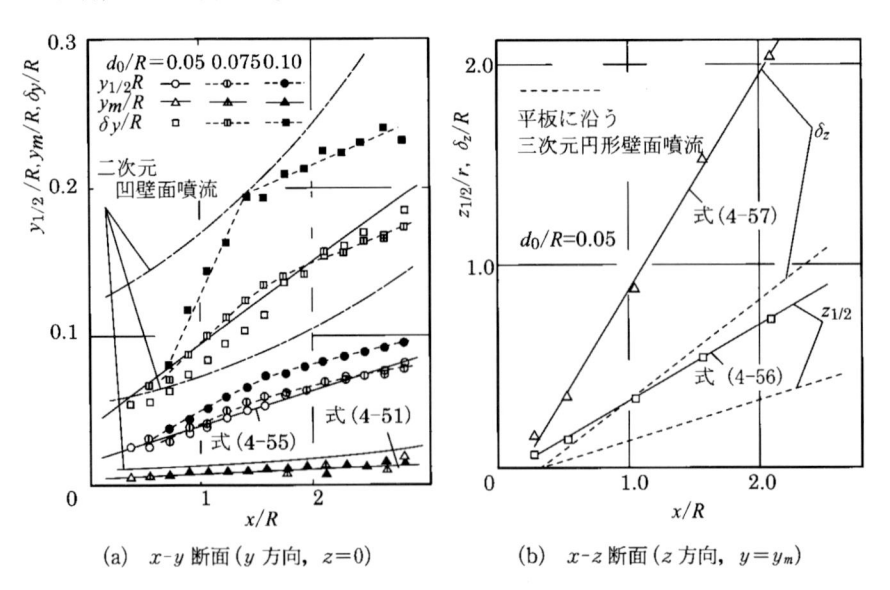

図 4-49 噴流の広がり

(a) $x\text{-}y$ 断面（y 方向，$z=0$）
(b) $x\text{-}z$ 断面（z 方向，$y=y_m$）

ノズル直径の小さい $d_0/R=0.05$ の場合の半値幅 $y_{1/2}/R$ は，実験的に次式で与えられる．

$$\frac{y_{1/2}}{R} = 0.024\left(\frac{x}{R}\right) + 0.015 \tag{4-55}$$

図 4-49 の実線は，式 (4-52) の関係を示す．しかし，ノズル直径が大きくなる ($d_0/R=0.075$, 0.1) と，半値幅，噴流幅は図中の破線で示すように $x/R\fallingdotseq$ 1.5 を境に二つの直線で表されるようになる．二次元凹壁面噴流の場合に比べ，三次元円形凹壁面噴流が z 方向へも広がる結果，y 方向への広がりがかなり小さい．

（b） x-z 断面（$y=y_m$）　　図 4-49 (b) に，$d_0/R=0.05$ の場合の $y=y_m$ における噴流の z 方向への広がりを半値幅 $z_{1/2}/R$，噴流幅 δ_z/R で示す．それらは，実験的に次式で表される．

$$\frac{z_{1/2}}{R} = 0.337\left(\frac{x}{R}\right) - 0.047 \tag{4-56}$$

$$\frac{\delta_z}{R} = 1.06\left(\frac{x}{R}\right) - 0.15 \tag{4-57}$$

図中の実線は，Rajaratnam (1976) による三次元円形壁面噴流の実験結果であるが，三次元円形凹壁面噴流のほうが遠心力の影響を受ける結果，z 方向への広がりがかなり大きくなる．

壁面に付着して流れる噴流は，平板および曲壁面上の境界層制御，たとえば，飛行機などの翼の揚力増加，はく離の抑制（高橋，1986，舞田，1986）およびタービンブレードの膜冷却，側壁付着形素子などの純流体素子 (fluidics)，あるいは微粉粒子を含む固気二相コアンダ噴流を使った微粉粒子の分級操作 (Shakouchi ら，1991，社河内ら，2000)，など非常に多くの分野で多用されている．

純流体素子については，最近，MEMS に関連して micro-fluidics (Koch ら，2000) が脚光を浴びようとしている．

参考文献

(1) Bakke, P., "An Experimental Investigation of a Wall Jet", J. Fluid Mech., 2, pp. 467-472 (1957)
(2) Borque, C. and Newman, B.G., "Reattachment of a Two-Dimensional, Incom-

pressible Jet to an Adjacent Flat Plate", Aeronaut. Quarterly, 11, 201-232 (1960)
(3) Davis, M.R. and Winarto, H., "Jet Diffusion from a Circular Nozzle above a Solid Surface", J. Fluid Mech., **101**-1, pp. 201-221 (1980)
(4) El-Taher, R.M., "Experimental Investigation of Curvature Effects on Ventilated Wall Jets", AIAA, J., **21**-11, pp. 1505-1511 (1983)
(5) Glauert, M.B., "The Wall Jet", J. Fluid Mech., 1, pp. 625-643 (1956)
(6) Guitton, D.E. and Newmann, B.G., "Self-Preserving Turbulent Wall Jets over Convex Surfaces", J. Fluid Mech., 81, pp. 155-185 (1977)
(7) 檜原秀樹・須藤浩三,「凹面に沿う三次元噴流」, 日本機械学会論文集, **61**-586, pp. 2053-2061 (1995)
(8) 飯田誠一・松田寿,「曲面に沿う円形乱流噴流に関する研究」, 日本機械学会論文集, **54**-498, pp. 354-360 (1988)
(9) 伊藤光,「凹壁面に沿う縦渦崩壊の構造」, 日本航空宇宙学会誌, **33**-374, pp. 58-65 (1985)
(10) Kobayashi, R. and Fujisawa, N., "Curvature Effects on Two-Dimensional Turbulent Wall Jets", Ing. Arch., 53, pp. 409-417 (1983)
(11) 亀本喬司,「対数らせん壁面に沿う乱流壁面噴流の研究」(第1報, 噴流の発達と速度分布の相似性), 日本機械学会論文集(第2部), **39**-323, pp. 2110-2119 (1973)
(12) 小林陵二・藤沢延行・小浜泰昭,「凹壁面に沿う乱流壁面噴流における縦渦の発生」, 東北大学高速力学研究所報告, 46, pp. 97-103 (1981)
(13) 藤沢延行・白井紘行,「凹壁面に沿う乱流噴流の安定性に関する一考察」, 日本機械学会論文集, **52**-475 B, pp. 1249-1254 (1986)
(14) 社河内敏彦・安藤俊剛・長谷浩司・寺嶋智史,「コアンダ効果による微粉粒子の気流分級」, 日本機械学会講演論文集, No. 003-1, pp. 77-78 (2000)
(15) Koch, M., Evans, A. and Brunnschweiler, A., "Microfluidic Technology and Applications", Research Study Press, Baldock, Hertfordshire, England (2000)
(16) Morris, S.C. and Foss, J.F., "An Aerodynamic Shroud for Automotive Cooling Fans", Trans. ASME, J. Basic Eng., 123, pp. 287-192 (2001)
(17) Okuda, S. and Yasukuni, J., "Application of Fluidics Principle to Fine Particle Classification", Proc. of Intern. Symp. on Powder Technology '81, pp. 771-780 (1981)
(18) Patanker, U.M. and Sridhar, K., "Three-Dimensional Curved Wall Jets", Trans. ASME, J. Basic Eng., pp. 339-344 (1972)
(19) Pelfrey, J.R.R. and Liburdy, J.A., "Mean Flow Characteristics of a Turbulent Offset Jet, Trans. ASME, J. Fluids Eng., 108, pp. 82-88 (1986)
(20) Rajaratnam, N, "Turbulent Jets", p. 211, Elsevier (1976)

(21) Schlichting, H., Boundary-Layer Theory, 7th Edi., McGraw-Hill (1979)
(22) Shakouchi, T., Onohara, Y. and Kato, S., "Analysis of a Two-Dimensional, Turbulent Wall Jet along a Circular Cylinder (Velocity and Pressure Distributions)", JSME Intern. J, Series II, **32**-3, pp. 332-339 (1989)
(23) 社河内敏彦・小野原美徳・加藤征三,「円柱壁面に沿う噴流の流動特性」(第 1 報, 速度および圧力分布), 日本機械学会論文集, **54**-500 B, pp. 783-790 (1988)
(24) 社河内敏彦・小野原美徳,「円柱壁面に沿う噴流の流動特性」(第 2 報, ノズル幅の影響), 日本機械学会論文集, **55**-511 B, pp. 662-668 (1989)
(25) 社河内敏彦・小野原美徳・加藤征三,「円柱壁面に沿う噴流の流動特性」(第 3 報, ノズル出口速度分布形および噴出角度の影響), 日本機械学会論文集, **56**-532 B, pp. 3650-3657 (1989)
(26) 社河内敏彦・上杉正和・加藤征三,「凹壁面に沿う二次元乱流噴流の流動特性」, 日本航空宇宙学会誌, **38**-442, pp. 600-608 (1990)
(27) 社河内敏彦・吉田佳弘・加藤征三,「円柱壁面に沿う三次元噴流に関する研究」(噴出角度の影響), 日本機械学会論文集, **58**-552 B, pp. 2374-2379 (1992)
(28) 社河内敏彦・青木利一・上杉正和,「三次元円形凹壁面噴流に関する研究」, 日本機械学会論文集, **59**-563 B, pp. 2257-2264 (1993)
(29) Shakouchi, T., Ichikawa, A., Imai, A. and S. Kato, "Analysisi of a Gas-Particle Two-Phase Jet over a Cylindrical Surface: Diffusion of Solid Particle", Proc. of First ASME/JSME Fluids Engineering Conf., FED-121, pp. 71-76 (1991)
(30) Sridhar, K. and Tu, P.K.C., "Experimental Investigation of Curvature Effects on Turbulent Wall Jets", Aeronaut. J., Royal Aeronaut. Soc., 73, pp. 977-981 (1969)
(31) 高橋侔,「「飛鳥」の開発における気体周りの流れの可視化, 流れの可視化」, 6-21, pp. 97-105 (1986)
(32) 舞田正隆,「「飛鳥」の開発におけるエンジン周りの流れの可視化, 流れの可視化」, 6-21, pp. 106-113 (1986)
(33) Verhoff, A., "The Two-Dimensional Turbulent Wall Jet with and without an External Stream", Rep. 626, Princeton Univ (1966)
(34) Wilson, D.J. and Goldstein, R.J., "Turbulent Wall Jets with Cylindrical Streamwise Surface Curvature", Trans. ASME, J. Fluids Eng., 98, pp. 43-48 (1976)

5 衝突噴流
Impinging jet flow

　衝突噴流(図5-1)は，よどみ点近傍で高い伝熱および物質伝達特性を有するため，高温物体や各種の熱源，電子機器の冷却，塗膜の乾燥，物体表面の汚れや水分の除去など工業上の広い分野で多用されており，その流動および伝熱，物質伝達特性を明らかにすることは工学的に興味深いばかりでなく各種関係機器の性能を向上させるためにも重要である．

　従来，二次元および三次元円形衝突噴流の流動，伝熱特性については多くの研究がみられる．特に，上記の事由により衝突噴流の伝熱特性，およびその改善，向上についての研究が多くみられる．

　なお，最近では，噴流の乱流せん断層に生起する大規模渦を非円形ノズルの使用，音波あるいはマイクロアクチュエータによる変動速度の励起，などにより操作し，衝突噴流の流動，伝熱特性を改善，向上させる試みがある．

　また，高速液体衝突噴流はそれが表面の洗浄，はつり，およびジェットカッティングなどに利用されるため多くの研究がみられるが，これについては第10章で述べる．

　ここでは，おもに，二次元および三次元円形ノズルから同種の静止流体中に噴流を噴出させたときの垂直衝突噴流の流動，伝熱特性およびその改善，向上について述べる．

5.1　二次元衝突噴流の流動と伝熱特性

　図5-1に，ノズル幅 b_0 の二次元，およびノズル直径 d_0 の三次元円形ノズルから出た噴流が平板に垂直に衝突する際のフローモデルを示す．ノズルから出た噴流は，ノズル・平板間距離 H がある程度大きい場合には衝突平板の影響を受けない自由噴流領域(free jet region)，および衝突噴流領域(impinging jet region)と平板に衝突したあと，噴流が平板に沿って流れる壁面噴流領域(wall jet region)の3領域に大別される(Viskanta, 1993)．

5.1 二次元衝突噴流の流動と伝熱特性　99

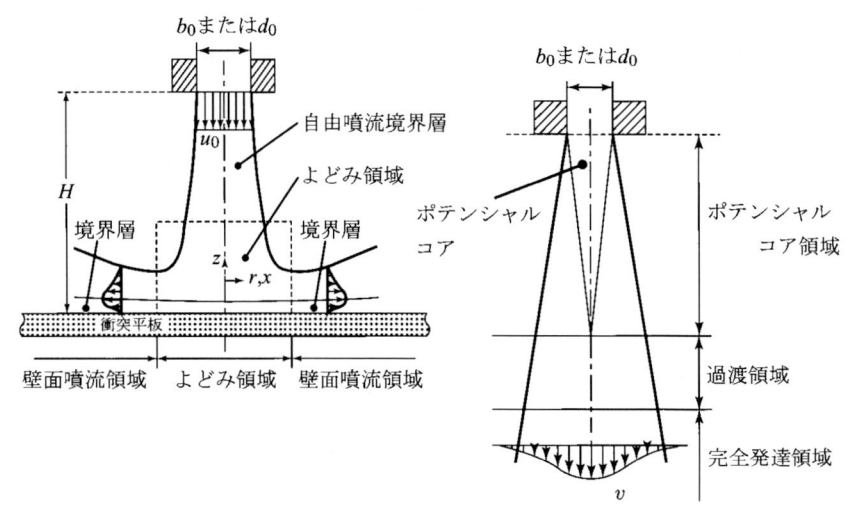

図 5-1 二次元および三次元円形衝突噴流

二次元自由噴流の流動特性はすでに第3章でくわしく述べたが，図5-2に二次元衝突噴流の自由噴流領域における最大流速，半値幅，乱れ強さなど(熊田ら，1973)をまとめて示す．コア領域は約 $6b_0$ まで存在し，中心線(最大)流速 u_m, 半値幅 $y_{1/2}$ はそれぞれ H の関数として，

$$u_m/u_{m0} = 2.45(H/b_0)^{1/2}$$

$$y_{1/2} = 0.114H$$

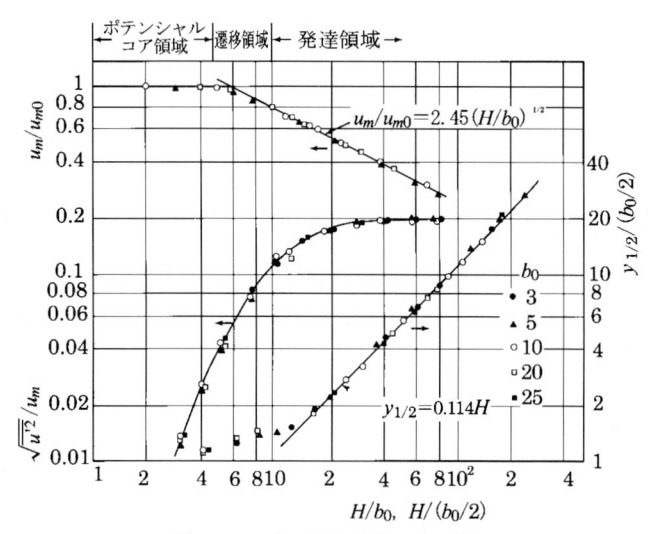

図 5-2 二次元衝突噴流の流動特性

$$\frac{u_m}{u_{m0}} = 2.45\left(\frac{H}{b_0}\right)^{-1/2} \tag{5-1}$$

$$y_{1/2} = 0.114H \tag{5-2}$$

衝突平板のよどみ点の熱伝達率(ヌセルト数 Nu_b)は Gardon & Akfirat (1966) によると,

$$Nu_0 = 0.535Pr^{0.4}Re_b^{0.5} \qquad H/b_0 \leq 4 \tag{5-3}$$

$$Nu_0 = 1.42Pr^{0.43}Re_b^{0.58}\left(\frac{H}{b_0}\right)^{-0.62} \qquad H/b_0 \geq 8 \tag{5-4}$$

ここで, $10^4 < Re_b < 2\times10^5$, $Nu_0 = hb_0/k$ (h:熱伝達率, k:熱伝導率),
Pr:プラントル数, $Re_b = u_0b_0/\nu$

また, 最大熱伝達率は, $H/b_0 \fallingdotseq 9$ で得られている. これは, $H/b_0 \fallingdotseq 9$ では衝突速度(最大流速)が大きく減衰せず, そのうえ乱れ強さが増加することによる. 一般に, 衝突平板の熱伝達率は, 衝突速度, 大規模渦に起因する変動速度, 変動周期, 乱れ強さ, などに依存する.

壁面噴流領域での局所ヌセルト数 Nu_x は, 空気流中での物質伝達の測定結果から(物質伝達と熱伝達の間のアナロジー, 相似性により),

$$\frac{Nu_x}{Nu_0} = 0.049Re_b^{0.22}\left(\frac{x}{H}\right)^{-0.37} \tag{5-5}$$

ここで, $2\times10^4 < Re_b < 2\times10^5$.

5.2 三次元円形衝突噴流の流動と伝熱特性

図 5-1 には, ノズル直径 d_0 の三次元円形ノズルからの衝突噴流のフローモデルも示されている. 自由噴流領域, 衝突噴流領域, 壁面噴流領域などの流動領域は, 二次元衝突噴流のそれとおおむね同様である.

5.2.1 流動特性

(1) 中心線流速, 壁面上圧力 図 5-3 に, 噴流が平板に衝突するまでの中心線流速 u_m/u_{m0} を示す(Tani & Komatsu, 1964). 中心線流速は平板の近傍まで, 平板の影響を受けず自由噴流のそれに従い, その後, 急激に減少し平板に衝突する.

自由噴流領域は, 実験的につぎのように表される.

$$\frac{\bar{x}}{d_0} \fallingdotseq 0.95\left(\frac{H}{d_0}\right) - 3.0 \qquad \left(3 \leq \frac{H}{d_0} \leq 30\right) \tag{5-6}$$

5.2 三次元円形衝突噴流の流動と伝熱特性　101

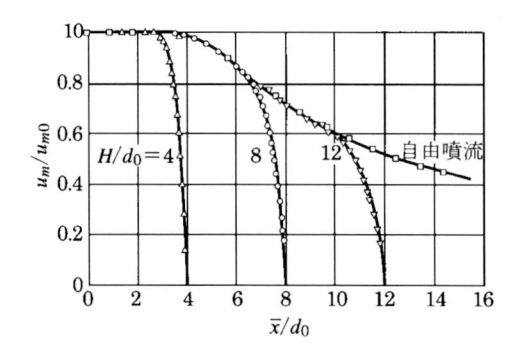

図 5-3 中心線流速 ($\bar{x}=H-z$)

ここで，$\bar{x}=H-z$

図 5-4 に，壁面上の圧力分布を圧力係数で示す．圧力は，よどみ点で最大となり半径方向に，また，H/d_0 の増加とともに減少する．

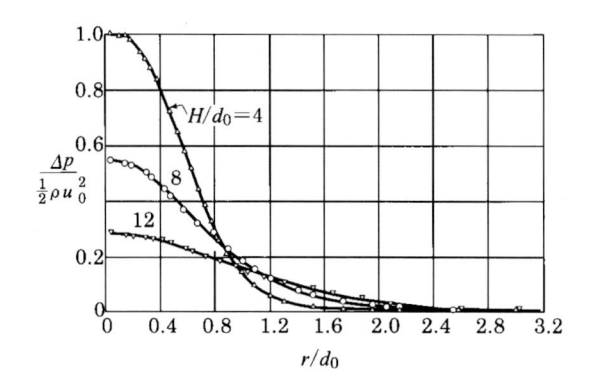

図 5-4 衝突線上の圧力分布

（2） 壁面噴流領域（放射状壁面噴流）の速度分布　　壁面噴流領域（放射状壁面噴流）の速度分布 u/u_m，最大流速 u_m は，3.4.2 項 放射状噴流で示したように，

$$\frac{u}{u_m} = \exp\left[-0.693\left(\frac{y-\delta}{y_{1/2}}\right)^2\right] \tag{5-7}$$

$$u_m = 3.5[(Hr_0)^{1/2}/r]u_0 \tag{5-8}$$

と表されるが，ここでは先に示したプロフィール法によって速度分布を求めることにする．

いま，放射状壁面噴流の速度分布形は相似で，次式で表されるとする．

$$\frac{u}{u_m} = f\left[\left(\frac{z}{\delta}\right)^n\right] \tag{5-9}$$

境界条件，

$$z = 0 \quad \text{で} \quad u = 0$$

$$z = \delta \quad \text{で} \quad \frac{u}{u_m} = 0.1, \quad \frac{\partial u}{\partial z} = 0 \tag{5-10}$$

を考慮し，式(5-9)を最も簡単な多項式で表すと，

$$\frac{u}{u_m} = C_1\left(\frac{z}{\delta}\right)^n + C_2\left(\frac{z}{\delta}\right)^{n+1} + C_3\left(\frac{z}{\delta}\right)^{n+2} + C_4 \tag{5-11}$$

ここで，n, $C_1 \sim C_4$：定数

式(5-10), (5-11)から，

$$\frac{u}{u_m} = \left(\frac{z}{\delta}\right)^n \left\{ C_3\left[1-\left(\frac{z}{\delta}\right)^2\right] + 0.1n\left[1-\left(\frac{z}{\delta}\right)\right] + 0.1 \right\} \tag{5-12}$$

ここで，$z_m = \delta/k$ (k：定数，$k>1$) とおいて，$z=z_m$ で $u/u_m=1$, $\partial u/\partial z = 0$ とすると，

$$\frac{u}{u_m} = \left(\frac{z}{\delta}\right)^n \left[\frac{k^n - 0.1n(1-1/k) - 0.1}{(1-1/k)}\left(1-\frac{z}{\delta}\right)^2 \right.$$
$$\left. + 0.1n\left(1-\frac{z}{\delta}\right) + 0.1\right] \tag{5-13}$$

実験結果との比較から，壁面近傍の境界層領域では $n=1/4$, $k=8.48$, $C_3=2.036$ と与えられ，

$$\frac{u}{u_m} = \left(\frac{z}{\delta}\right)^{1/4}\left[2.036\left(1-\frac{z}{\delta}\right)^2 + 0.025\left(1-\frac{z}{\delta}\right) + 0.1\right] \tag{5-14}$$

また，混合領域では $n=1/5$, $k=10.317$, $C_3=1.811$ と与えられ，

$$\frac{u}{u_m} = \left(\frac{z}{\delta}\right)^{1/5}\left[1.811\left(1-\frac{z}{\delta}\right)^2 + 0.02\left(1-\frac{z}{\delta}\right) + 0.1\right] \tag{5-15}$$

ここで，噴流の半値幅 ($u/u_m=0.5$ となる大きいほうの z の値) を $z_{1/2}=\delta/k'$ (k'：定数，$k'>1$) で与え，式(5-7)を書きなおすと，壁面近傍の境界層領域では $n=1/4$, $k'=2.0$, $C_3=4.307$ と与えられ，

$$\frac{u}{u_m} = \left(\frac{z}{z_{1/2}}\right)^{1/4}\left[4.307\left(1-\frac{z}{z_{1/2}}\right)^2 + 0.025\left(1-\frac{z}{z_{1/2}}\right) + 0.1\right] \tag{5-16}$$

また，混合領域では $n=1/5$, $k'=2.0$, $C_3=4.155$ と与えられ，

$$\frac{u}{u_m} = \left(\frac{z}{z_{1/2}}\right)^{1/5}\left[4.155\left(1-\frac{z}{z_{1/2}}\right)^2 + 0.02\left(1-\frac{z}{z_{1/2}}\right) + 0.1\right] \tag{5-17}$$

these results は、あとの実験結果と比較し述べる。

図 5-5(a), (b)にそれぞれ、内径 $d_0 = 10$ mm, 外径 12 mm のパイプノズル ($L_n/d_0 = 50$) から平板に垂直に噴出された空気噴流 (放射状壁面噴流) の各半径位置 r/d_0 での速度分布 u/u_m と乱れ分布 u'/u_m を示す。ノズル出口平均流速は $u_0 = 40$ m/s ($Re_d = 2.67 \times 10^4$), ノズル・平板間距離は $H/d_0 = 0.1 \sim 2.0$ である。H/d_0 が小さくなると噴出速度、乱れ強さはともに急速に大きくなるが遠方ではその差はかなり小さくなる。また、あとの図 5-15 で示すように、ノズル・平板系の流動損失は H/d_0 の減少とともに急激に増大する。

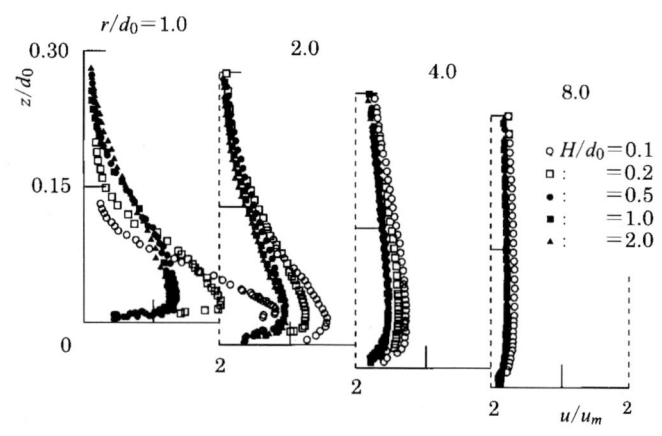

(a) 速度分布 u/u_m

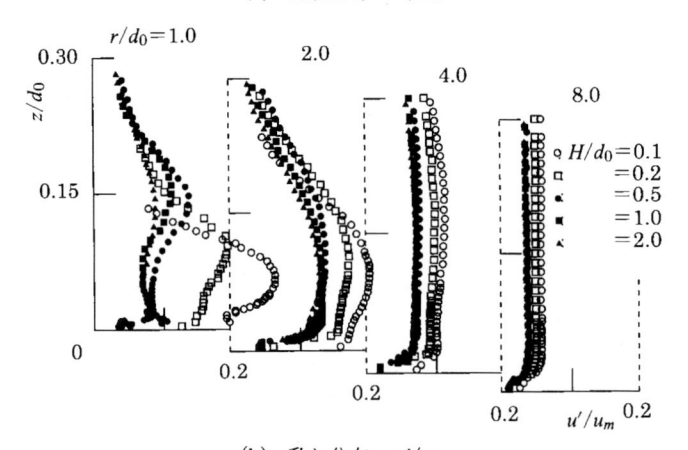

(b) 乱れ分布 u'/u_m

図 5-5 放射状壁面噴流の速度、乱れ分布

図5-6(a), (b)にそれぞれ, 例として $H/d_0=2$, 0.2の場合の速度を無次元化して示す. いずれの場合も, 下流の $r/d_0=4.0$, 8.0 では速度分布形は相似となり図中実線で示す式(5-16), (5-17)でよく表される.

(a) $H/d_0=2.0$

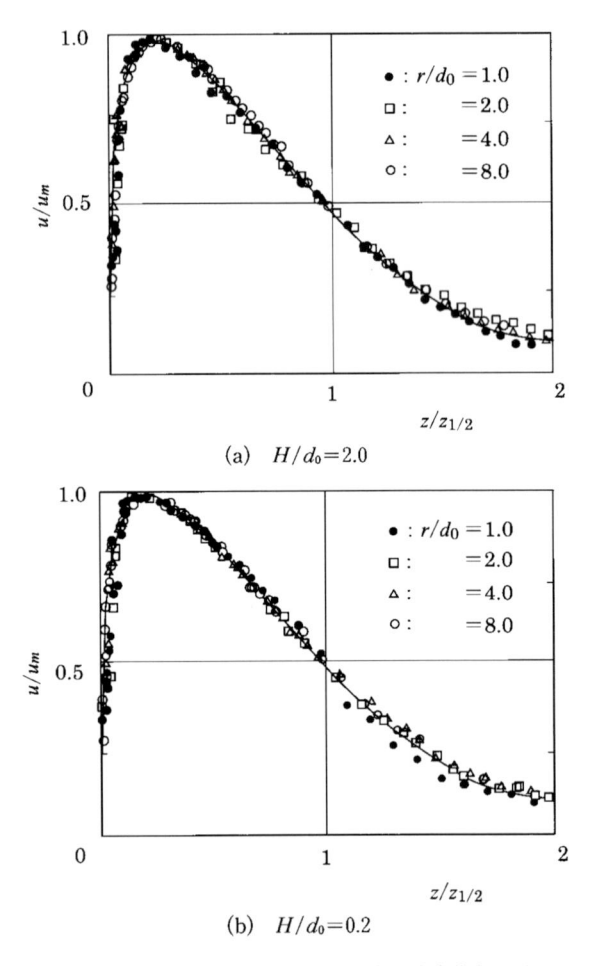

(b) $H/d_0=0.2$

図5-6 放射状壁面噴流の無次元速度分布

(3) 数値解析 上記の $H/d_0=2$ の円形衝突噴流の流動と伝熱特性を数値解析的に検討するため汎用 k-ε 乱流モデルを用い, ナビエ・ストークス式, 連続式, を有限差分法(2.2.3項, 2.4.1項)で解いた.

流れは軸対称なので, 図5-7(a)〜(c)の左および右半分にそれぞれ, 速度

ベクトル,等圧力線,u, v の等速度線,乱流運動エネルギー k, ε (k の散逸率) の等値線を示す.平板に向かって速度が急減速し,よどみ点での圧力が最大になる,また,k はよどみ点近傍で最大になる,など流動状態がよくわかる.

(a) 速度ベクトル,等圧力線

(b) u, v の等速度線

(c) k, ε の等値線

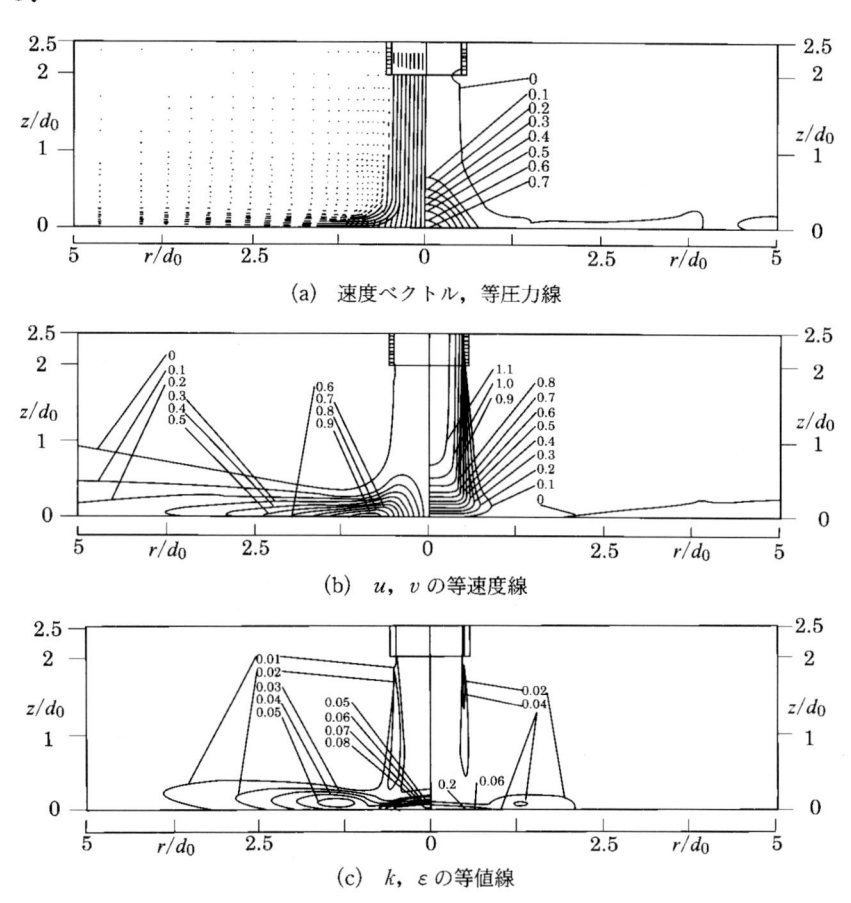

図 5-7 衝突噴流の流動特性 (計算結果, $d_0 = 10$ mm, $Re_d = 2.67 \times 10^4$)

図 5-8 (a), (b) にそれぞれ,例として $H/d_0 = 2$, 0.2 の放射状噴流の速度分布を,比較のため実験結果とともに示す.計算結果は,実験結果をかなりよく表すが,その差異は,汎用 k-ε 乱流モデルが等方性乱流を仮定していること,などによると考えられる.

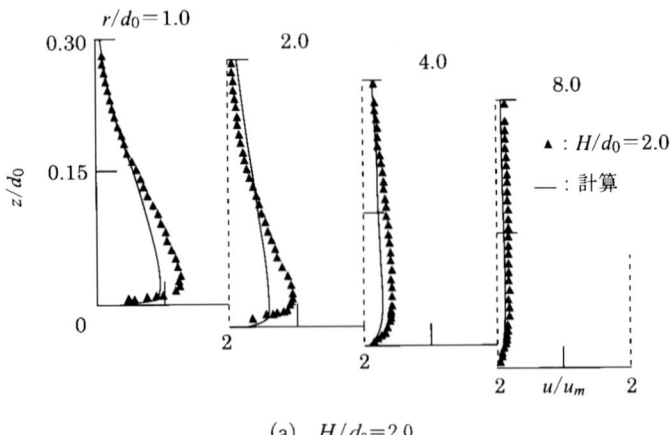

(a) $H/d_0=2.0$

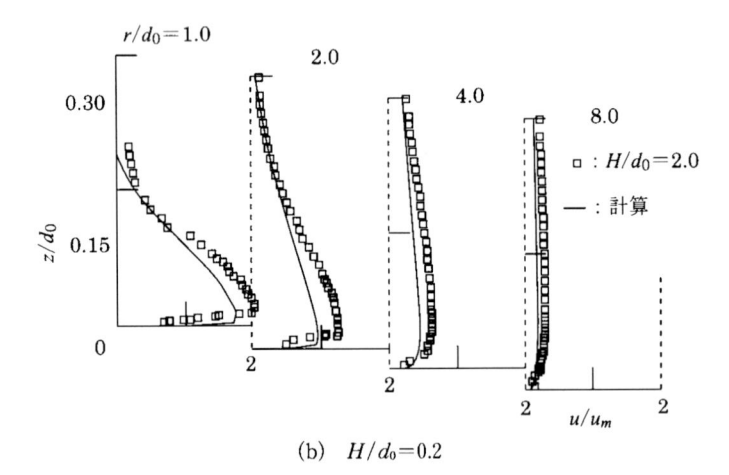

(b) $H/d_0=0.2$

図 5-8　放射状壁面噴流の無次元速度分布

5.2.2　熱伝達率

円形衝突噴流のよどみ点の熱伝達率（ヌセルト数）は，

$$Nu_0 = 0.94 Pr^{0.4} Re_d^{0.5} \qquad (H/d_0 \leqq 4) \qquad (5\text{-}18)$$

$$Nu_0 = 11.6 Pr^{0.5} Re_d^{0.5} \left(\frac{H}{d_0}\right)^{-1} \qquad (H/d_0 \geqq 10) \qquad (5\text{-}19)$$

ここで，Pr：プラントル数

また，平均ヌセルト数 $\overline{Nu}$ は，Martin (1977) によると，

$$\overline{Nu} = G\left(\frac{d_0}{r}, \frac{H}{d_0}\right)F(Re_d)Pr^{0.42} \tag{5-20}$$

ここで，

$$G = \frac{d_0}{r}\frac{1 - 1.1d_0/r}{1 + 0.1(H/d_0 - 6)d_0/r}$$

$$F = 2Re_d^{0.5}(1 + Re_d^{0.55}/200)^{0.5}$$

$$2 \times 10^3 \leqq Re_d \leqq 4 \times 10^5,\ 2.5 \leqq r/d_0 \leqq 7.5,\ 2 < H/d_0 < 12$$

図5-9に，上記の衝突噴流の伝熱特性を示す．図の曲線は数値計算結果で，数値計算は汎用 k-ε 乱流モデルを用い，ナビエ・ストークス式，連続式，エネルギー式を，有限差分法(2.2.3項，2.4.1項)で解いた．流れは軸対称なので，r の半分の領域の結果のみを示す．熱伝達率(Nu 数)は H/d_0 の現象とともに急激に増加し，よどみ点($r/d_0=0$)以外の $r/d_0≒0.5$ で最大値となる．計算結果は，実験結果をおおよそよく表す．

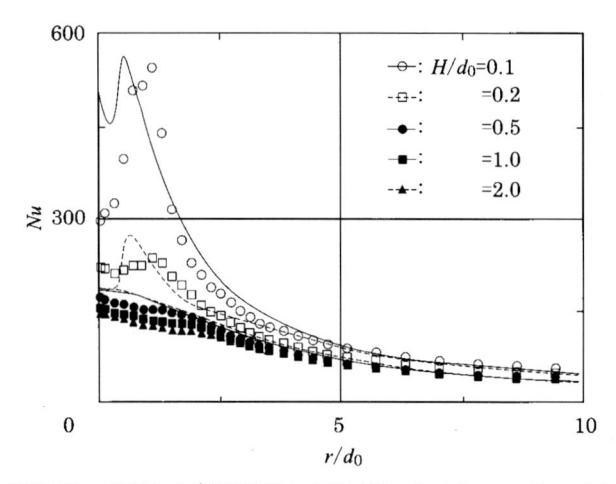

図5-9 衝突噴流の伝熱特性(実験結果と計算結果，$d_0=10$ mm，$Re_d=2.67\times10^4$)

5.2.3 伝熱促進のメカニズム

ノズルから同種の静止流体中に噴流を噴出させると，噴流は周囲の流体をせん断混合により巻き込み拡散していく．その際，ノズル出口近傍での流動には大規模渦構造が存在し複雑な流動状態を呈する．Kataoka(1987)は，この間のようすを流れの可視化・観察結果より詳細に説明し，渦構造と衝突噴流の伝熱特性との関係を論じている．

また，よどみ点近傍の伝熱係数とノズル・伝熱面間距離 H/d_0 との関係を示し(図5-10)，よどみ点での伝熱係数は $H/d_0 \fallingdotseq 6 \sim 8$ で最大となることを示している．この位置は，衝突すべき噴流の中心速度がノズル出口でのそれよりあまり低下せず，そのうえ，乱れが最大に発達した位置である．

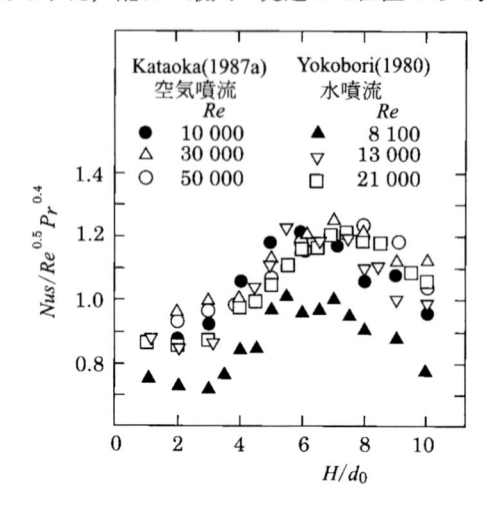

図5-10 よどみ点での熱伝達係数

また，衝突伝熱を大きくする第1の要因はレイノルズ数と噴流の発達距離が関係する伝熱面への到達速度で，第2の要因は界面更新頻度と乱流の乱れ強さであると考えられる．

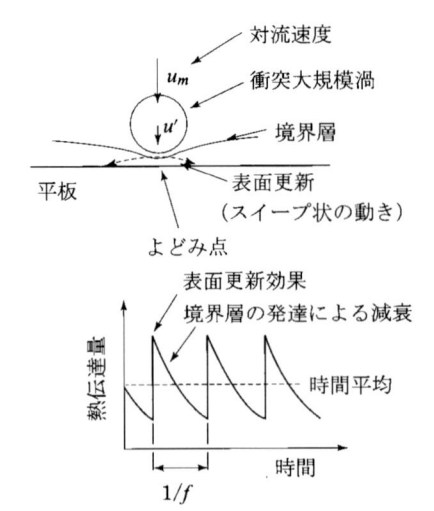

図5-11 伝熱促進モデル

界面更新モデル(図5-11)について,乱れによる伝熱促進率は,

$$\varepsilon = \frac{Nu_0}{(Nu_0)_f} \tag{5-21}$$

ここで,$(Nu_0)_f$:乱れのない状態でのNu_0数

界面更新強度は伝熱面の位置における自由噴流の中心線での乱れ強さで,また,その頻度はその中心速度の時間変動の条件つき統計解析で評価する(図5-12).

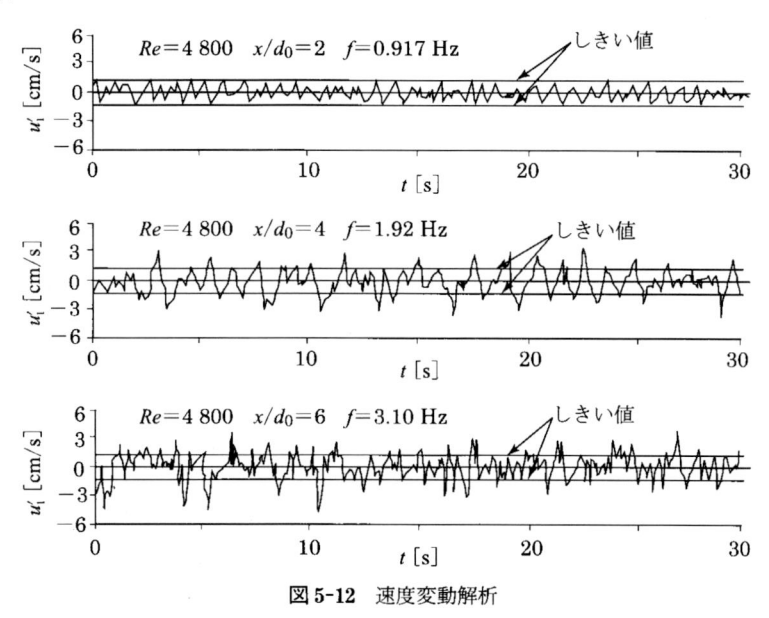

図 5-12 速度変動解析

界面更新パラメータを,以下のように定義する.

$$SR = \left[\frac{(\overline{u'^2})^{1/2}}{\overline{u_0}}\right]\left(\frac{fd_0^2}{\nu}\right) = Re_t St \tag{5-22}$$

これは,乱れのレイノルズ数とストローハル数との積とも考えられる.

図5-13に示すように,種々の衝突流れのよどみ点での伝熱促進率が界面更新パラメータで関係づけられる.

しかしながら,衝突噴流の熱伝達に影響を与えると考えられるパラメータ,すなわち,衝突速度,大規模渦に起因する変動速度,変動周期,乱れ強さなどが,それぞれどの程度影響を与えるかは定かでない.

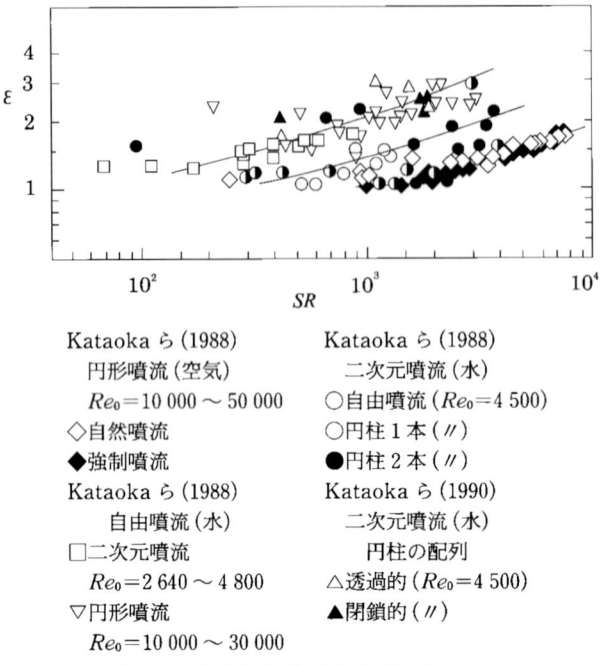

図5-13 伝熱促進率と界面更新パラメータ

凡例:
Kataoka ら (1988) 円形噴流(空気) $Re_0=10\,000\sim50\,000$
◇自由噴流
◆強制噴流

Kataoka ら (1988) 自由噴流(水)
□二次元噴流 $Re_0=2\,640\sim4\,800$
▽円形噴流 $Re_0=10\,000\sim30\,000$

Kataoka ら (1988) 二次元噴流(水)
○自由噴流 ($Re_0=4\,500$)
○円柱1本 (〃)
●円柱2本 (〃)

Kataoka ら (1990) 二次元噴流(水) 円柱の配列
△透過的 ($Re_0=4\,500$)
▲閉鎖的 (〃)

5.2.4 ノズル・平板間距離の影響

（1）H/d_0 がかなり小さい場合　ノズル・平板間距離 H/d_0 がかなり小さくなる（衝突，壁面噴流）と，衝突平板の熱伝達率が急速に改善・向上されることはよく知られている．

図5-14 に，等熱流束の加熱平板に衝突する円形噴流について，衝突平板上の Nu 数分布と H/d_0 との関係を示す．分布形は軸対称なので，半径(r)方向正の領域のみが示されている．たとえば，$H/d_0=0.1$ での Nu 数の最大値は，$H/d_0=0.2$ でのそれの約2倍以上になる．これは，H/d_0 がかなり小さくなるとノズル出口端と平板間を通る流れが急加速されること，およびその結果乱流成分も増加することによる．

また，H/d_0 が小さくなると Nu 数の極大値がよどみ点のほかにも現れ，この位置 r/d_0 は，

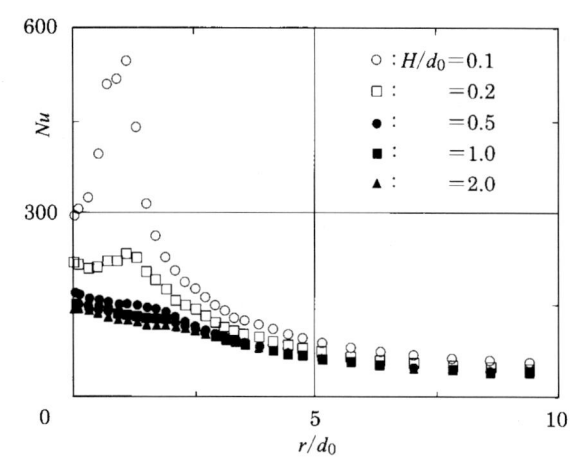

図 5-14 局所ヌセルト数 ($d_0=10$ mm, $Re_d=2.67\times10^4$)

$$\frac{r}{d_0} = 0.188 Re^{0.241}\left(\frac{H}{d_0}\right)^{0.224} \tag{5-23}$$

$$1.1\times10^4 < Re < 2.76\times10^4, \quad 0.1 < H/d_0 < 1.0$$

図 5-15 に,円形ノズル・平板系の流動損失 Δp を示す(図中,●印).Δp は,いずれの場合も H/d_0 の減少とともに急激に増加する.

ノズル・平板間距離がかなり小さい場合については,そのすぐれた伝熱特性を流動損失(運転動力)をあまり増加させずに利用することが重要である.

(2) 特殊ノズルの利用 図 5-16 に,噴流が至近距離で平板に衝突する

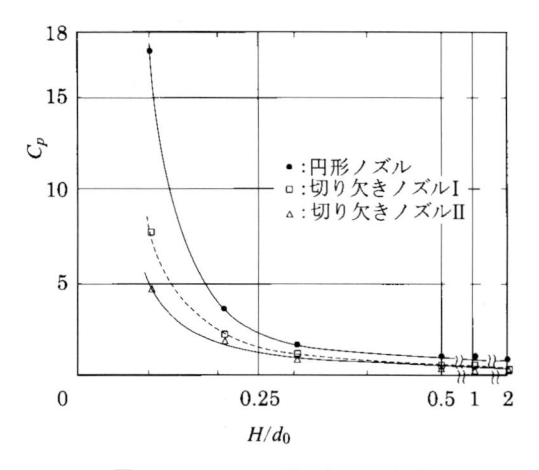

図 5-15 ノズル-平板系の流動損失

とき，その流動損失を低減させ流れの乱れ成分を増加させることを意図し，ノズル端の円周方向4か所に切り欠きを設置した特殊ノズルを示す．ノズル直径，壁厚さはそれぞれ，$d_0=10$ mm，$t=1$ mm，切り欠きの深さ N_n と幅はそれぞれ，4 mm，2 mm である．

$N_n=1.0$ mm：切り欠きノズル I
$N_n=2.0$ mm：切り欠きノズル II

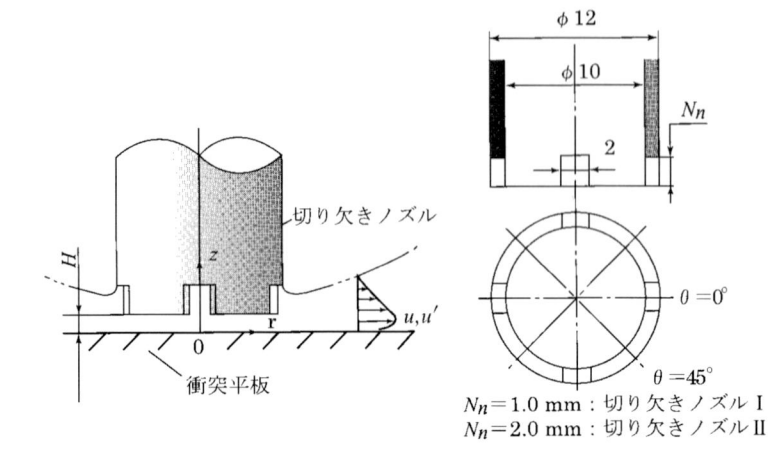

図 5-16 切り欠きノズル

前記の図 5-15 にはまた，切り欠きノズル・平板系での流動損失も示されている．ノズル長さは $L_n/d_0=50$ で，ノズル出口で噴流は円管内で十分発達した流れの速度分布形を有する．切り欠きノズルの場合，切り欠きノズル・平板間での流体（空気）の流出面積が増加するため，流動損失がかなり減少する．たとえば，切り欠きノズル I の $H/d_0=0.1$，0.2 における Δp は円形ノズルの場合のそれぞれ約 0.62，0.6 倍に，また，切り欠きノズル II の場合には，それぞれ約 0.38，0.51 倍に減少する．

図 5-17 に，ノズル出口平均流速 $u_0=40$ m/s（$Re_d=2.67\times10^4$），$H/d_0=0.2$ の場合の円形ノズル，切り欠きノズル I，II の局所 Nu（ヌセルト）数分布を示す．分布形は軸対称であったので，$r\geq0$ の領域のみを示した．図中，$\theta=0°$，$45°$ はそれぞれ，$z=0$ の r 軸上および r-y 間の中心の位置を示す（図 5-16）．

切り欠きノズル I の $\theta=0°$ の場合，$r/d_0\leq2.5$ の範囲で円形ノズルの場合より大きな Nu 数分布となり，それより外側ではほぼ同様の分布形となる．

また，その最大値（$Nu_m=267$）は噴流外縁が平板に衝突する近傍の $r/d_0=1.1$ で生起し，円形ノズルの場合の約 1.14 倍に，よどみ点では $Nu=259$ で円形ノ

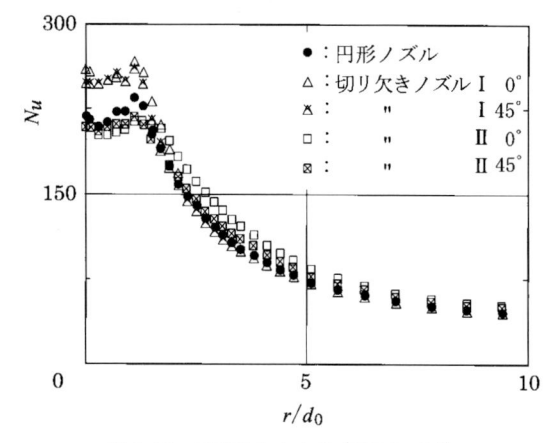

5.2 三次元円形衝突噴流の流動と伝熱特性　113

図 5-17　局所ヌセルト数 ($H/d_0=0.2$)

ズルの場合の約 1.19 倍になる．切り欠きノズル I の $\theta=45°$ の場合には，r/d_0 ≦1.9 の範囲で円形ノズルの場合より大きな Nu 数分布となるが，r/d_0 のほぼ全範囲で $\theta=0°$ の場合より小さくなる．

このように，切り欠きノズル I ($H/d_0=0.2$) を使用すると，円形ノズルを使用した場合に比べノズル・平板系の流動損失を減少させ，衝突伝熱特性を改善・向上させることができる．

切り欠きノズル II の $\theta=0, 45°$ の場合にはそれぞれ，r/d_0≦1.4, 1.7 の範囲で円形ノズルの場合より小さな Nu 数分布となるが，それらより外側では円形ノズルの場合より大きな分布形 ($\theta=0°$ の場合が大きい) となる．

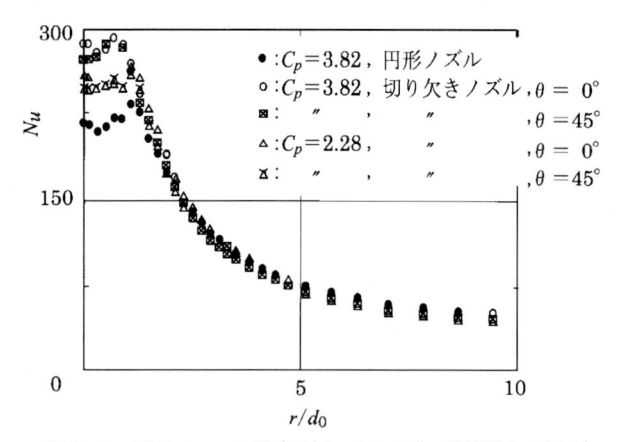

図 5-18　局所ヌセルト数 ($H/d_0=0.2$, 同一運転動力の場合)

図 5-18 に，切り欠きノズル I を用い $H/d_0=0.2$ の場合について，ノズル・平板系の運転動力を円形ノズルの場合のそれと同一とした際の Nu 数分布を示す．$\theta=0°$ の場合，r/d_0 の全範囲で円形ノズルの場合より大きな Nu 数分布となる．また，図からその最大値 ($Nu_m=296$) は，円形ノズルの場合の約 1.26 倍となる，よどみ点では $Nu=287$ で円形ノズルの場合の約 1.32 倍となる，などがわかる．$\theta=45°$ の場合にも，よどみ点での Nu 数が $\theta=0°$ の場合よりいくぶん小さくなるが上記とほぼ同様のことがいえる．

図 5-19 に，下記により求めた図 5-15 の場合の平均ヌセルト数 ($\overline{Nu}$ 数) 分布を示す．

$$\overline{Nu} = \left(\frac{1}{\pi r^2}\right)\int Nu(2\pi r)dr \tag{5-24}$$

切り欠きノズル I の場合の $\overline{Nu}$ 数は，r/d_0 の全範囲で円形ノズルの場合のそれより大きくなり，たとえば，$\theta=0°$，$45°$ で $r/d_0=0\sim1$ では，$\overline{Nu}$ 数は円形ノズルの場合のそれの約 1.31 倍となる．

このように，切り欠きノズル I を用い運転動力を円形ノズルの場合のそれと同一とすると，$H/d_0=0.2$ の場合，$\overline{Nu}$ 数をたとえば，$\theta=0°$，$45°$ で $r/d_0=0\sim1$ では約 31% 増加させることができる．

図 5-20 に，前記の場合 ($H/d_0=0.2$) よりノズル・平板間距離が小さい $H/d_0=0.1$ の場合の $\overline{Nu}$ 数を示す．この場合，r/d_0 の全範囲で円形ノズルの場合の $\overline{Nu}$ 数が切り欠きノズルの場合のそれより大きくなる．これは，$H/d_0=$

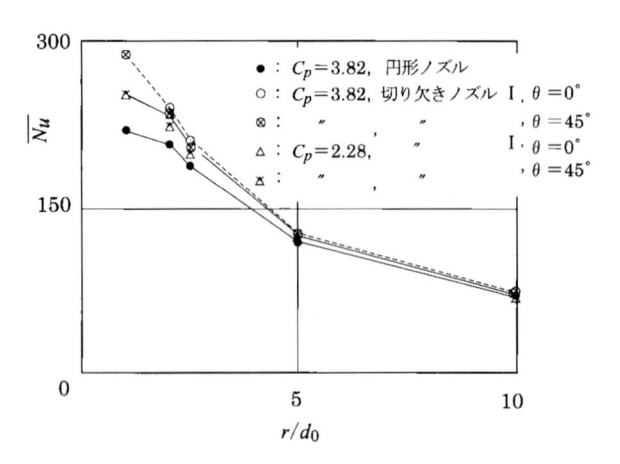

図 5-19　平均ヌセルト数 ($H/d_0=0.2$，同一運転動力の場合)

0.1ではノズル・平板間距離が極端に小さくなる結果ノズル端と平板間を通過する流れが急激に加速され強いせん断流が生起する．このことが伝熱特性を大きく改善・向上させると考えられる．

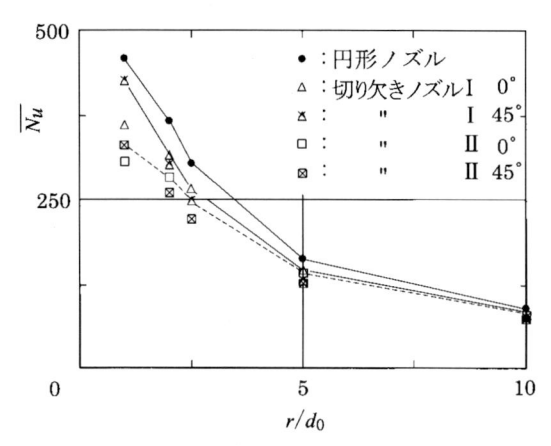

図5-20　平均ヌセルト数（$H/d_0=0.1$，同一運転動力の場合）

このように，$H/d_0=0.1$の場合，切り欠きノズルIはそのノズル・平板系の流動損失を約38%減少させることができるが，伝熱特性を改善・向上させることはできない．たとえば，$\theta=0°$，$45°$で$r/d_0=0\sim1$での$\overline{Nu}$数は，円形ノズルの場合のそれぞれ約0.86，0.93倍である．

さらに，ノズル・平板間距離が前記より大きい$H/d_0=0.3$の場合について，切り欠きノズルIを用い運転動力を円形ノズルのそれと同一とした場合の$\overline{Nu}$数は，$\theta=0$，$45°$でr/d_0の全範囲で円形ノズルの場合とほぼ同様であった．

このように，切り欠きノズルIを用いた場合の衝突噴流の伝熱特性はH/d_0の限られた範囲において改善・向上される．

以上，平板に衝突する二次元および三次元円形噴流の流動，伝熱特性について述べたが，曲壁面に衝突する噴流については，Barahma ら(1991)，Lee ら(1997)，Chan ら(2003)がその流動特性を明らかにしている．

参考文献

（1）Barama, R.K., Faruque, O. and Arora, R.C., "Experimental Investigation of Mean Flow Characteristics of Slot Impingement on a Cylinder", Waeme-und

Stoffuebertrabung, 26, pp. 257-263 (1991)
(2) Cooper, D., Jackson, D.C., Launder, B.E. and Liao, G.K., "Impinging Studies for Turbulent Model Assessment - I. Flow-field Experiments", Int. J. Heat Mass Transfer, 36-10, pp. 2675-2684 (1993)
(3) Chan, T.L., Zhou, Y., Liu, M.H. and Leung, C.W., "Mean Flow and Turbulence Measurements of the Impingement Wall Jet on a Semi-Circular Convex Surface", Experiments in Fluids, 34, pp. 140-149 (2003)
(4) Craft, T.J., Graham, L.J.W. and Launder, B.E., "Impinging Jet Studies Turbulence Model Assesment-II. An Examination of the Performance of Four Turbulence Models", Int. J. Heat Mass Transfer, 36-10, pp. 2685-2697 (1993)
(5) 円能寺久行・浅沼強,「軸対称空気噴流の垂直衝突(実験)」, 日本機械学会論文集, **53**-486 B, pp. 423-431 (1987)
(6) Gardon, R. and Akfirat, J.C., "Heat Transfer Characteristics of Impinging Two-Dimensional Jets", Trans. ASME, J. Heat transfer, pp. 101-108 (1966.2)
(7) Gutmark, E., Wolfshtein, M. and Wygnanski, I., "The Plane Turbulent Impinging Jet", J. Fluid Mech., 89-4, pp. 737-756 (1978)
(8) Jambunathan, K., Lai, E., Moss, M.A. and Button, B.L., "A Review of Heat Transfer Data for Single Circular Jet Impingement", Int. J. Heat and Fluid Flow, 13-2, pp. 106-115 (1992)
(9) Kataoka, K., Suguro, M., Degawa, H., Maruo, K. and Mihata, I., "The Effect of Surface Renewal due to Large-scale Eddies on Jet Impingement Heat Transfer", Int. J. Heat Mass Transfer, 30-3, pp. 559-567 (1987)
(10) Kataoka, K., "Impingement Heat Transfer Augmentation due to Large Scale Eddies", Proc. of 9th Int. Heat Transfer Conf., pp. 255-273 (1990)
(11) 功刀資彰・横峯健彦・一宮浩市,「狭あい流路内における平面乱流衝突噴流熱伝達の数値解析」, 日本機械学会論文集, **60**-573 B, pp. 1751-1757 (1994)
(12) 熊田雅弥・中戸川哲人・平田賢,「衝突噴流による熱および物質伝達について」, 日本機械学会誌, **76**-655, pp. 822-830 (1973)
(13) Lee, D.H., Chung, Y.S. and Kim, D.S., "Turbulent Flow and Heat Transfer Measurements on a Curved Surface with a Fully Developed Round Impinging Jet", Intern. J. Heat and Fluid Flow, 18, pp. 160-169 (1997)
(14) Liu, X., Lienhard V, J.H. and Lombara, J.S., "Convective Heat Transfer by Impingement of Circular Liquid Jets", J. of Heat Transfer, 113, pp. 571-582 (1991)
(15) Lytle, D. and Webb, B.W., "Secondary Heat Transfer Maxima for Air Jet Impingement at Low Nozzle-Plate Spacing, Experimental Heat Transfer, Fluid Mechanics, and Thermodynamics 1991", Elsevier, pp. 776-783 (1991)

(16) 牧博司・相田英二・秋元一介,「環状衝突噴流の基礎研究」, 日本機械学会論文集, **46**-410 B, pp. 1959-1967 (1980)
(17) Martin, H., "Heat and Mass Transfer Between Impinging Gas Jets ans Solid Surfaces", Advances in Heat Transfer, 13, pp. 1-60 (1977)
(18) 松本昌,「円形衝突噴流の伝熱促進に関する研究(ノズル・平板間距離が小さい場合)」, 三重大学大学院工学研究科博士前期課程1999年度修士論文 (2000)
(19) 日本機械学会編,「伝熱工学資料」, 4版, 丸善 (1986)
(20) 榊原潤・菱田公一・前田昌信,「二次元衝突噴流よどみ域における渦構造と熱伝達(DPIVとLIFによる速度・温度場の同時計測)」, 日本機械学会論文集, **60**-573, pp. 1538-1545 (1994)
(21) 社河内敏彦・松本昌・渡部篤,「ノズル・平板間距離が小さい場合の円形衝突噴流の流動・伝熱特性(切欠きノズルによる改善・向上)」, 日本機械学会論文集, **66**-650 B, pp. 2655-2660 (2000)
(22) 多賀正夫・赤川浩爾・西島政直,「二次元噴流の側壁によるわん曲流動特性(第1報, 単一スリットの場合)」, 日本機械学会論文集(第2部), **36**-287, pp. 1126-1134 (1970)
(23) 田中敏雄・川合靖司・田中栄一・井上吉弘,「円柱壁面噴流と平板の衝突に関する研究(第1報, 各種噴流の基本的性質)」, 日本機械学会論文集, **56**-524 B, pp. 965-970 (1990)
(24) Tani, I. and Komatsu, Y., "Impingement of a Round Jet on a Flat Surface", Proc. 11th Congress of Appl. Mech., pp. 672-676 (1964)
(25) Viskanta, R., "Heat Transfer to Impinging Isothermal Gas and Flame Jets", Experimental Thermal and Fluid Science, 6, pp. 111-134 (1993)
(26) Ward. J. and Mahmood, M., "Heat Transfer from a Turbulent, Swirling, Impinging Jet", Heat Transfer, 3, pp. 401-407 (1982)
(27) Wolfshtein, M., "Some Solutions of the Plane Turbulent Impinging Jet", Trans.of ASME, J. Basic Eng., Dec., pp. 915-922 (1970)
(28) 湯晋一・川関義雄・榎田衛,「平板への衝突噴流の直接数値計算と実験値による検証」, 日本機械学会論文集, **59**-567 B, pp. 3331-3339 (1993)
(29) 横堀誠一・笠木信英・平田賢,「軸対称衝突噴流のよどみ域における輸送機構に関する研究」, 日本機械学会論文集, **46**-410 B, pp. 2010-2022 (1980)

6 噴流の安定性と振動現象
（エッジトーン，キャビティトーン，フルイディク発振現象）
Stability of jet flow, and oscillatory phenomena
(edge-tone, cavity-tone and fluidic oscillations)

ノズルから噴出した噴流は，種々の波数の変動，かく乱成分を有しており，たとえば，ある特定の波数の変動成分が何らかの形で時間的，空間的に増幅されると噴流は大きく変動，かく乱することになる．

本章では，噴流の安定性と噴流に生起する発振（自励振動）現象について，おもにエッジトーン発振現象(edge-tone oscillation)を取り上げ，安定性理論に基づいた発振のメカニズム，発振振動数の決定機構などについて述べる．

また，噴流の振動の他の例としてキャビティトーン，フルイディク発振現象などを取り上げ説明する．

6.1 エッジトーン発振現象

二次元噴流が，その中心線上に設置されたくさび状の物体（以下，エッジという）に衝突するとき，中心線に直角方向に振動を開始する現象は，作動流体が気体の場合は音響を伴うことから，通常エッジトーン発振現象として知られている．

6.1.1 実験的観察

（1） 発振のようす　　ノズル幅 $b_0=10$ mm，ノズル平行部のアスペクト比 $AR=6$ の上下端板を有する素子が，大きな定水頭水槽中の水面下に設置され，ノズルから水噴流(submerged jet)が静止した水中に噴出される．

図 6-1 に，ノズル出口平均流速 u_0（レイノルズ数 $Re=u_0b_0/\nu$）を変化させた場合の噴流の挙動をノズル中央およびノズル出口両端から出発する流脈線の可視化によって調べた結果である．流れは，トレーサにフレオレセインナトリウム水溶液を使用して可視化された．

$Re=225$ では噴流はほとんど乱れず流下するが，Re 数が増加し $Re=292$

6.1 エッジトーン発振現象　119

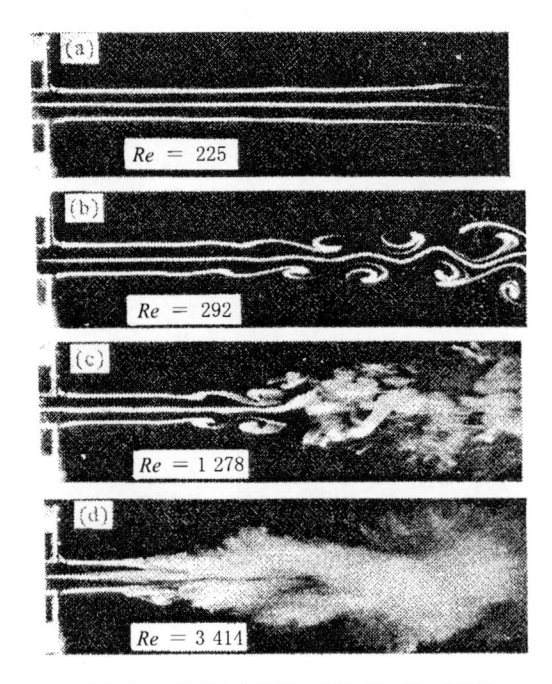

図 6-1 二次元自由噴流の挙動（Re 数の影響）

では噴流両側に千鳥状に配置された渦列が生起する．さらに Re 数が増加し $Re=1\,278$ では噴流両側に対称に配置された渦列が生起する．

　いま，$Re=292$［図 6-1(b)］の流れにノズル出口からエッジ距離 $h/b_0=6$ のノズル軸上に障害物（くさび状の物体，エッジ）を設置した場合の噴流の挙動を，図 6-2 に示す．図 6-2(a)～(e) は，(a) の状態を時間原点 $t=0$ として 1 秒間隔の流脈線を示す．噴流の挙動はエッジを有さない場合とまったく異なり，エッジ先端位置 ($x=h$) で流脈線がある振幅をもって振動することが，また，噴流外縁で顕著な大きな渦領域が生起しているのがわかる（エッジ距離が小さい場合には，噴流はノズル軸に対して対称に二つに分かれて流れる）．

　図 6-2(f) は，ノズル中央から出発する流脈線のみを可視化し，ストロボ装置により 0.4 秒ごとの模様を記録したもので，噴流はその中心線に対称な規則的な運動を行うことがわかる．

　図 6-3 に，同じ Re 数に対し，$h/b_0=9$ とした場合の流脈線の撮影結果の一例を示す．この場合，$T=3.1\,\mathrm{s}$ で，振動様式 (stage mode) が図 6-2 のそれと

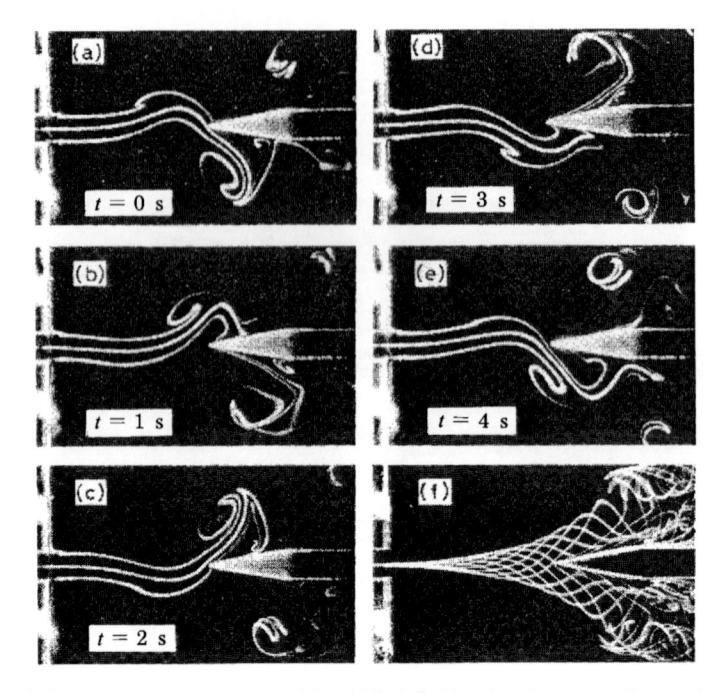

図6-2 エッジトーン，モードIの流脈線 ($h/b_0=6$, $Re=292$, $T=4.5$ s)

大きく異なり，流れ方向に節が二つ見られる．図6-2, 6-3に示す振動様式を，それぞれモードI, IIとよぶ．

 (2) **発振振動数** 図6-4に，比較的低い Re 数 ($Re=250$) における振動数 f の測定例を示す．噴流流量 Q (平均流速 u_0) を一定値に保って得た測定結果をエッジ距離 h に対して記してある．図6-4の白および黒丸印は，それぞれ h の値をしだいに増加および減少させた場合の測定値である．これより，

1) 噴流の発振は，ある値以上のエッジ距離に対して生起すること，
2) 噴流には，先に示したように複数の振動様式 (stage mode, モードI, II, …) が存在し，隣接する振動様式の間に履歴を伴った振動数の跳躍が現れること，

がわかる．

図6-5に，比較的高い Re 数の場合の f の測定値 (モードIの結果のみ記す) を示す．f は，u_0 に比例する．なお，h を定値に保ち u_0 をしだいに増加させた場合，$Re<$ 約 10^3 の範囲で図6-5に記したすべての h の値に対してモード

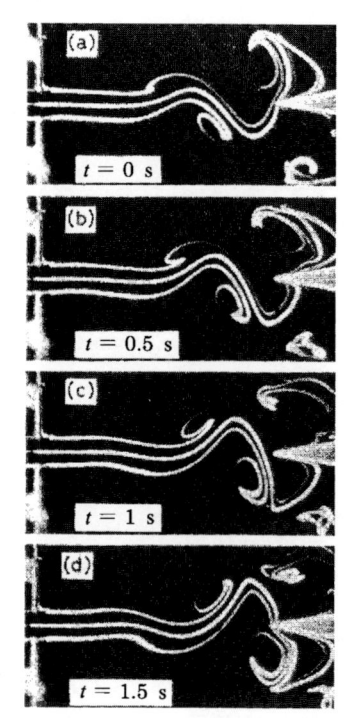

6.1 エッジトーン発振現象　121

図6-3 エッジトーン，モードIIの流脈線（$h/b_0=9$, $Re=292$, $T=3.1$ s）

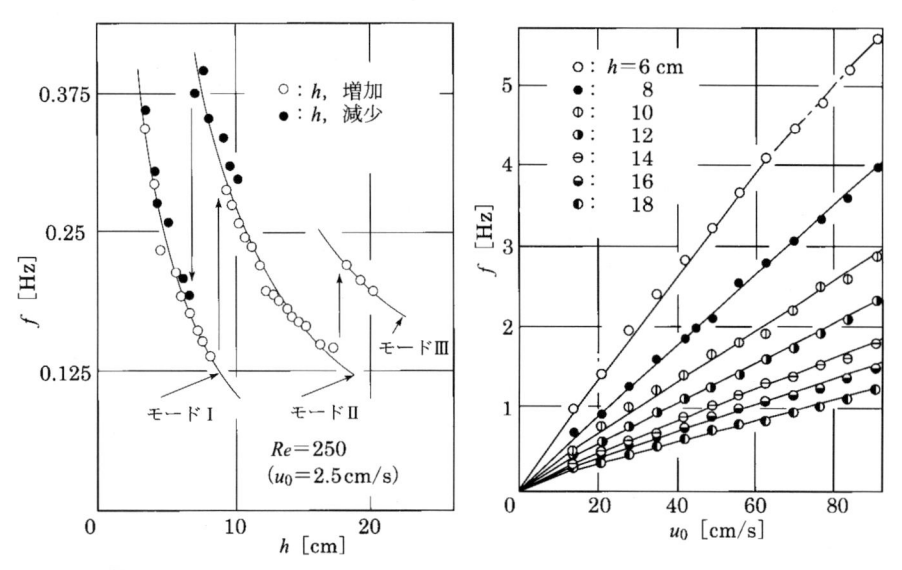

図6-4 発振振動数（$Re=250$）

図6-5 発振振動数（$Re=1.4\times10^2 \sim 9\times10^3$）

IからIIへの跳躍がみられた．

6.1.2 発振機構
従来，発振機構については代表的なものに，

（1） Curle, N.(1953)による渦説：
発振の原因は，噴流の両側に形成される渦列に同期してエッジの位置に形成される渦列にあるとした．すなわち，両側の渦列の存在により振れながらエッジ先端をよぎる噴流によって形成される放出渦が逆に噴流上流端（ノズル出口）で噴流の方向を曲げ，またそこで新たに生まれる小さな渦は噴流の本来の不安定性により，エッジ位置に至る間に増幅されるという一種の自励機構（フィードバック機構）を考えた．

（2） Powell, A.(1961)による噴流不安定説：
噴流が最も不安定となりやすい振動数をもつ正弦波状かく乱に近い振動数で発振が生起するとの推論，およびそのかく乱に基づく噴流の振れがエッジ両側において逆位相となる圧力変動源を形成し，逆にこの圧力変動に起因してノズル出口で噴流が曲げられ，エッジ位置にさらに増幅された圧力変動が生起するというフィードバックによる発振機構を提示した．

（3） Nyborg, W.L.(1954)による圧力フィードバック説：
噴流の挙動は，振動する噴流によってエッジ位置に形成される交番的な圧力源に基づく圧力場の中をノズル中心を通過して刻々に流出する独立した（連続しない）流体粒子の運動とみなして記述できるとの仮定のもとに，圧力源の粒子運動へのフィードバック効果を内包する微分方程式を提案した．

（4） Woolley, J.P. と Karamcheti, K.(1974)の安定性理論による説：
自由せん断流としての噴流の安定性が現象の本質的要因であるとして理論モデルを提案した（エッジからのフィードバックは考えていない）．このモデルは，流れの安定性を記述する Orr-Sommerfeld 方程式を議論の出発点とするという意味で，最も確実な流体力学的基礎に立脚するものと考え得るが，現象に本質的な発振振動数についてもそれが定まる機構についての推論を述べるにとどまっている．

などがあるが，

（5） 社河内ら(1985, 1986)は，以下の説明を与えている．

噴流の発振は，自由せん断流である噴流の流れ場(主流)に生起する内部波(波動形かく乱)の自励的増幅現象として説明できる．その自励的に増幅する内部波は，主流に生起可能なもののうち，それが主流の場において不安定で下流への伝播の過程で増幅し，かつそれがエッジに到達して誘起する圧力変動の位相が，その波のノズル位置での圧力変動の位相と同期する波数のものに限られる．また，同期する波数の波は，エッジにおけるフィードバックによりノズル出口位置に刻々に誘起され，この過程の繰り返しによりしだいに増幅して安定振幅に達する．圧力変動の同期は，ノズルとエッジ間の距離が内部波の整数倍であるという条件から，増幅する内部波の波数に従って噴流に発振振動数が決まる．

以下では，発振振動数の決定機構と発振時における噴流の挙動に着目して行った実験的な検討結果と，これを合理的に説明する理論モデル(社河内ら，1985, 1986)について述べる．

6.1.3 噴流の振動の理論モデル

(1) 流れ場における波動形かく乱　作動流体を非圧縮，非粘性とする前提下に，オイラーの運動方程式[ナビエ・ストークス式(1-1)〜(1-3)で粘性項を無視した式]と連続式(1-5)を基礎式群とし，二次元噴流を対象に流れ場を次式で表す．

$$\left.\begin{array}{l} u = \bar{u}(y) + \tilde{u}(x, y, t) \\ v = \tilde{v}(x, y, t) \\ p = \tilde{p}(x, y, t) \end{array}\right\} \quad (6\text{-}1)$$

ここで，u, v：それぞれ x, y 方向の速度成分，$\bar{u}(y)$：基礎流の x 方向速度成分，p：圧力を流体の密度で除した kinematic pressure，~：かく乱成分．

式(6-1)を，前記基礎式群に用い，その際かく乱の大きさは基礎流のそれに比し1位の微小量とすると，かく乱成分に対する線形微分方程式群を得る．これを無次元化し，さらにかく乱に対してつぎの複素解，

$$\left.\begin{array}{l} \tilde{u}_n = U_n(y_n) \exp\{ia_n(x_n - c_n t_n)\} \\ \tilde{v}_n = V_n(y_n) \exp\{ia_n(x_n - c_n t_n)\} \\ \tilde{p}_n = P_n(y_n) \exp\{ia_n(x_n - c_n t_n)\} \end{array}\right\} \quad (6\text{-}2)$$

を仮定し，これら上記の無次元化された線形方程式群に用いると，

$$\left.\begin{array}{l} i\alpha_n(\bar{u}_n - c_n)U_n + \left(\dfrac{\mathrm{d}\bar{u}_n}{\mathrm{d}y_n}\right)V_n + i\alpha_n P_n = 0 \\[6pt] i\alpha_n(\bar{u}_n - c_n)V_n + \left(\dfrac{\mathrm{d}P_n}{\mathrm{d}y_n}\right) = 0 \\[6pt] i\alpha_n U_n + \left(\dfrac{\mathrm{d}V_n}{\mathrm{d}y_n}\right) = 0 \end{array}\right\} \quad (6\text{-}3)$$

ここで，添字 ^, n：それぞれ複素解，無次元量

なお，上記無次元化に用いた諸量は，$\bar{u}_n = \bar{u}/u_m$, $\hat{u}_n = u/u_m$, $\hat{p}_n = p/u_m^2$, $\alpha_n = \alpha\cdot\delta$ (α：波数), $c_n = c/u_m$ (c：位相速度), $x_n = x/\delta$, $y_n = y/\delta$, $t_n = cu_m$ (u_m：噴流速度の最大値，δ：噴流幅を代表する特性値，たとえば運動量厚さ）．

式 (6-3) から U_n, P_n を消去すると，

$$\frac{\mathrm{d}^2 V_n}{\mathrm{d}y_n^2} = \left[\left(\frac{1}{\bar{u}_n - c_n}\right)\left(\frac{\mathrm{d}^2 \bar{u}_n}{\mathrm{d}y_n^2}\right) + \alpha_n^2\right]V_n \quad (6\text{-}4)$$

式 (6-4) は Rayleigh 方程式で，基礎流の速度分布 $\bar{u}_n[=\bar{u}_n(y_n)]$ の関数形を定め，かく乱に対する境界条件を $y_n = \pm\infty$ で $V_n = 0$ とすると，V_n（固有関数）が固有値問題の解として，固有値 c_n に対応する形で求まる．この V_n から U_n, P_n が定まり，これらを式 (6-2) に用いて複素解 $\hat{u}_n$, $\hat{v}_n$, $\hat{p}_n$ を求め，さらにそれらの複素共役 $\hat{u}_n^*$, $\hat{v}_n^*$, $\hat{p}_n^*$ もかく乱成分に関する線形方程式群の解であることから，かく乱の実数解が $\tilde{u}_n = (1/2)(\hat{u}_n + \hat{u}_n^*)$ などにより得られる．

基礎流の速度分布を，

$$u_n = \mathrm{sech}^2 y_n \quad (6\text{-}5)$$

として上記固有値問題を検討すると，式 (6-4) は α_n の複素数値 $(=\alpha_{nr}+i\alpha_{ni})$ に対し複素数の固有値 $c_n (= c_{nr}+ic_{ni})$ をもつことがわかる．式(6-2)からわかるように，解 $\hat{v}_n$ などは $-\alpha_{nr}$ の正負にしたがって空間的に増幅(spatial growth)あるいは減衰，また $\alpha_n c_n$ の虚部の正負にしたがって時間的に増幅あるいは減衰の形をとる．しかし以下では，かく乱がしだいに振幅を増していく時間経過はいちおう考慮外において，その定常振動に着目することとし，$\mathrm{Im}(\alpha_n c_n) = 0$ の場合のみに考察を限ることとする．すなわち，

$$\alpha_n c_n \text{ (実数)} = \omega_n = 2\pi f_n = 2\pi\left(\frac{1}{T_n}\right) \quad (6\text{-}6)$$

と表すと，ω_n, f_n, T_n はそれぞれかく乱の角振動数，振動数，周期を表す．なお，かく乱の実数解には，$V_n(y_n)$ が y_n の偶関数となる場合と奇関数となる場合があるが，x_n が一定の位置でみれば噴流が全体として y_n 座標方向に振れる振動現象を検討するこの場合，偶関数の場合のみを考察する．

図 6-6 に，前述の境界値問題を $a_n c_n =$ 実数の制約下に解いた結果 [計算機による，数値積分による．積分に際しては，$y_n=0$ で $V_n=A(1+i)$ および $dV_n/dy_n=0$ を初期値にとった．A：任意定数] を示す．図 6-6(a) は，a_n, c_n の実部，虚部を縦軸に，ω_n を横軸にとって記したもので，$a_{nr}<2$ (図中，$a_{nr}=2$ に小丸印を付す) では，かく乱は空間的増幅であるが $a_{nr}>2$ では $c_{ni}=0$, $a_{ni}=0$ となり c_n, a_n は実数となることがわかる．

図 6-6(b) に，$A=1$ として求めた固有関数の計算結果を示す．図の左半分

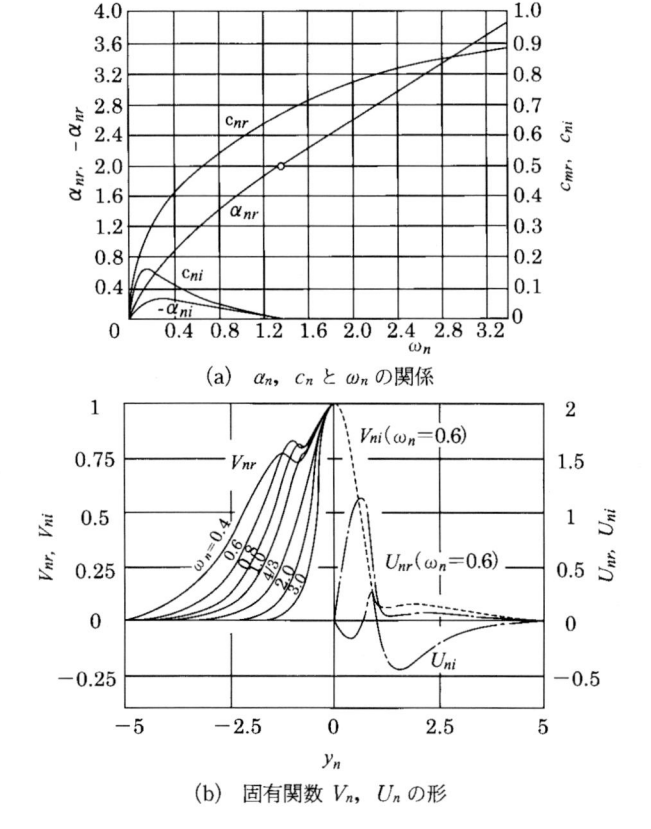

図 6-6 Rayleigh 方程式の一計算解

は $V_n(y_n)$ の実部 V_{nr} で分布形が対称であったので $y_n<0$ の範囲のみが実線で描いてある．図中，$a_n>2$ は $\omega_n>4/3$ に対応し，この範囲では $V_n(y_n)$ も y_n の実関数となり，対応する曲線はそのまま v_n の速度分布形を表すことになる．

なお，図 6-6(b) の右半は $V_n(y_n)$ の虚部 V_{ni} の一例(破線，右半分のみを記す．左半分は縦軸に対称)および $U_n(y_n)$ の実部，虚部 U_{nr}, U_{ni} の一計算例(鎖線，左半分は原点に対称)である．

(2) かく乱を含む噴流の挙動と発振振動数の決定機構　図 6-6(a) からわかるように，$c_{nr}>0$ であり，式 (6-2) で表されるかく乱は噴流の下流方向に伝播する波動である．本項ではこのかく乱を含む噴流の流れ場を，後述の近似のもとに解析的に検討し，振動時の噴流の挙動が上記流れ場の示す性格として定性的によく説明されることを示す．

流線は，式 (6-1) の u, v を考慮し，つぎの微分方程式を積分して得られる．

$$\frac{dx_n}{u_n} = \left(\frac{dx_n}{\bar{u}_n + \tilde{u}_n}\right) = \frac{dy_n}{v_n} \left[= \frac{dy_n}{\bar{v}_n}\right] \tag{6-7}$$

ここで，$u_n = u/u_m$, $v_n = v/u_m$

u_n, v_n は一般に解析解の形では得られず，流線の式を閉じた形で得ることはできないが，下記の近似を前提とすると解析的な検討がある程度可能となる．すなわち，$\tilde{u}_n$ は $\bar{u}_n$ に比して 1 位の微小量とする前提，および図 6-6(a) より ω_n のごく小さい範囲を除けば，$-a_{ni} < a_{nr}$, $c_{ni} < c_{nr}$ が成り立つことを考慮して，$\tilde{u}_n$, $-a_{ni}$, c_{ni} をそれぞれ a_{nr}, c_{nr} に対して無視し，さらに噴流中心近傍 $[y_n \fallingdotseq 0$, このとき, $\bar{u}_n = (\mathrm{sech}^2 y_n)_{y_n \fallingdotseq 0} \fallingdotseq 1]$ のみを考察の対称とすれば，$\bar{v}_n$ はつぎのように表される．

$$\bar{v}_n = A_n \cos a_n(x_n - c_n t_n) \tag{6-8}$$

ここで，A_n：振幅，$c_n \fallingdotseq c_{nr}$, $a_n \fallingdotseq a_{nr}$

つぎに，式 (6-8) を式 (6-7) に用い，ノズル出口中央 $(x_n = y_n = 0)$ を通る流線を求めると，

$$y_n = \left(\frac{2A_n}{a_n}\right) \sin\left(\frac{a_n x_n}{2}\right) \cos\left[\left(\frac{a_n x_n}{2}\right) - a_n c_n t_n\right] \tag{6-9}$$

式 (6-9) は，噴流の中心線が時間に対して正弦的に振動すること，および流線が時刻 t_n にかかわらずつねに x 軸上の定点 $x_{nk} = k(2\pi/a_n) = k\lambda_n$ $(\lambda_n = \lambda/\delta$, λ：波長, $k=1, 2, 3, \cdots$，以下節点とよぶ) を通ることを示す．

このことから，発振振動数に対する以下の重要な推論が導かれる．

（1） 図6-7(a)は，$T_n/8$（$T_n=u_mT/\delta$，T：周期）ごとの流線の形を示すが，たとえば図中(1)の位置にエッジが存在すれば，図のような流線の時間的変動に対応する波長（すなわち振動数）の振動はエッジに乱されて定常な周期運動を行うことは不可能であろう．これに反し，(2)のように節点直後に位置するエッジはAB間の流線の周期的変動を妨げない境界条件となると考えられる．すなわちエッジ距離が$h_n(=h/\delta)$なる場合には，$\lambda_n=h_n$なるかく乱が基本モード（モードⅠ）として選択され，これが卓越した形で噴流が振動すると考えられる．

（2） 同様に，図6-7(b)に示すように，$h_n=k\lambda_n$を満たす波長のかく乱（図では，$k=2$）も生起可能であり，これが高次モードの発振の可能性を示す．

（3） エッジ距離h_nを固定すれば，上記により対応するλ_n（したがって，a_n，c_n）が定まり，振動数fは式(6-6)から，

$$f = \left(\frac{u_m}{\delta}\right)f_n = \left(\frac{c_n a_n}{2\pi\delta}\right)u_m \tag{6-10}$$

式(6-10)は，fがu_mに比例することを示し，実験結果（図6-4）によく適合する．

つぎに，ノズル出口中央（$x=0$，$y=0$）を通過する流脈線を求め，実験結果と比較する．この流脈線を表す式は，

$$\frac{dx_n}{u_n}\left[=\frac{dx_n}{\bar{u}_n+\tilde{u}_n}\right] = \frac{dy_n}{v_n}\left(=\frac{dy_n}{\tilde{v}_n}\right) = dt_n \tag{6-11}$$

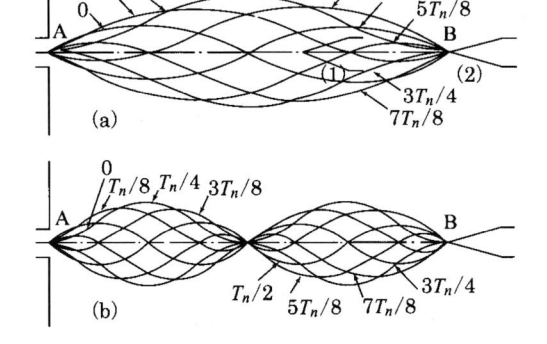

図 6-7　ノズル出口中央を通る流線の挙動

なる流跡線の微分方程式を前述の諸近似のもとに積分して求まる流跡線の表示を用いて，つぎのように求まる．

$$y_n = \left[\frac{2A_n}{a_n(1-c_n)}\right]\sin\left[a_n(1-c_n)\frac{x_n}{2}\right]$$
$$\times \cos\left\{\left[a_n(1+c_n)\frac{x_n}{2}\right] - a_n c_n t_n\right\} \tag{6-12}$$

式 (6-12) は，$x_n = k\lambda_n$ で節点となる前記流線とは異なり，その位置で有限の振幅をもって振動することを表す．

なお，式 (6-12) より求めた流脈線の形状と，時間経過に応ずるその挙動は実験結果 (図 6-2，図 6-3) と定性的な一致を示したが，この比較はつぎの理論モデルで述べる．

（3） **噴流の振動の理論モデル** 前項では，基礎流を平行噴流で近似し，そこで生起するかく乱の性格を調べ，これらかく乱を含む流れ場の挙動として，噴流・エッジ系における噴流の振動現象の諸特性が定性的にはよく説明できることを示した．本項では，前項の結果に立脚し，噴流が拡散により流れ方向にその速度分布を漸変する効果を考慮した，より精度の高い理論モデルについて述べる．

まず，基礎流を実験的によく検証されている Goertler の速度分布式 [式 (3-18)，参照] で表す．

$$\bar{u} = u_m \operatorname{sech}^2\left(\frac{\sigma y}{x+x_0}\right) = u_m \operatorname{sech}^2 \eta \tag{6-13}$$

$$u_m = \left[\frac{3J\sigma}{4\rho(x+x_0)}\right]^{1/2}, \quad x_0 = \frac{\sigma b_0}{3} \tag{6-14}$$

ここで，J：噴流の運動量，σ：拡散係数（二次元自由噴流に対する Reichardt の実験値 7.67 を用いた）

x_0：ノズル出口から仮想原点までの距離

オイラーの運動方程式と連続式を基礎式群とし，前項のモデルの場合と同様に取り扱い，その際諸量の無次元化には，δ として相似変数 $\eta [= \sigma y/(x+x_0)]$ を 1 とする y の値 $[\delta = (x+x_0)/\sigma]$ をとれば，y 方向のかく乱の固有関数 V_n を記述する式が式 (6-4) とまったく同様な形に得られ，図 6-6 (a)，(b) の結果はこの場合にもそのまま適用可能となる．ただし，式中の諸量 a_n，c_n などに対応する有次元量 a，c などは x をパラメータとして漸次変化するとする（準平行噴流モデル）．

つぎに，ノズル出口中央 ($x=0$, $y=0$) を通る流線を求め先の解析結果 [式 (6-12)] と対比する．ノズル幅 a を与え，まず振動数 f および噴流流量 Q を適当に選ぶ．ノズル出口における噴流の速度分布形を仮定すれば（ここでは，Re 数の比較的大きい場合を想定し均一速度と近似した），式 (6-14) 中の J が定まり，式 (6-13), (6-14) より基礎流の流れ場が定まる．つぎに，この基礎流とかく乱 $\bar{u}$, $\bar{v}$（有次元で表す）の表式を式 (6-7)（ただし，有次元）に用いて数値的に積分して，ノズル出口中央を通る流線を求めた．この際，$\bar{v}$ には，

$$\bar{v} = A_0 \times e - \int_0^x \alpha_i \, dx \, \mathrm{Re}\{V(y)\exp[i(\alpha_r x - \omega t)]\} \tag{6-15}$$

u には，対応する式 [式 (6-3) より定める] を用いた [$\alpha_i = \alpha_{ni}/\delta$, $\alpha_r = \alpha_{nr}/\delta$, $V(y) = u_m V_n(y_n)$ は，図 6-6 の関係から求まる]．ここで，A_0 は $x=0$ におけるかく乱の振幅を指定する無次元数，$\mathrm{Re}\{\phi\}$ は関数 ϕ の実部を示す．

流線の計算例を図 6-8 に示す．この場合も流線がほぼ収束する位置が存在し，これらが $k=1, 2, 3, \cdots$ の節点に対応する．

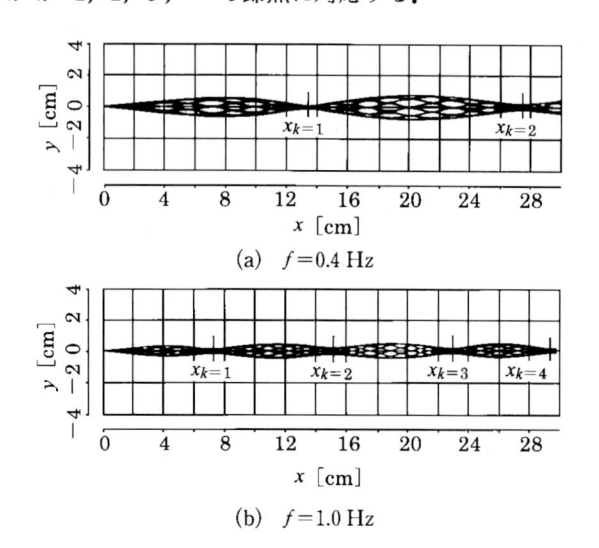

(a) $f=0.4$ Hz

(b) $f=1.0$ Hz

図 6-8 準平行噴流モデルによる流線の挙動
($u_0=20$ cm/s, $A_0=0.05$)

(4) 実験結果によるモデルの検証

(a) 発振振動数　図 6-9 は，振動数の測定値を h/b_0, $St=fb_0/u_0$ を両軸とする座標面上に記し，先のモデルによる理論線（実線）と対比したもので

ある．図 6-9 中の黒，白丸印は，それぞれ図 6-4 および図 6-5 の測定値に対応する．理論結果は，実験値に対しよい近似を与える．ここに，理論線は先に述べた流線の計算を種々の f, u_0 の指定値の組に対して行い，各 f, u_0 の値に対応する節点の座標値 x_k を求め，$h=x_k$ を満たす h の値に対して，u_0 のとき f なる振動数をもってモード k なる噴流の振動が生起するとして，$St (=fb_0/u_0)$ と h/b_0 の関係を求めることから描いた．

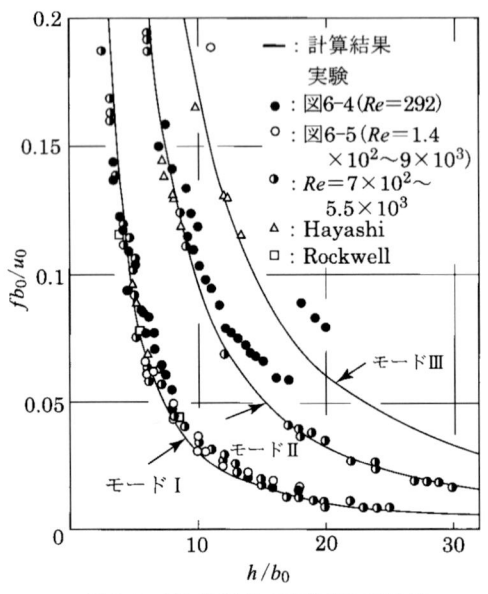

図 6-9 発振振動数の実験値と理論値

（b）噴流の挙動 図 6-10 は，図 6-2 に示した実験に対応する諸数値 (u_m, b_0, f の値) を与え，これを用いて理論的に算出したモード I の流脈線を示し（かく乱の振幅を指定する無次元数 A_0 の値は適当に選んだ．また，流脈線を形成する各点間の間隔は実験における染料の濃淡に対応する），図 6-8(a)～(e) 各図の時間間隔は図 6-2 のそれに対応している．

また，図 6-11 は，図 6-3 の実験に対応するモード II の流脈線の同様な計算結果である．ただし，流脈線はエッジの存在による基礎流の変化を考慮することなく導かれたかく乱の表式によって描かれているので，その形状についての実験結果との対比は，ノズル出口からエッジ先端までの区間においてのみ意味をもつ．さて，図 6-8，図 6-9 の両図ともに，計算結果は実験結果と定性的に

6.1 エッジトーン発振現象　131

よい一致を示す．この結果は，モデルの妥当性を裏付けるものといえる．また，$Re >$ 約 1.2×10^3 の範囲では，噴流はノズル出口近傍から大きく乱れることによる染料の拡散のため，図 6-2，図 6-3 のような形の流脈線の記録を得ることはできないが，この範囲における振動数の計算値は実験結果とよい一致を示すことは興味深い．なお，流脈線の理論結果は，式 (6-11)（ただし，有次元

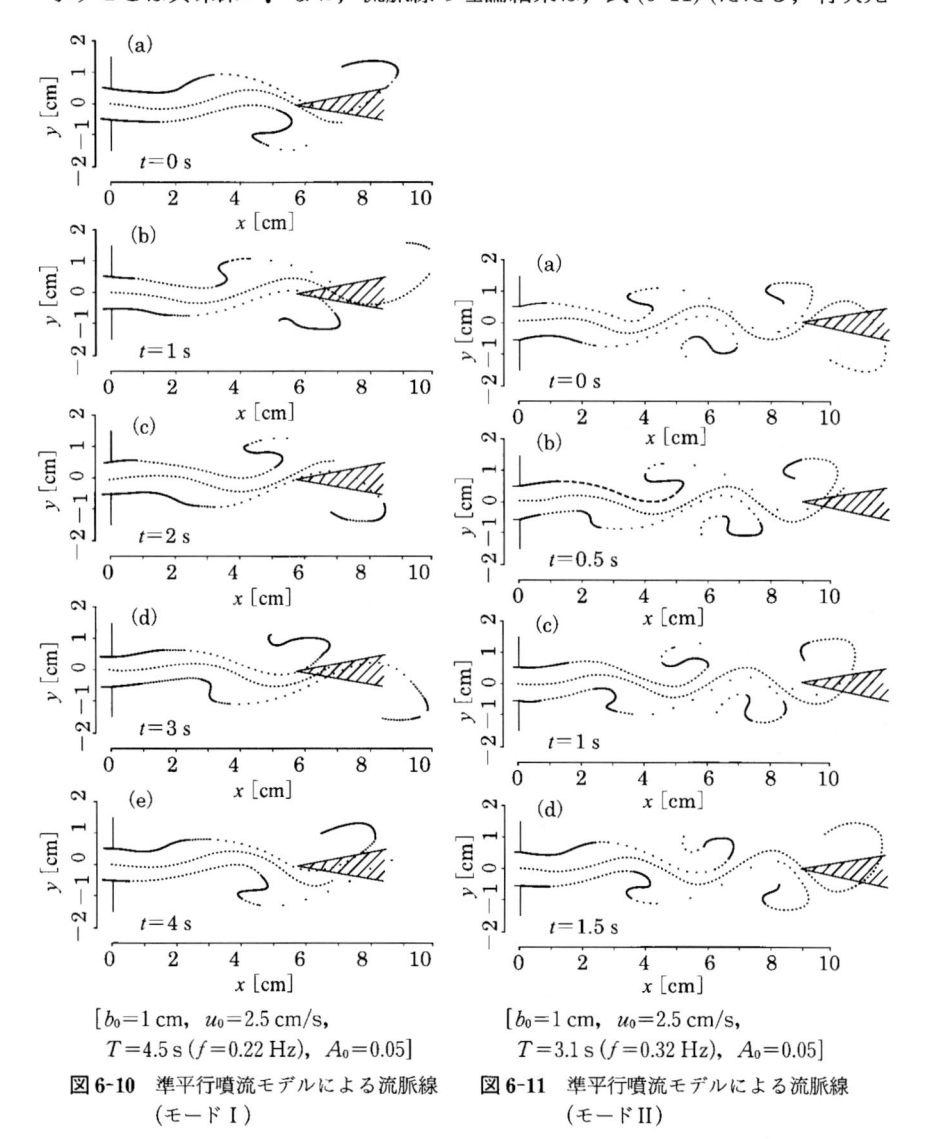

[$b_0 = 1$ cm, $u_0 = 2.5$ cm/s, $T = 4.5$ s ($f = 0.22$ Hz), $A_0 = 0.05$]

図 6-10 準平行噴流モデルによる流脈線（モード I ）

[$b_0 = 1$ cm, $u_0 = 2.5$ cm/s, $T = 3.1$ s ($f = 0.32$ Hz), $A_0 = 0.05$]

図 6-11 準平行噴流モデルによる流脈線（モード II ）

とする)に，6.1.3項(3)の流線の計算に用いたのと同じ $\bar{u}$, $\tilde{u}$, $\tilde{v}$ の式を用いて，刻々にノズル中心およびノズル出口両側壁の位置を通過する流体粒子の $t=t_s=$ 定値における位置を数値積分によって求めたものである．

6.1.4 エッジトーン発振現象の実際例

たとえば，車のサンルーフ開口部は，噴流・エッジ系に相当する流体の振動現象およびそれに起因する騒音問題が生起する．

図 6-12 (a) は，それぞれある時刻における渦度分布と流線の計算結果の例を示す．流れが振動しているようすがわかる．図 (b) は，振動する流れを制御するためにディフレクタを設置した場合の結果を示す．これにより，振動が抑制され騒音が低減される (片岡ら, 1993)．また，エッジ音の低減化については望月ら (1987) などの研究が，また，堀越ら (1986)，倉澤ら (1987)，佐野ら (1988) の研究，などある．

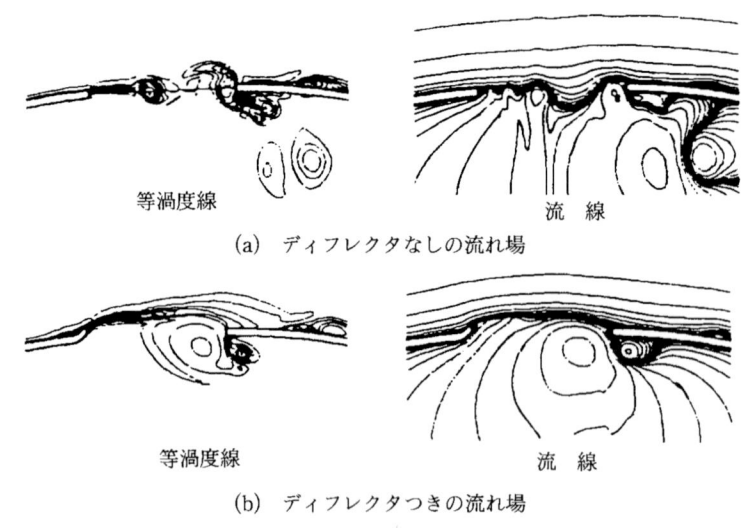

等渦度線 　　　　　　　　　　　流　線
(a) ディフレクタなしの流れ場

等渦度線 　　　　　　　　　　　流　線
(b) ディフレクタつきの流れ場

図 6-12　エッジトーン発振現象の例

6.2 キャビティトーン発振現象

底面を有する二次元的な幾何学形状の容器 (以下，キャビティまたは素子とよぶ．図 6-13 参照) 内に噴流を噴出させると，ある条件下で，噴流が左右に

振れ規則的な振動現象が生起する．この現象は，Molloy(1969)の指摘以来，特にフルイディクスの分野において，周期的な圧力信号を得るため純流体発振器の一種（キャビティ形発振器）として開発が進められた．この現象は，流体の混合・かく拌にも応用できる．

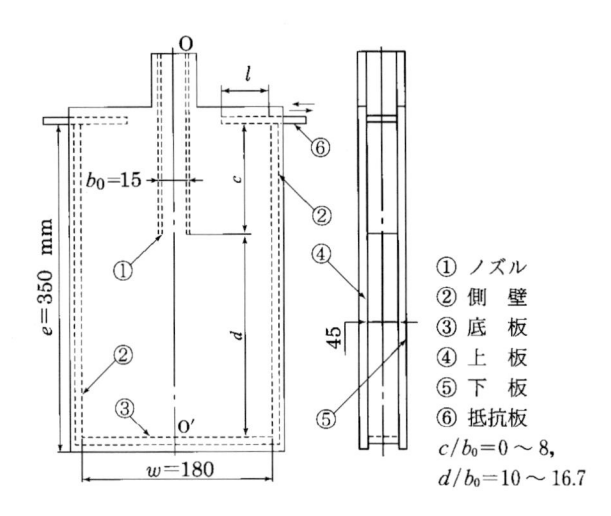

図 6-13 供試キャビティの形状，諸元

6.2.1 フローパターン

図 6-14 に，上記素子を水中に設置し $Re=2400$ で作動させた場合の噴流の挙動を示す．この際，噴流はその両側に顕著な二つの互いに反対回りの消長する渦領域を伴いながら規則的な発振現象を呈する．図は，右側側壁に付着していた噴流が左側側壁へ付着する間の半周期分のフローパターンを示している．

図 6-15 に，2.4 節で示した流れ関数・渦度法による素子内流れの数値解析結果 ($Re=100$) を示す．

数値解析解は素子内を格子状に分割し（図 6-16），差分法を適用して，非定常計算法により定常解を得る手法によって求めた．この際，ノズルの上流境界 EF で速度分布は放物分布とし，下流境界 AF，ED で ϕ，ζ は Hung の外挿式に従うものとした．ノズル壁 FG，EH に対してそれぞれ $\Psi[=\phi/(b_0 u_0)]=0$ および $\Psi=1$ を与え，キャビティ壁 ABCD に $\Psi=\alpha$ を与えれば，流出口 AF からの流出が α の流れが得られる．

図 6-16 の数値解析結果は，それぞれ $\alpha=0.5$（対称流），$\alpha=0.7$（偏流）の結果

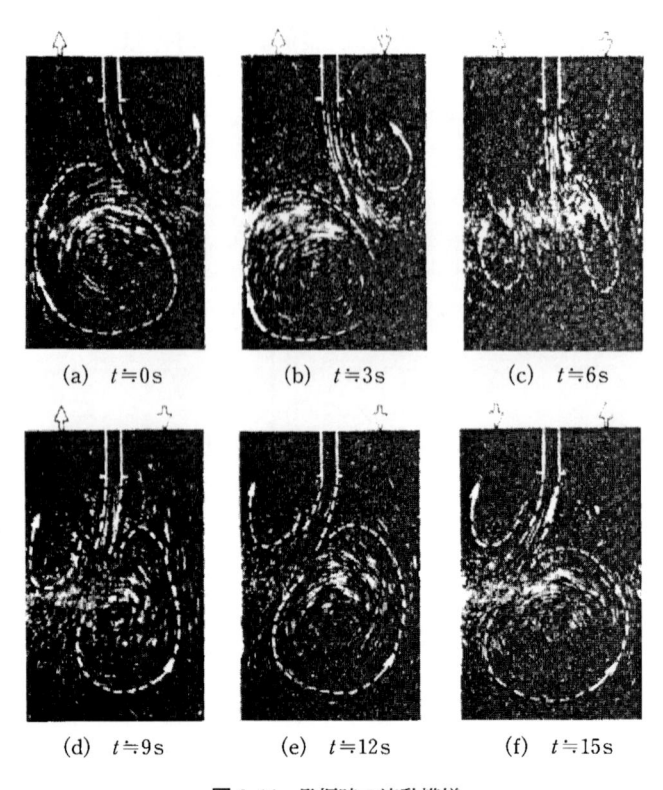

134　第6章　噴流の安定性と振動現象

(a) $t \fallingdotseq 0\mathrm{s}$　(b) $t \fallingdotseq 3\mathrm{s}$　(c) $t \fallingdotseq 6\mathrm{s}$

(d) $t \fallingdotseq 9\mathrm{s}$　(e) $t \fallingdotseq 12\mathrm{s}$　(f) $t \fallingdotseq 15\mathrm{s}$

図 6-14　発振時の流動模様

(a) 対称流 ($\alpha = 0.5$)　(b) 偏　流 ($\alpha = 0.7$)

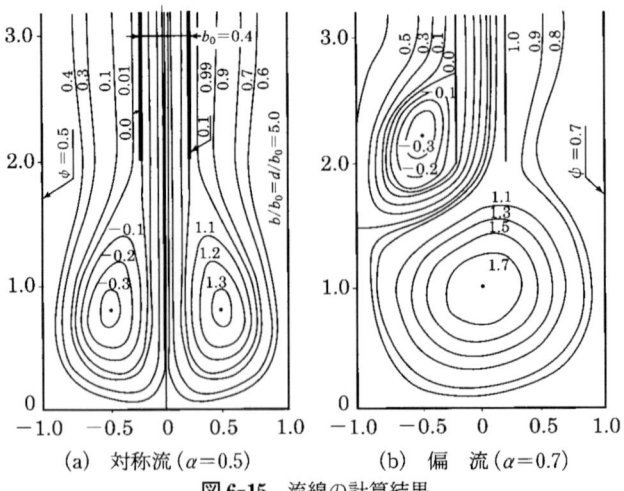

図 6-15　流線の計算結果

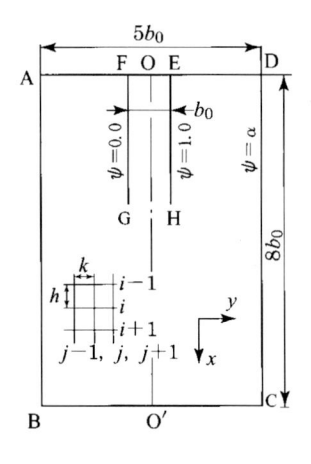

図 6-16 計算領域

を示しているが，先に示した流れの可視化 (図 6-14) のそれらをよく表している．

6.2.2 発振条件

図 6-17 に，発振現象の生起と素子形状との関係を示す．図において，I，II，III と記した領域がそれぞれ，規則的な発振状態，周期の一定しない不規則な発振状態，発振が生起せず定常な流動が現れる状態を示す．一定の c の値

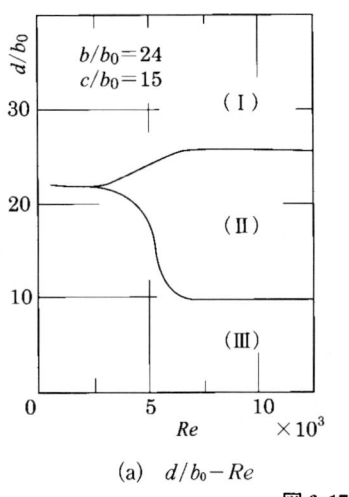

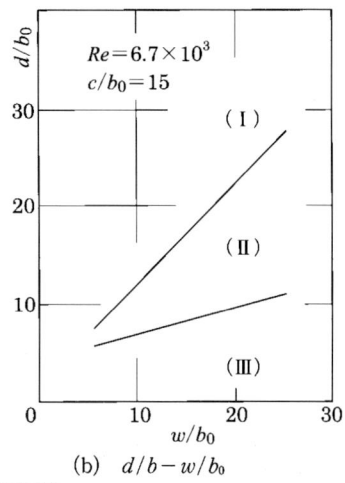

(a) $d/b_0 - Re$　　(b) $d/b - w/b_0$

図 6-17 発振領域

に対して，キャビティ奥行き d がある値以上ではじめて規則的な発振が生起する，その限界値は供給流量の増加とともに大きくなる．また，供給流量およびノズル幅 b_0 が一定の場合，発振生起のためには，w が大きい場合ほど，大きな d の値を必要とする．

6.2.3 発振振動数

図 6-18，図 6-19 に，規則的な発振状態における振動数 f と供給流量との関係を示す．発振振動数は供給流量にほぼ比例し，比例定数は素子形状によって異なる，またノズル挿入長さ c および流出口の抵抗（図 6-13 の l 値）の増加とともに f は低下する．いま，発振現象に対し次元解析を適用すると，

$$\phi(St, Re) = 0 \tag{6-16}$$

ここで，St：ストローハル数 $(=fb_0/u_0)$
したがって，

$$f = \left(\frac{u_0}{b_0}\right)\bar{\phi}(Re) \tag{6-17}$$

であり，Re 数のある範囲で $\bar{\phi}(Re)$ がほぼ定値であれば，f は u_0 にほぼ比例

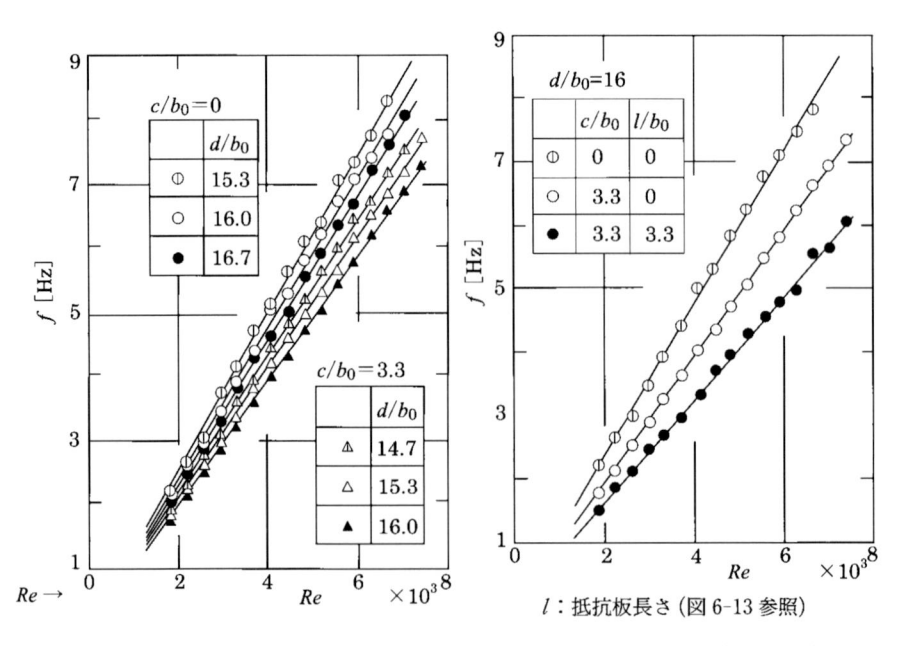

図 6-18 発振振動数 $(c/b_0=0,\ 3.3)$

図 6-19 発振振動数 $(d/b_0=16)$

することになる．

また，式(6-17)はこれと等価なつぎの形でも表される．
$$\phi_1(St\,Re,\,Re) = 0 \tag{6-18}$$
すなわち，
$$\frac{f}{\nu} = \left(\frac{1}{b_0{}^2}\right)\bar{\phi}_1(Re) = \text{const.} \times \bar{\phi}_1(Re) \tag{6-19}$$
上式は，$\bar{\phi}_1(Re)$ が定値となるような Re 数範囲においては，たとえば相異なる作動流体を用いても，f/ν なる量は同一の値となることを示している．

6.3 噴流の発振現象の他の例

拘束空間中に噴出される噴流の発振現象については，かつて盛んに研究された図 6-20 に示す純流体素子 (fluidics) 発振器 (フィードバック形，弛緩振動形，など) に，その多くをみることができる．

たとえば，図 6-20(a) に示すフィードバック形では，ノズルからの噴流が

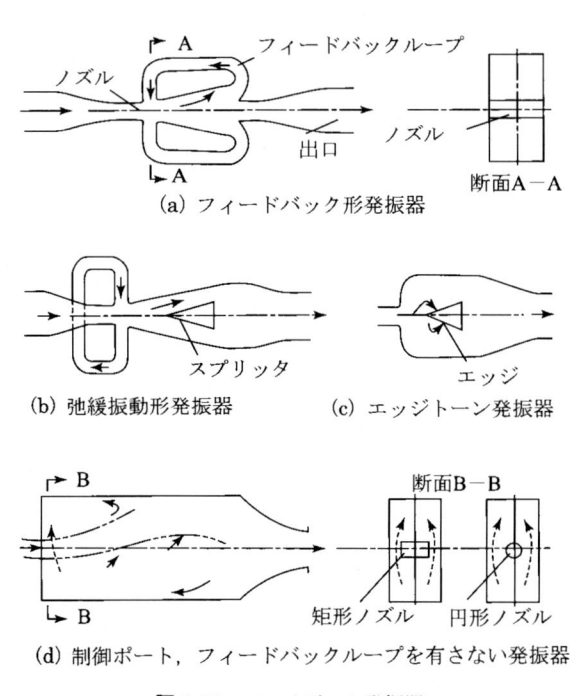

図 6-20 フルイディク発振器

(a) フィードバック形発振器
(b) 弛緩振動形発振器
(c) エッジトーン発振器
(d) 制御ポート，フィードバックループを有さない発振器

いずれかの側壁に付着して流れ，その一部がフィードバックループを通って上流側に至り噴流と噴流が付着している側壁間の渦領域の圧力が上昇し，噴流の付着が反対側側壁に切り替わる．この事象が繰り返され，噴流に自励発振現象が生じる．

また，図6-20(c)のエッジトーン発振は，6.1節で述べたとおりである．

これらの流体発振器，特に図6-20(d)については，11.2.2項(気液二相発振噴流)でくわしく述べる．

また，飯田ら(1995)，班目ら(1997)は，液面に衝突する噴流に生じる自励振動(ジェットフラッタ)について報告している．

なお，共鳴噴流(オリフィスノズルの直後にある容量の共鳴室を設け，さらにそのうしろに同様のオリフィスを設置したノズルから噴流を噴出させると，噴流は容量に依存した特定の周波数のかく乱成分が増幅され共振した流れとなる)の流動，音響特性については，7.2節でくわしく述べる．

参考文献

(1) Arruda, M.P. and Lawson, N., "Experimental and Computational Investigation on Submerged Entry Nozzle Jet Control", Proc. of 4th ASME/JSME Joint Fluids Eng. Conf., CD-ROM (2003)
(2) Curle, N., "The Mechanism of Edge-Tones", Proc. Roy. Soc. London, A216, pp. 412-424 (1953)
(3) 林叡・宮本義弘・藤原裕己・伊藤誠,「エッジトーンに関する研究」, 計測自動制御学会論文集, **16**-6, pp. 892-897 (1980)
(4) 堀越長次・池田敏彦・李修二・佐野一郎,「長方形噴流の発振モードに関する研究」, 日本機械学会論文集, **52**-477 B, pp. 2038-2044 (1993)
(5) 飯田将雄・班目春樹・岡本孝司,「液面に衝突する上向き円形噴流の自励振動」, 日本機械学会論文集, **61**-585 B, pp. 1669-1676 (1995)
(6) Johsonson, V.E., Conn, A.F., Lindenmuth, W.T., Chahine, G.L. and Frederic, G.S., "Self-Resonating Cavitating Jets", Proc. of 6th Int. Symp. on Jet Cutting Technology, BHRA, Paper A1 (1982)
(7) 片岡拓也・吉田昌弘・知名宏,「噴流・エッジ系およびキャビティでの振動現象の数値解析」, 日本機械学会論文集, **59**-566 B, pp. 2969-2974 (1993)
(8) Kirshner, J.M., "Response of a Jet to a Pressure Gradient and Its relation to Edgetone", Proc. of second Int. JSME Symp. Fluid Machinery and Fluidics, pp. 63-69 (1972)

(9) 倉澤英夫・小幡輝夫・平田賢・笠木伸英,「軸対称せん断層の衝突に伴う自励振動現象」, 日本機械学会論文集, **53**-488 B, pp. 1254-1261 (1987)
(10) Lawson, N.J. and Davidson, M.R., "Crossflow Characteristics of an Oscillating Jet in a Thin Slab Casting Mould", Trans. ASME, J. Fluids Engineering, 121, pp. 588-595 (1999)
(11) 班目春樹・飯田将雄,「液面衝突上向き平面噴流自励振動-ジェットフラッタの振動機構(第1報, 噴流蛇行の測定)」, 日本機械学会論文集, **63**-612 B, pp. 2732-2738 (1997)
(12) 望月修・木谷勝・田住正弘,「噴流と円柱の相互作用によって発生する音」, 日本機械学会論文集, **53**-487 B, pp. 911-916 (1987)
(13) Molloy, N.A. and Tayler, P.L., "Oscillatory Flow of a Jet into a Blind Cavity", Nature, 224, pp. 1192-1194 (1969)
(14) Nyborg, W.L., "Self-Maintained Oscillations of the Jet in a Jet-Edge System. I", J. Acoust. Soc. Am., **26**-2, pp. 174-182 (1954)
(15) 佐野学・水牧祥一,「長方形噴流の発振機構に関する実験的考察」, 日本機械学会論文集, **54**-500, pp. 791-797 (1988)
(16) 社河内敏彦・伊藤忠哉・末松良一・四阿佳昭,「噴流・エッジ系における噴流の発振現象(第1報, 噴流の挙動と発振振動数)」, 日本機械学会論文集, **51**-469 B, pp. 2897-2907 (1985)
(17) 社河内敏彦・伊藤忠哉・末松良一,「噴流・エッジ系における噴流の発振現象(第2報, 噴流の発振機構の検討)」, 日本機械学会論文集, **52**-480 B, pp. 2872-2880 (1986)
(18) 社河内敏彦,「三次元ノズルを用いた新・流体振動流量計に関する研究(ノズル形状の影響)」, 日本機械学会論文集, **56**-524 B, pp. 975-982 (1990)
(19) 社河内敏彦,「新・流体振動流量計による気液二相流の流量計測(垂直管内気泡流)」, 日本機械学会論文集, **57**-543 B, pp. 3647-3652 (1991)
(20) Shakouchi, T., "A New Fluidic Oscillator, Flowmeter, without Control Port and Feedback Loop", Trans. ASME, J. Dynamic Syst., Meas. and Control, 111-3, pp. 535-539 (1991)
(21) Shakouchi, T., "Flow Measurement of Gas-Liquid Two-Phase Flow in a Horizontal Pipe by a New Hydraulic Oscillator, Advances in Multiphase Flow", Elsevier, pp. 793-802 (1995)
(22) 社河内敏彦,「噴流の振動現象」, 日本機械学会講習会(No. 97-28, 流体関連振動-基礎と実際-)教材, pp. 13-20 (1997)
(23) Powell, A., "On the Edgetone", J. of Acoustical Society of America, 33-4, pp. 395-409 (1961)
(24) Rockwell, D. and Naudascher, E., "Self Sustained Oscillations of Impinging Free Shear Layers", Ann. Rev. of Fluid Mech., 11, pp.67-94 (1979)

(25) Woolley, J.P. and Karamcheti, K., "The Role of Jet Stability in Edgetone Generation", AIAA Paper 73-628, Parm Spring, Calf. (1973)
(26) Woolley, J.P. and Karamcheti, K., "Role of Jet Stability in Edgetone Generation", AIAA J., 12-11, 1457-1458 (1974)
(27) Yonemochi, M., Takamori, T. and Ozaki,K., "A Study on Frequency Selection and Jumping Peculiar to Some Fluidic Oscillations", Proc.of second Int. JSME Symp. Fluid Machinery and Fluidics, pp. 55-61 (1972)

7　噴流の混合・拡散とその制御
（同軸円形二重噴流，環状噴流，共鳴噴流）
Mixing and diffusion of jet flow and their control (coaxial round jet, annular jet and resonance jet flows)

　噴流自身あるいは噴流と周囲流体との混合・拡散は，たとえば，気体あるいは液体燃料の燃焼効率の改善，各種反応の促進などにおいて非常に重要である．

　このことは，先に述べた3.3節の噴流の大規模渦構造の制御や，第6章の噴流に生起する各種振動現象の利用，また，あとの第9章で述べるタブやリブなどの渦発生器の使用などによっても達成されるが，本章では円形噴流の流動特性を同軸環状噴流によって制御する，あるいは環状噴流の流動特性を同軸円形噴流によって制御するなどの観点から，同軸円形二重噴流，環状噴流の混合・拡散特性について述べる．

　また，他で触れられることが少なかった共鳴噴流(空気)の混合・拡散特性についても述べる．共鳴噴流の使用は，噴流の混合・拡散特性の改善・促進にとって簡便で有用な方法であると考えられるが，従来，共鳴噴流については音響の分野で，音との関連においてその特性が明らかにされているが，速度分布，乱れ分布などの流動特性はあまり明らかにされていない．

7.1　同軸円形二重噴流，環状噴流の混合・拡散

　環状噴流は，バーナ火炎の安定性の向上，円形衝突噴流の制御(同軸円形二重衝突噴流)，あるいは近接距離の測定などを目的としたセンサとして，広範な範囲で利用されている．また，環状噴流はノズル出口断面積が同一の円形噴流に比し周囲流体との接触面積が大きくなり，噴流の周囲流体への拡散・混合の促進に際しては有利である．さらに，同軸円形噴流を使用しその速度を変えることから，より積極的に環状噴流の周囲流体または同軸円形噴流への拡散・混合を促進する，あるいはそれらを制御，最適化することが考えられる．このことは，バーナによる液体，気体，あるいは固体燃料[たとえば，微粉炭，COM (coal and oil mixture)，CWM (coal and water mixture)]の燃焼，

化学反応などの最適化を計る際の重要な制御方法になり得ると考えられる．

従来，環状噴流については，Miller & Comings (1960)，赤川・多賀 (1965)，伊藤ら (1977)，Ko & Chan (1978) らの研究が，また，環状衝突噴流については，牧ら (1980) の研究がみられ，それらの流動特性のかなりが明らかにされている．また，同軸二重円形噴流については，Champagne & Wygnanski (1971)，Durão & Whitelaw (1973) らが速度比の異なる場合の流動特性を，また，Ko & Au (1985) が，せん断層に生起する渦構造について，木綿ら (1989，1996) が，同軸二重円管噴流の外側ノズル長さを変えた際の励起効果，あるいはせん断層に生起する渦構造などについて，また，土屋ら (1992) は，同軸円形二重噴流のノズルの面積比と速度比を変え，ノズル出口近傍における平均速度や乱れを調べている．さらに，Bitting ら (2001) は，同軸二重円形および正方形噴流の流動特性を流れの可視化，PIV (pariticle image velocimetry) 計測により明らかにしている．

本章では，環状噴流の流動特性[平均流特性(速度分布，中心線流速，噴流の広がり，流量，など)と乱流特性(乱れ分布，乱流運動エネルギー，レイノルズ応力，など)]を詳細に示すとともに，同軸円形噴流を使ってそのノズル出口速度を変えることから環状噴流の流動特性を制御することを考え，実験的，数値解析的な，より詳細な検討結果を示す (社河内ら，1997)．

数値解析は第2章で示した，連続式，ナビエ・ストークス運動方程式，乱流

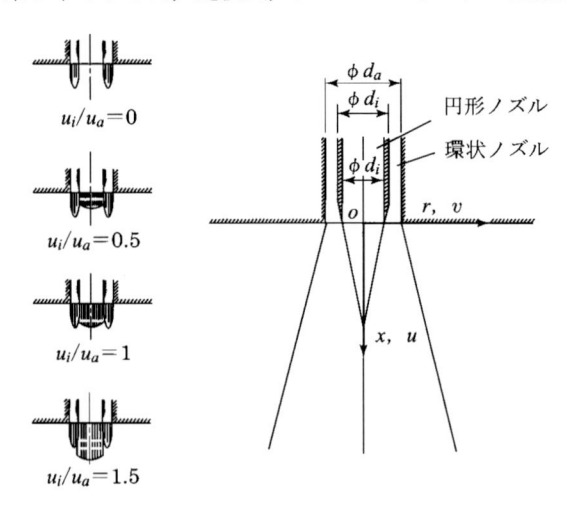

図 7-1 同軸二重噴流 (フローモデル)

モデルとして汎用 k-ε モデルを導入し，有限差分法を用いる方法によった．

図7-1に，流れ場の概略と使用した座標系，記号の一部を示す．環状主ノズルおよび同軸円形副ノズルから静止空気中に噴出した空気噴流は，互いに干渉し，混合・拡散しながら流下していく．環状噴流のノズル出口最大流速は一定（u_a=40 m/s）とし，同軸円形噴流の影響を調べた（u_i/u_a=0～1.5）．

図7-2に，ノズル部の詳細を示す．ノズル出口において，環状主噴流が，内径 d_i=10 mm，外形 d_a=16 mm の主ノズルより最大流速 u_{m0}=40 m/s（一定）で，静止空気中に噴出される．また，主噴流の流動特性を制御する目的で，直径 d_i=10 mm の同軸円形副ノズルから副噴流をノズル出口最大流速 u_i/u_a=0，0.5，1，1.5 と変化させた（図7-1）．同軸円形副および環状主ノズルのノズル出口断面の面積比は，A_i/A_a=0.39 である．

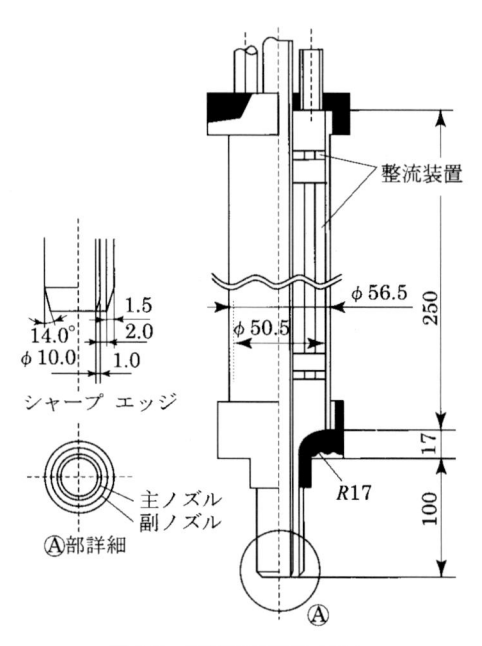

図7-2 同軸円形二重ノズル

7.1.1 数値解析

（1） 計算方法 環状噴流の流動特性と同軸円形噴流による制御を数値的に解析するため，連続式，ナビエ・ストークス運動方程式，乱流モデルとして k-ε モデルを導入し，有限差分法を用いる数値解析（第2章）を示す．これら

の式および k-ε の輸送方程式からなる支配方程式の離散化法として，スタッガード格子で分割された微小体積要素について積分する方法を，また，解析アルゴリズムとして SIMPLE 法を採用する．流れは，非圧縮，定常，軸対称とし，噴流軸方向，半径方向にそれぞれ $x/d_i=0 \sim 50$, $r/d_i=0 \sim 20.1$ の計算領域をとり，それぞれを 169, 79 の不等間隔格子に分割し，計算を行う．

（2） 境界条件　　以下の境界条件下に，速度比 $u_i/u_a=0 \sim 1.5$ の場合の流動特性の数値解析を行う．

（a） ノズル出口　　速度 u，乱流エネルギー k については実験値を，乱流散逸については $\partial \varepsilon/\partial x=0$ を与える．

（b） 自由境界　　$x/d_i = 50$, $0 \leq r/d_i \leq 20.1$ で，

$$v = 0, \quad \frac{\partial u}{\partial x}=0, \quad \frac{\partial^2 \phi}{\partial x^2}=0 \quad (\phi：一般従属変数)$$

$r/d_i = 20.1$, $0 \leq x/d_i \leq 50$ で，

$$u = 0, \quad \frac{\partial(rv)}{\partial r}=0, \quad \frac{\partial^2 \phi}{\partial r^2}=0$$

（c） 対称軸　　$r/d_i = 0$, $0 \leq x/d_i \leq 50$ で，

$$v = 0, \quad \frac{\partial u}{\partial r}=0, \quad \frac{\partial \phi}{\partial r}=0$$

（3） ノズル出口近傍の流動状態（速度ベクトルと圧力分布）　　図 7-3(a) の上下半部に，環状噴流（$u_i/u_a=0$）の場合のノズル出口近傍の圧力分布（計算結果）と速度場を，それぞれ等圧線と速度ベクトルで示す．図中の数値は，圧力係数 C_p の値である．また，それらの分布形は軸対称であったので r の半分の領域のみを記した．環状噴流の場合，ノズル出口直後の中心領域に，速度ベクトル図にみられるようなお互いに逆向きの顕著な二つの渦領域が形成され，その外側を噴流が中心線に向かって偏向して流れるようすがよくわかる．低圧の渦中心は $(x/d_i, r/d_i)=(0.26, \pm 0.35)$ に位置し，中心軸上の $(0.9, 0)$ の位置に流れの岐点が存在する．また，環状噴流が衝突する中心線近傍の $0.7 \leq x/d_i \leq 1.2$ の領域で圧力が上昇するのがわかる．この状況は，噴流軸に平行なオフセット平板を有する二次元付着噴流の流動状態（4.1 節）と類似である．

図 7-3(b)～(d) に，$u_i/u_a=0.5 \sim 1.5$ の結果を示す．速度ベクトル図より，$u_i/u_a=0 \sim 1.5$ の場合，先に示した $u_i/u_a=0$ の場合のような顕著な渦領域は形成されず，流動状態が大きく異なるのがわかる．しかし，ノズル壁（$r/d_i=0.5$）直後では，環状噴流と同軸円形噴流との間にせん断層が存在するため，低

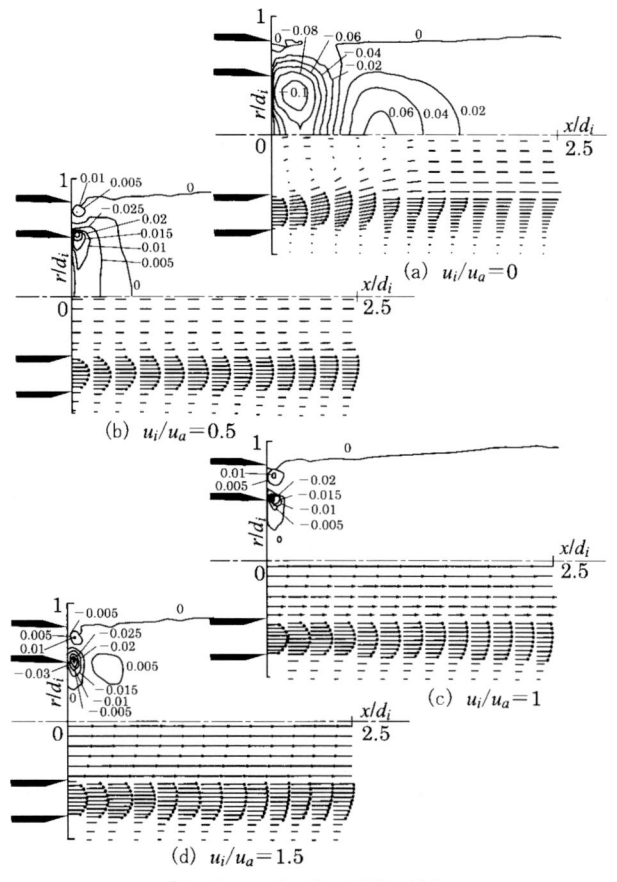

7.1 同軸円形二重噴流，環状噴流の混合・拡散　145

図7-3 ノズル出口近傍の流れ

圧部がみられるがそれ以降ではただちに周囲圧力と等しくなる．

7.1.2 実験結果との比較

（1）速度分布　図7-4(a)に，環状噴流(速度比 $u_i/u_a=0$)の速度分布を示す．分布形は，軸対称であったので r の半分の領域のみを記した．また，図の○印，実線は，それぞれ実験結果の一部および計算結果を示す．環状噴流が下流方向に最大流速を減衰させながら半径方向に拡散していくようすがよく知れる．しかし，上流の中心部で，計算結果と実験結果に差異がみられる．この場合，シングルプローブを使った測定値の誤差も大きくなり，それが差異

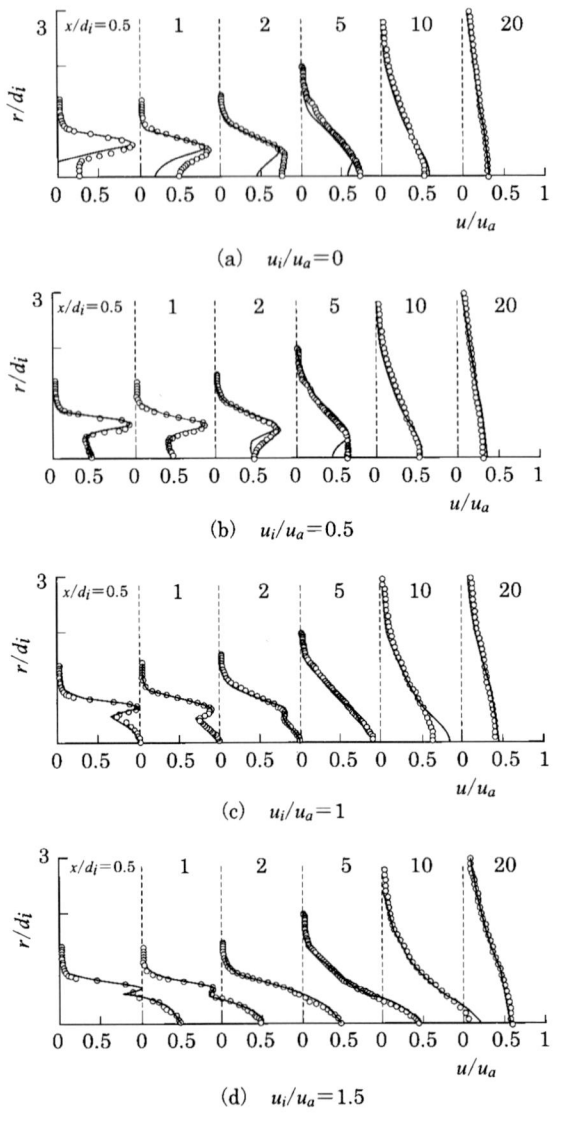

図 7-4 速度分布 u

の一因ともなっていると考えられる．噴流外側，および下流での計算結果は，実験結果をよく表す．

図 7-4(b)～(d) に，それぞれ $u_i/u_a=0.5$，1，1.5 の結果を示す．u_i/u_a に

より，環状噴流の下流方向への拡散のようすが異なるのがわかる．また，これらの各場合の計算結果は，実験結果をよく表す．

図 7-5(a) の上下半部に，それぞれ $u_i/u_a=0$ の場合の u, v の等速度線図の計算結果を示す．図中，縦軸は 10 倍に拡大して記されている．また，u, v の分布形は，軸対称であったので，それぞれ r の半分の領域のみを記した．図中の数値は，それぞれ u/u_a, v/u_a の値である．図 7-3(a) とともに，ノズル出口近傍の中心領域で渦領域が形成されている流動状態がよくわかる．さらに，下流に向かって環状噴流が拡散していくようすがよくわかる．図 7-3(b)〜(d) に，それぞれ $u_i/u_a=0.5$, 1, 1.5 の場合の結果を示す．u_i/u_a が大きくなる（同軸円形噴流の速度が増加する）と u の等値線が下流まで達し，環状噴流に対する円形噴流の影響のようすがよくわかる．

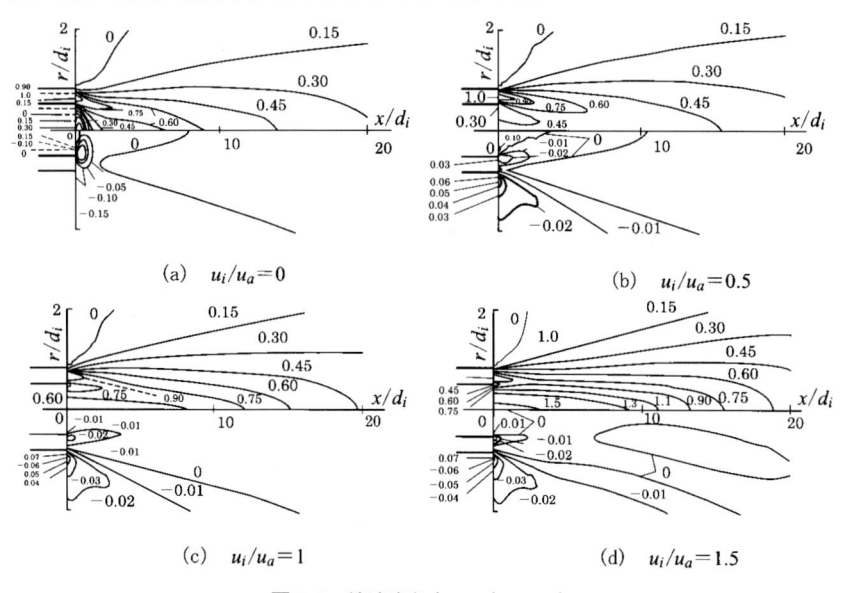

図 7-5 等速度分布 u/u_a, v/u_a

（2）中心線流速　図 7-6 に，中心線流速 u_c/u_a を示す．図の各曲線は，計算結果を示す．$u_i/u_a=0$ の場合，ノズル直後の中心軸近傍に渦領域が形成されるため中心線流速が一定の領域は存在しないが，$u_i/u_a=0.5$, 1, 1.5 の場合には，それぞれ $x/d_i=1.3$, 3, 5 まで $u_c/u_a=$ 一定の領域が存在する．下流では，環状噴流と混合しながら流れ中心線流速は減衰するが，それらは，$x/$

図7-6 中心線流速

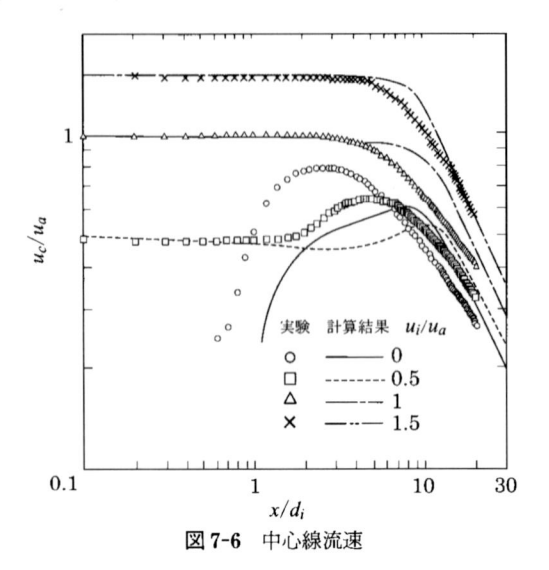

$d_i \geq 8.5$ の領域で，

$$\frac{u_c}{u_a} \propto \left(\frac{x}{d_i}\right)^a \tag{7-1}$$

と表され，a の値は $u_i/u_a=0$，0.5，1，1.5 の場合，それぞれ $a=-0.75$，-0.73，-0.71，-0.82 となる．

u_c/u_a の減衰率は，u_i/u_a の増加とともに減少するが，$u_i/u_a=1.5$ では $u_i/u_a=0$ の場合のそれより大きくなっている．これより，$u_i/u_a=1.5$ の場合の流動損失が他の場合の比べ大きいことが推測される．

u_i/u_a が小さい場合の計算結果は，実験結果をあまりよく表さないが定性的な傾向は示している．一方，u_i/u_a が大きい場合（$=1$，1.5）の計算結果は，実験結果をよく表している．

(3) 噴流の広がり 図7-7に，噴流幅 b/d_i と半値幅 $y_{1/2}/d_i$ を示す．図の曲線は，計算結果を示す．b/d_i（実験結果）は，下流方向に直線的に増加し，

$$\frac{b}{d_i} = b_1\left(\frac{x}{d_i}\right) + c_1 \tag{7-2}$$

と表され，$u_i/u_a=0$，0.5，1 の場合，$b_1=0.18$，$c_1=0.9$，$u_i/u_a=1.5$ の場合，$b_1=0.148$，$c_1=0.8$ となる．また，速度比が大きい場合（$u_i/u_a=1.5$），b/d_i はかなり小さくなる．これは，u_i が大きいと環状ノズルからの噴流が中心の円形噴流に誘引されるように流れ，その結果半径方向への広がりが小さくなるこ

とによると考えられる．

　$u_i/u_a = 0 \sim 1$ の場合の計算結果はやや小さいが，$u_i/u_a = 1.5$ のそれは実験結果をよく表す．

　半値幅 $y_{1/2}/d_i$ は，環状噴流 ($u_i/u_a = 0$) の場合，ノズル出口直後の中心領域に低圧の渦領域が形成され噴流が中心方向へ引き寄せられるため，下流方向にわずかに減少し $x/d_i = 1$ で最小値 ($y_{1/2}/d_i = 0.7$) となったあと，$x/d_i \geqq 5$ ではほぼ直線的に増加する．それは，

$$\frac{y_{1/2}}{d_i} = b_2\left(\frac{x}{d_i}\right) + c_2 \quad \text{ただし，} b_2 = 0.078, \ c_2 = 0.45 \quad (7\text{-}3)$$

u_i/u_a が増加する ($= 0.5, 1$) と，$y_{1/2}/d_i$ は下流方向に直線的に増加し，それぞれ，$x/d_i \leqq 10$ で，$b_2 = 0.05$, $c_2 = 0.75$, $x/d_i \leqq 5$ で，$b_2 = 0.025$, $c_2 = 0.75$ となる．

　下流では，環状噴流 ($u_i/u_a = 0$) に対する式 (7-3) で表される．

　また，$u_i/u_a = 1.5$ では，u_i が大きいため環状ノズルからの噴流が中心の円形噴流に誘引されるように流れるため半径方向への広がりが小さくなる結果，$y_{1/2}/d_i$ は下流方向にほぼ直線的に減少し，それは $x/d_i \leqq 5$ で，$b_2 = -0.03$, $c_2 = 0.75$ となる．$x/d_i = 5$ で最小値 ($y_{1/2}/d_i = 0.6$) となったあと，$x/d_i \geqq 10$ では式 (7-3) と同様に直線的に増加する．

　計算結果 ($y_{1/2}/d_i$) は，上記の経緯をよく表しているのがわかる．

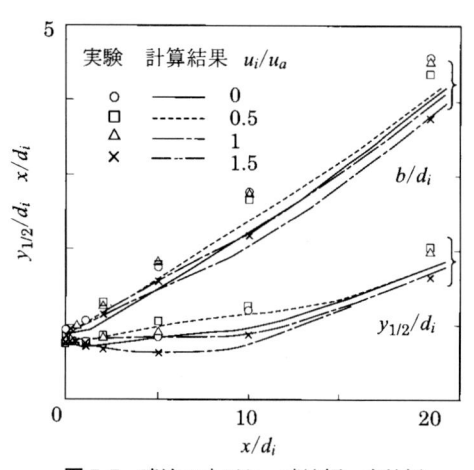

図 7-7　噴流の広がり，噴流幅，半値幅

（4）流 量 図7-8に，流量 Q/Q_0 を示す．図中の曲線は，計算結果を示す．流量は，先に示した速度分布の実験結果および計算結果を用いて，各断面での流量を算出した．その際，噴流の外縁は $u=0.05u_m$ となる r（大きいほうの値）の位置とした．$u_i/u_a=0$ の場合，流量（実験結果）は下流方向に直線的に増加し，

$$\frac{Q}{Q_0} = b_3\left(\frac{x}{d_i}\right) + 1, \quad \text{ただし，} b_3 = 0.21 \tag{7-4}$$

と表される．計算結果は，それをよく表す．また，u_i/u_a が増加すると Q/Q_0 は減少し，$u_i/u_a=0$, 0.5, 1, 1.5 の場合，それぞれ $b_3=0.18$, 0.173, 0.163 となる．計算結果もそれらをよく表す．

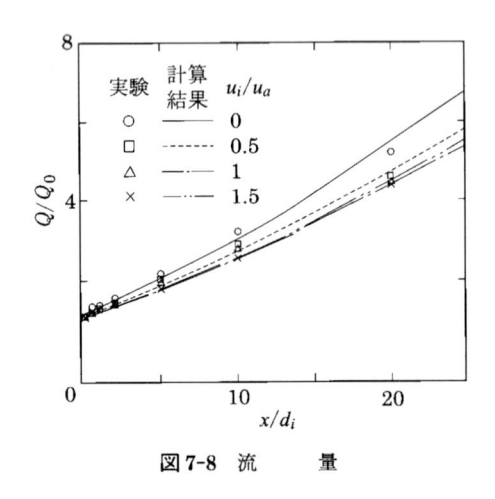

図 7-8 流 量

（5）乱れ分布 図7-9(a)に，$u_i/u_a=0$ の場合の乱れ強さ u'/u_a を示す．分布形は，軸対称であったので r の半分の領域のみを記した．図中の実線は，計算結果である．u'/u_a は，前述の速度分布に対応し速度勾配の大きなせん断層で大きな値となる．計算結果は，ほぼ実験結果を表す．

図7-9(b)～(d)に，それぞれ $u_i/u_a=0.5$, 1, 1.5 の場合の結果を示す．$u_i/u_a=0.5$ の計算結果は，ほぼ実験結果をよく表す．$u_i/u_a=1$, 1.5 の計算結果は，$x/d_i≧5$ の領域でいくぶん実験結果より大きくなるが，ほぼ実験結果をよく表している．

（6）乱流運動エネルギー 図7-10に，乱流運動エネルギー $k=(u'^2+v'^2+w'^2)/2$ を示す．図の曲線は，計算結果を示す．ただし，計算結果では

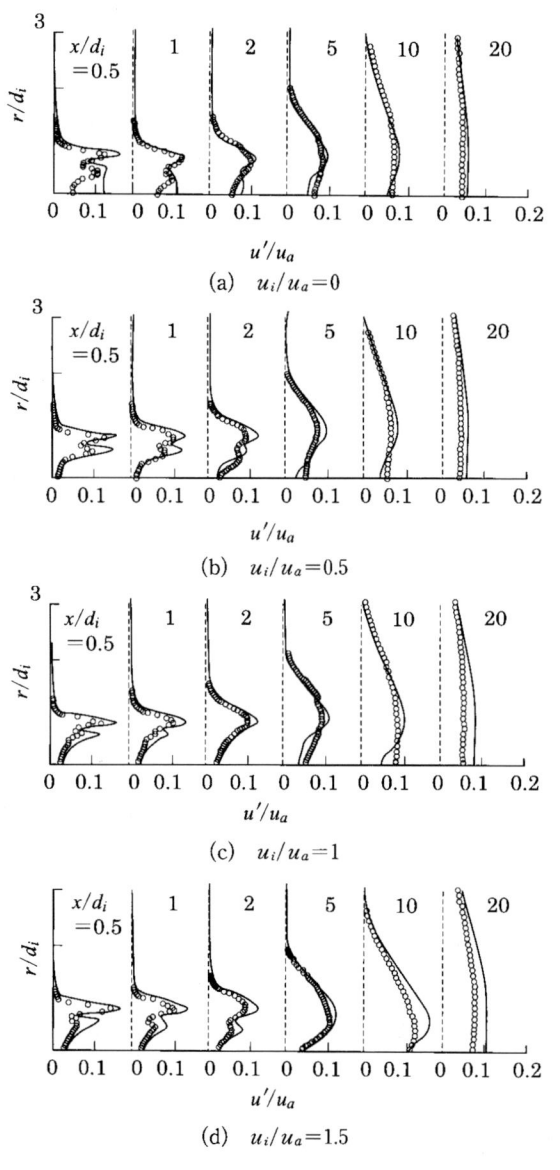

7.1　同軸円形二重噴流，環状噴流の混合・拡散　　151

図7-9　乱れ強さ　u'/u_a

乱流の挙動は等方的であるとし乱流運動エネルギーは $k \equiv k_U = (3/2)u'^2$ として求められている．また，図の○，×印は，それぞれ実験結果で $k = (u'^2 + v'^2 + w'^2)/2$ および $k_U = (3/2)u'^2$ として求めた結果を示す．それらの分布形は，

(a) $u_i/u_a=0$

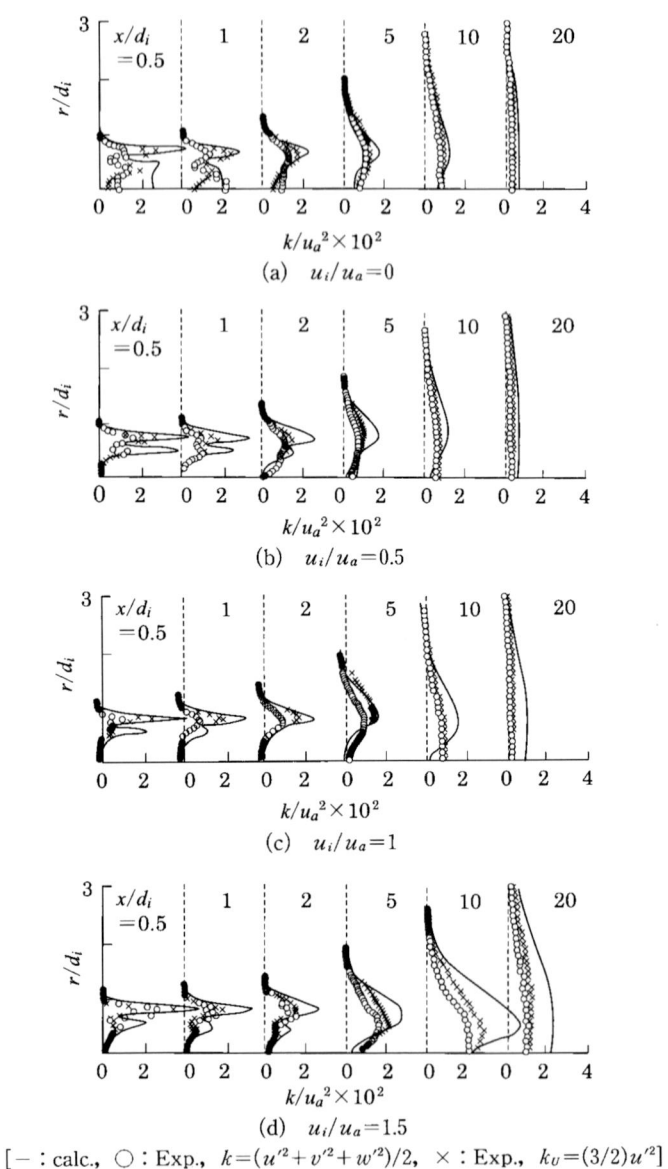

(b) $u_i/u_a=0.5$

(c) $u_i/u_a=1$

(d) $u_i/u_a=1.5$

[―：calc., ○：Exp., $k=(u'^2+v'^2+w'^2)/2$, ×：Exp., $k_U=(3/2)u'^2$]

図7-10 乱流運動エネルギー k/u_a^2

いずれも軸対称であったので r の半分の領域のみを記した．

いずれの場合もほぼ $k_U \geqq k$ となるが，k_U と k の間にはいちじるしい差異は

みられない．$x/d_i \geq 2$ での乱れは，完全には等方的ではないが，いちじるしい非等方性は認められないことがわかる．また，計算結果はいずれの場合も実験結果を定性的にはよく表すが，ほぼ k_v より大きく，u_i/u_a が大きくなるとともにその差異が増大する．

　環状噴流によりノズル出口近傍の中心領域に形成される渦領域の流動特性を，実験と数値解析より検討し，同軸円形噴流がそれに及ぼす影響を環状噴流に対する同軸円形噴流の速度比との関係において示した．また，さらに下流の流動特性についても同様に，速度比により速度分布，噴流の下流方向への広がり，中心線流速・流量の下流方向への減衰，乱流成分，乱流運動エネルギー，などの流動特性が変化する（制御される）ようすを示した．

　これらの結果は，また，微粉粒子を含む固気混相環状噴流の流動特性の解明と同軸円形噴流を使ってそのノズル出口速度を変えることから環状噴流の流動特性を制御することについての基礎的な知見ともなる．

7.2　共鳴噴流の混合・拡散

　オリフィスノズルの直後にある容量の共鳴室を設け，さらにそのうしろに同様のオリフィスを設置したノズル，いわゆる共鳴ノズルから噴流を噴出させると，噴流は容量に依存した特定の周波数の攪乱成分が増幅され共振した流れとなる．この噴流は共振あるいは共鳴噴流 (resonance jet flow) とよばれ，たとえばジェットカッティングにおいて噴流に間欠的なキャビテーション渦輪を形成させ壊食性の強いキャビテーション噴流を実現するため，などに利用されている (Johnson, 1982)．

　ところで，先に述べたように近年，噴流の混合・拡散特性を改善・促進することを目的とし，噴流のかく乱成分の増幅・制御あるいは噴流のせん断層に生起する大規模渦の制御などに関する研究，たとえば，非円形（楕円形）ノズルによる渦構造の制御，円形噴流の同軸環状副噴流による制御，ノズル出口近傍の内壁に設置した渦発生器やタブによる噴流のかく乱成分の増幅・制御あるいは音波による特定周波数のかく乱成分の増幅・制御，などの研究が積極的に行われている．共鳴噴流の使用も噴流の混合・拡散特性の改善・促進にとって，簡便で有用な方法であると考えられる．

　本節では，共鳴噴流の使用による円形噴流の周囲流体との混合・拡散特性の改善・促進を目的とし，静止大気中に噴出される円形共鳴自由噴流の共鳴周波

数,平均速度分布,乱れ分布などの流動特性を,おもに共鳴室の容量との関係において実験的な結果を示すとともに,容量の変化による流動特性の制御について述べる(社河内ら,2000).

7.2.1 共鳴ノズル

図 7-11 に,ノズル部の詳細と座標系を示す.直径 $d_P=13.88$ mm,長さ $L_P/d_P=50$ の直管の端に,直径 $d_0=10.0$ mm のオリフィスが設けられている.また,管端外表面に設けたピッチの細かいネジを用いて共鳴室を移動させ,所定の容量 V を得ることができる.共鳴室の端に設けた二つ目のオリフィスの直径は先のものと同一で $d_0=10.0$ mm である.

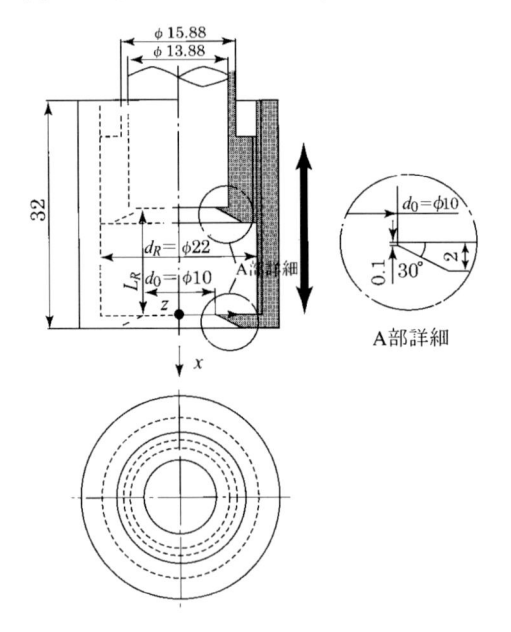

図 7-11 共鳴ノズル

ノズル部の流動損失は,直管の端から上流側 $30d_P$ の位置の静圧(直径 0.8 mm の圧力孔)と大気圧との差を用いて求めた.

噴流の共鳴音の音圧レベルは精密騒音計の F 特性で測定した.マイクロフォンは $(x, r)=(300, 300$ mm$)$ の位置に噴流軸から $45°$ に固定した.送風機を運転しない場合の暗騒音の音圧レベルは 52 dB,運転した場合(噴流はオリフィスから噴出)は 72 dB であった.

実験は，噴流のノズル出口最大流速 $u_{m0}=10\sim80$ m/s [レイノルズ数 $Re=u_{m0}d_0/\nu=(0.67\sim7.34)\times10^4$, ν：動粘性係数] の範囲で行った．以下に示す結果は，特に記さない限り $u_{m0}=40$ m/s の結果である．

7.2.2 流動, 音響特性

(1) 流動特性　図 7-12 (a)，(b) にそれぞれ，$V=1.0$，$8.0\,\text{cm}^3$ の共鳴ノズルから水噴流が静止水中に噴出された場合の流れの可視化写真を示す．ノズルは透明なアクリル樹脂製で中心軸断面がレーザライト (Ar) シートにより光切断され，トレーサにはフレオレセインナトリウム水溶液が使用されている．図 3-18 にパイプノズルからの，また，図 3-19 にオリフィスノズルからの噴流の可視化写真を示したが，ノズル形状によりノズル出口近傍の流動状態，大規模渦の生成のようすが大きく異なる．すなわち，速度勾配が大きなせん断層が薄いオリフィスノズルの場合には，ノズル出口直後から大規模な不安定渦がより明確に生起するのがわかる．

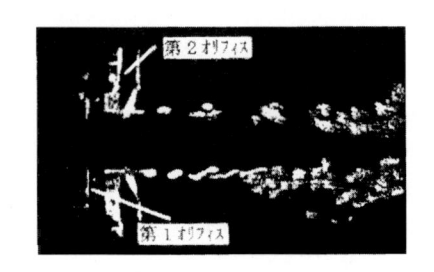

(a) $V^*=1.0\,\text{cm}^3$ 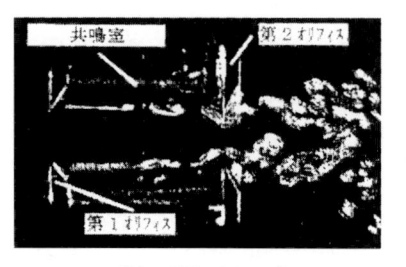　　　(b) $V^*=8.0\,\text{cm}^3$

図 7-12　共鳴噴流の流動状態 ($d_0=10$ mm, $Re=1\times10^3$)

$V=1.0\,\text{cm}^3$ の共鳴噴流の流動状態はオリフィスノズルのそれに類似しているが，$V=8.0\,\text{cm}^3$ の場合には初めのオリフィス先端からのせん断層には不安定渦が生起しそれが共鳴室で増幅され，うしろのオリフィスの直後から渦が交互に放出され噴流が半径方向に大きく振動しながら流れるようすがわかる．このように，共鳴噴流では噴流自身あるいは噴流と周囲流体との混合，拡散が大きく増進される．

(2) 速度変動の卓越周波数　図 7-13 に，$x/d=0.4$, $r=0$ での速度 u の卓越周波数 f_d と共鳴室の容量 V との関係を示す．f_d は，V を準静的に増

加させると減少し，二つの曲線 I，II となる．特に，$V \fallingdotseq 4 \sim 6 \, \mathrm{cm}^3$ で共鳴噴流は不安定となり，二つの f_d の間を短時間で跳躍し 2 種類の共鳴音を生じながら流れる．f_d の最大値は，曲線 I では $V = 1.5 \, \mathrm{cm}^3$ で約 5.4 kHz，曲線 II では $V = 4 \, \mathrm{cm}^3$ で約 4.2 kHz であり，また，f_d は V の増加とともに減少する．

図 7-14 に，速度変動の周波数スペクトルを示す．前記したように，f_d が V の増加とともに減少するようす，および，卓越周波数が存在するようすなどがよく知れる．

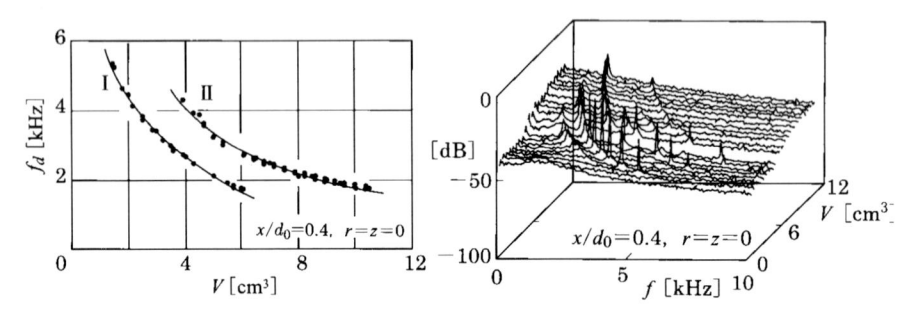

図 7-13 速度変動の卓越周波数　　図 7-14 速度変動の周波数スペクトル

図 7-15 に，$x/d = 0.4$，$r = 0$ での x 方向の乱れ強さ $u'(\mathrm{rms})/u_{m0}$ を示す．共鳴噴流の乱れ強さは，共鳴室を有さないオリフィス（$V=0$）の場合よりかなり大きく，図 7-12 の場合と同様に二つの曲線 I，II で表される．乱れ強さは，V の増加とともに増大し f_d の場合と逆の相関関係となる．乱れ強さの最大値は $V = 10 \, \mathrm{cm}^3$ で生じ，オリフィスの場合の約 7 倍の大きさとなる．また，$V \fallingdotseq 4 \sim 6 \, \mathrm{cm}^3$ の間の曲線 I，II に一致しない値は前記したように共鳴噴流が I，II の間を時間的に変動していることによる．

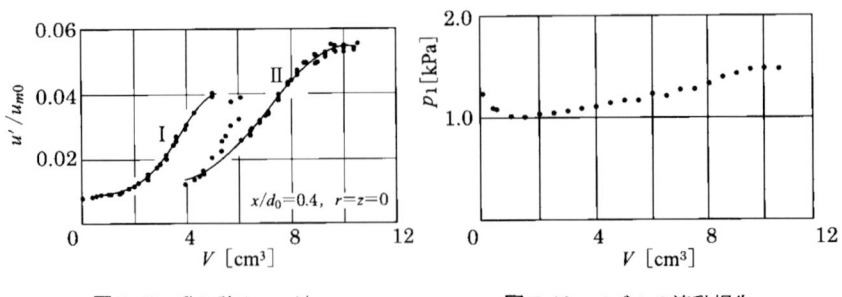

図 7-15 乱れ強さ u'/u_{m0}　　図 7-16 ノズルの流動損失

図 7-16 に，ノズルでの流動損失 p_1 を示す．p_1 は，V の増加とともに減少し $V=1.6\,\text{cm}^3$ で最小（オリフィスの場合の約 0.81 倍）となったあと増加する．$V \leqq 6.5\,\text{cm}^3$ では，p_1 は $V=0$ のそれより小さい．また，$V=2, 8\,\text{cm}^3$ での p_1 は，$V=0$ のそれのそれぞれ 0.83, 1.08 倍である．

（3）音響特性　図 7-17 に，$u_{\max}=40\,\text{m/s}$ で V を変化させた場合の速度変動と音圧変動の卓越周波数の比較を示す．共鳴が明確に生起する場合は，速度変動と音圧レベルの卓越周波数，すなわち f_D と SPL (sound pressure level, 音圧レベル) はよく一致する．このことは，共鳴音の生起が速度変動に起因していることを示す．

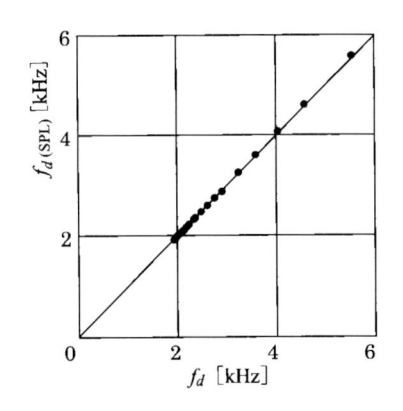

図 7-17　速度変動と音圧変動の卓越周波数

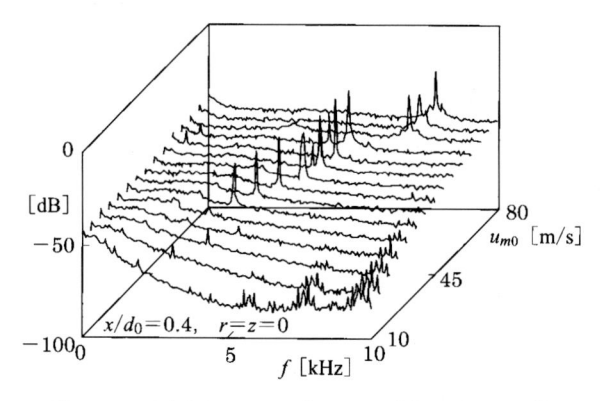

図 7-18　周波数スペクトル [$V=2\,\text{cm}^3$ ($L_R=0.58\,\text{cm}$)]

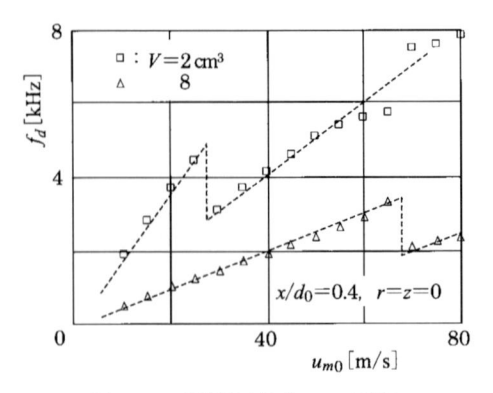

図 7-19 卓越周波数（u_{m0} の影響）

（4）最大流速の影響 図 7-18 に，一例として $V=2\,\mathrm{cm^3}$ の場合の $x/d_0=0.4$，$r=0$ での最大流速の周波数スペクトルを示す．f_d が u_{m0} とともに変化するようすがよくわかる．

図 7-19 に，速度 u の卓越周波数 f_d とノズル出口最大流速 u_{m0} との関係を示す．オリフィスの場合，f_d は u_{m0} の増加とともに直線的に増加し，$u_{m0} \fallingdotseq 30$，$65\,\mathrm{m/s}$ で不連続に減少する．その間の u_{m0} の増加率は，u_{m0} の増加とともに減少する．$V=8\,\mathrm{cm^3}$ の場合も同様に，$u_{m0} \fallingdotseq 65\,\mathrm{m/s}$ で不連続に減少する．

（5）中心線上の流動特性 図 7-20 に，噴流中心線上の速度 u_c/u_{m0} を示す．オリフィスから噴出した噴流には縮流による速度の増加がみられ，$0 \leq x/d \leq 4$ に速度の減衰しないコア領域が，$4 \leq x/d \leq 7$ に遷移領域が形成され，その後（発達領域）下流方向に減衰する．$V=2\,\mathrm{cm^3}$ の場合も，コア領域は形成されるがその長さはオリフィスの場合より短く速度は小さい．$V=8\,\mathrm{cm^3}$ の場合にはコア領域は形成されず，ノズル出口より速度は減少し他の場合に比べかなり小さくなる．これは，噴流が共鳴し大きく変動していることによる．発達領域での u_c は，以下のように表される．

$$\frac{u_c}{u_{m0}} \propto \left(\frac{x}{d_0}\right)^a \tag{7-5}$$

ここで，a は定数で以下のように与えられる．

a	$V\,[\mathrm{cm^3}]$	x/d_0
-0.81	0	≥ 7
-0.76	2	≥ 5.5
-0.67	8	≥ 3.5

7.2 共鳴噴流の混合・拡散

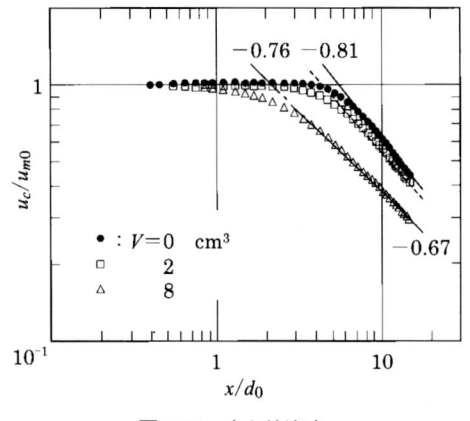

図 7-20 中心線流速

u_c/u_{m0} は，V の増加とともに減少する．特に，$V=8\,\mathrm{cm}^3$ の場合にはかなり小さくなる．また，発達領域での u_c の減衰率は，V の増加とともに減少する．

図 7-21 (a)，(b) にそれぞれ，噴流中心線上の乱れ強さ u'/u_{m0} および乱流運動エネルギー k/u_{m0}^2 を示す．ここで，k は $k=(u'^2+v'^2+w'^2)/2$ である．オリフィスの場合，u'/u_{m0} はノズル出口近傍でほぼゼロであるが下流方向に急増し，$x/d \fallingdotseq 7$ で最大 ($=0.075$) となった後，緩やかに減少する．$V=2\,\mathrm{cm}^3$ では，オリフィスの場合とほぼ同様の分布形となる．$V=8\,\mathrm{cm}^3$ では，ノズル出口での u'/u_{m0} はかなり大きく $x/d \fallingdotseq 3.5$ で最大 ($=0.09$) となり，その分布形

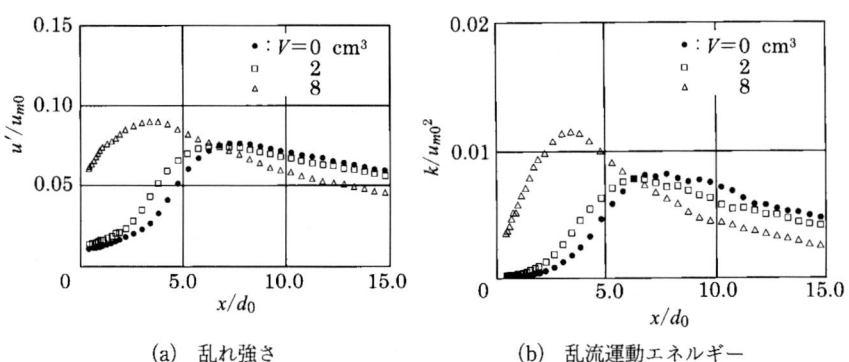

(a) 乱れ強さ　　　　(b) 乱流運動エネルギー
$[V=0\sim 8\,\mathrm{cm}^3\,(L_R=0\sim 2.32\,\mathrm{cm})]$

図 7-21 噴流中心線での乱れ特性

160 第7章 噴流の混合・拡散とその制御

(a) 速度分布 u/u_{m0}

(b) 乱れ強さ u'/u_{m0}

(c) 乱流運動エネルギー k/u_{m0}^2

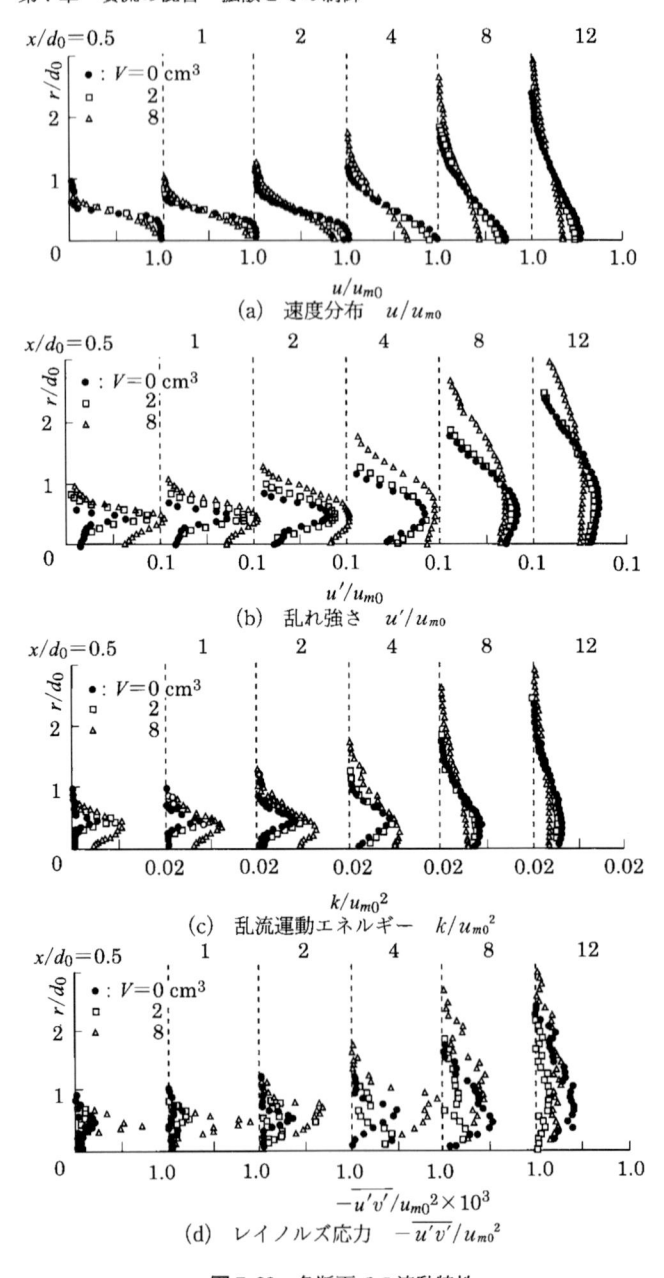

(d) レイノルズ応力 $-\overline{u'v'}/u_{m0}^2$

図7-22 各断面での流動特性

は大きく異なる．また，$x/d≦6$ での u'/u_{m0} は，V の増加とともに増大するが，$V=8\,\mathrm{cm}^3$ でのそれはかなり大きくなる．k/u_{m0}^2 の分布形は，u'/u_{m0} のそれとほぼ同様となる．このように，共鳴噴流（特に，$V=8\,\mathrm{cm}^3$ の場合）のノズル出口近傍のかく乱成分は，大きく増幅されることがわかる．

（6） **各断面の流動特性**　図 7-22(a) に，下流方向の各断面における速度分布 u/u_{m0} を示す．分布形は軸対称であったので，半径方向の半分の領域のみを示した．オリフィスの場合は，ノズル出口近傍の $x/d=0.5$ では $y/d=0.25$ までコア領域が形成され，$y/d=0.5$ で速度勾配が大きくなる．$V=2\,\mathrm{cm}^3$ では，オリフィスの場合とほぼ同様の分布形となるが，コア領域は減少する．$V=8\,\mathrm{cm}^3$ では，コア領域は存在せずオリフィスの場合より半径方向への噴流の広がりが大きく，中心線流速の減衰が大きい．これは，先にも述べたように，共鳴により噴流が大きく変動していることによる．

図 7-22(b) に，乱れ強さ u'/u_{m0} を示す．いずれの場合も速度勾配の大きなせん断層で最大となり，$V=2\,\mathrm{cm}^3$ ではオリフィスの場合とほぼ同様の分布形となるが，その最大値はノズル出口近傍（$x/d≦2$）で大きい．$V=8\,\mathrm{cm}^3$ の場合，$x/d≦4$ では他に比し半径方向の全領域でかなり大きく，噴流が大きく変動しているようすがわかる．$x/d≧8$ では，その最大値の順は逆転するが，噴流外縁では $V=8\,\mathrm{cm}^3$ のほうが噴流の広がりが大きいため乱れ強さが大きい．

図 7-22(c) に，乱流運動エネルギー k/u_{m0}^2 を示す．k/u_{m0}^2 は，前述の u'/u_{m0} と同様の分布形を示し，たとえば，$x/d=0.5$ での $V=8\,\mathrm{cm}^3$ の場合の最大値はオリフィスの場合の約 2 倍になる．

図 7-22(d) に，レイノルズ応力 $-\overline{u'v'}/u_{m0}^2$ を示す．分布形は k/u_{m0}^2 のそれに類似しており，$V=8\,\mathrm{cm}^3$ の場合の $x/d≦4$ で，その最大値は速度勾配の大きなせん断層で特に大きい．たとえば，$x/d=0.5$ での $V=8\,\mathrm{cm}^3$ の場合の最大値はオリフィスの場合の約 3.4 倍になる．

（7） **噴流の広がりと流量**　図 7-23 に，噴流の広がりを，半値幅 $y_{1/2}/d_0$ と噴流幅 δ/d_0 で示す．$y_{1/2}$，δ はそれぞれ，$0.5u_c$，$0.1u_c$ の位置の y である．いずれの場合も，半値幅，噴流幅はともに下流方向にほぼ直線的に増加し，以下の式で表される．また，それらは v の増加とともに増大するが，乱れ強さが大きく卓越周波数の小さな $V=8\,\mathrm{cm}^3$ の場合に特に大きくなる．

$$\frac{y_{1/2}}{d_0} \quad \text{または} \quad \frac{\delta}{d_0} = b_1\left(\frac{x}{d_0}\right) + b_2 \tag{7-6}$$

ここで，b_1，b_2 は定数で，以下のように与えられる．

$y_{1/2}/d_0$:

b_1	b_2	V [cm³]
0.047	0.367	0
0.047	0.42	2
0.092	0.347	8

δ/d_0 :

b_1	b_2	V [cm³]
0.123	0.467	0
0.131	0.533	2
0.197	0.547	8

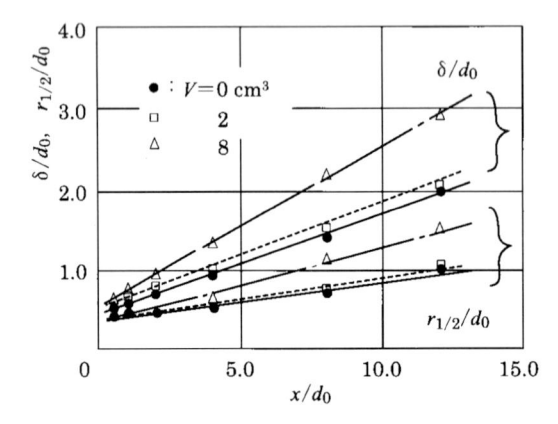

図 7-23 噴流の広がり，噴流幅，半値幅 [$V=0 \sim 8\,\text{cm}^3\,(L_R=0 \sim 2.32\,\text{cm})$]

図 7-24 に，流量 Q/Q_0 を示す．Q は，噴流幅 δ までの量として求めた．いずれの場合も，流量は下流方向にほぼ直線的に増加し，以下の式で表される．

$$\frac{Q}{Q_0} = c_1\left(\frac{x}{d_0}\right) + c_2 \tag{7-7}$$

ここで，Q_0 は $x/d_0=0.5$ での Q を示す．また，c_1，c_2 は定数で，以下のように与えられる．

c_1	c_2	V [cm³]
0.248	0.867	0
0.197	0.88	2
0.363	0.8	8

また，オリフィスの場合の Q は $V=2\,\text{cm}^3$ のそれより大きくなる．これは，δ はほぼ同一であるがオリフィスの場合の速度が $V=2\,\text{cm}^3$ のそれより大きいことによる．δ の最も大きな $V=8\,\text{cm}^3$ の場合の Q が最大となり，下流方向への増加率も最大となる．

静止大気中に噴出される円形共鳴自由噴流の共鳴周波数，平均速度分布，乱

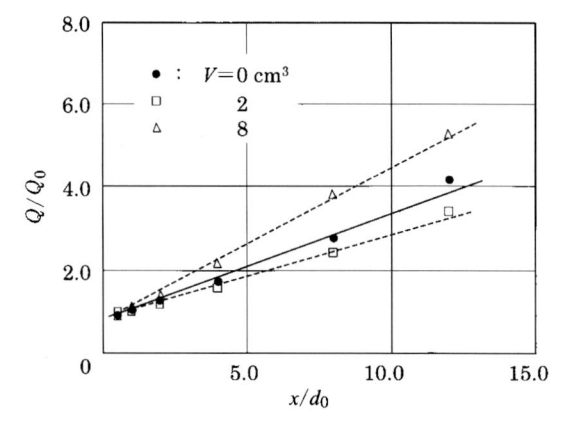

図7-24 流量 [$V=0 \sim 8$ cm³ ($L_R = 0 \sim 2.32$ cm)]

れ分布などの流動特性を，おもに共鳴室の容量との関係において実験的に明らかにするとともに，その容量の変化による流動特性の制御について検討した．

参考文献

(1) 赤川浩爾・多賀正夫,「環状噴流に関する研究(第1報，基本的噴流特性の実験結果とその近似的計算法)」，日本機械学会論文集(第2部), **31**-221, pp. 105-112 (1965)
(2) Bitting, J.W., Nikitopoulos, D.E., Gogineni, S.P. and Gutmark, E.J., "Visualization and Two-Color DPIV Measurements of Flows in Circular and Square Coaxial Nozzles", Experiments in Fluids, 31, pp. 1-12 (2001)
(3) Buresti, G., Talamelli, A. and Petagna, P., "Experimental Characterization of the Velocity Field of a Coaxial Jet Configuration", Experimental Thermal and Fluid Science, 9, pp. 135-146 (1994)
(4) Champagne, F.H. and Wygnanski, I.J., "An Experimental Investigation of Coaxial Turbulent Jets", Int. J. Heat and Mass Transfer, 14, pp. 1445-1464 (1971)
(5) Durão, D. and Whitelaw, J.H., "Turbulent mixing in the Developing Region of Coaxial Jets", Trans. ASME, J. Fluids Eng., 95, pp. 467-473 (1973)
(6) 伊藤献一・佐々木正史・深沢正一,「再循環領域を伴う同軸噴流予混合火炎の保炎機構に関する研究」日本機械学会論文集, **43**-374 B, pp. 3868-3876 (1977)
(7) 木綿隆弘・岡島厚・長久太郎,「同軸二重円管噴流に関する研究(第1報, 外側ノズル長さの影響について)」，日本機械学会論文集, **55**-420 B, pp. 3666-3672

(1989)
(8) 木綿隆弘，「同軸二重円管噴流に関する研究」，博士論文 (1996)
(9) Ko, N.W.M. and Lam, K.M., "Flow Structure of a Basic Annular Jet", AIAA J., **23**-8, pp. 1185-1190 (1985)
(10) Ko, N.W.M. and Au, H., "Coaxial Jets of Different Mean Velocity Ratios", J. of Sound and Vibration, 100, pp. 211-232 (1985)
(11) Ko, N.W.M. and Chan, W.T., "Similarity in the initial Region of Annular Jets : Three Configuration", J. Fluid Mech., 84, pp. 641-656 (1978)
(12) 社河内敏彦・加藤智宏，「環状噴流の流動特性と制御(同軸円形噴流の影響)」，日本機械学会論文集，**63**-614 B，pp. 3278-3286 (1997)
(13) 社河内敏彦・安藤俊剛・関根隆之・松本昌，「共鳴噴流の流動とかく乱の増幅・制御」，日本機械学会論文集，**66**-642 B，pp. 352-358 (2000)
(14) 土屋良明・舘野茂晋・池田敏彦・祢津栄治，「噴流の発達に及ぼす噴流出口速度分布の影響(同軸噴流における内外面積と速度比)」，日本機械学会講演論文集，**4-4**，pp. 84-86 (1992)
(15) 牧博司・相田英二・秋元一介，「環状衝突噴流の基礎的研究」，日本機械学会論文集，**46**-410 B，pp. 1959-1966 (1980)
(16) Miller, D.R. and Comings, E.W., "Force-Momentum Fields in a Dual-Jet Flow", J. Fluid Mech., 7, pp. 237-256 (1960)

第II部　噴流工学

－応　用－

　前章まででは，各種噴流現象の基礎的な事項について述べたが，第8章以降では，衝突噴流，噴流の混合・拡散，高速液体噴流，気液二相・固気二相混相噴流など，各種噴流現象の実際的な応用のいくつかを基礎的な事項も含めて述べる．

8　衝突噴流の応用

Application of impinging jet flow

8.1　衝突噴流の応用例

　衝突噴流は，たとえば，第5章で示したようによどみ点近傍で高い熱および物質伝達特性を有するため高温物体や各種熱源，電子機器の冷却，塗膜の乾燥，物体表面の汚れや水分の除去などに，また，第10章に示す比較的高速の液体(水)噴流による物体表面の洗浄，はつりなどに，さらに高速の液体噴流による各種材料の切断，穴開け(ジェットカッティング)，ばり取り加工などに，あるいは，第12章に示す微粉粒子を含む固気二相衝突噴流による微粉粒子のジェット粉砕，ブラスト加工，マイクロブラスト加工，などに多用されている．

　本章では，比較的特殊な応用例のいくつかについて述べる．

8.2　流れによる氷の融解特性(衝突速度，角度の影響)

　近年，省エネルギー技術に関連して氷蓄熱に関心がもたれている．その際，氷の生成，融解技術(Yen & Zehnder, 1973, Bhansali & Black, 1996)が機器の性能を左右する．また，冷水を製造するための液体冷却水槽においても同様のことがいえる．

　ここでは，特に氷の融解特性(melting characteristics of ice)に対する流れの衝突速度(impinging velocity)，角度の影響(effect of angle)を明らかにすることを目的とし，その基礎として二次元噴流が氷板に衝突する際の速度，角度の影響を検討する(社河内ら，1999)．

　貯水槽に蓄えられた温度一定(5℃)の冷水が，図8-1に示す水槽内の長方形ノズル(b_0=10 mm，アスペクト比：6)よりテストセクション内に噴出され氷板に衝突したのち，水槽両端の堰から外部に放出される．

　ノズルからの流れにより氷が融解するようす(融解面形状の経時変化)，融解

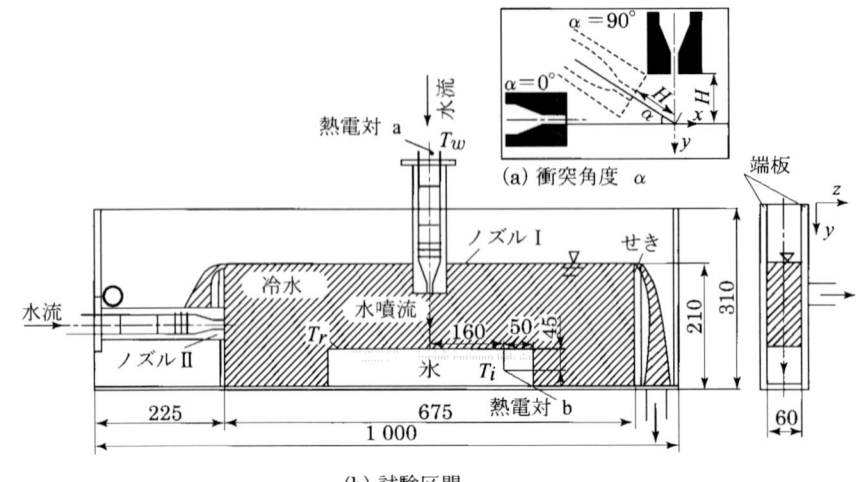

168　第8章　衝突噴流の応用

図 8-1 実験水槽（氷の融解）

量 V は，水槽正面に設置したデジタルビデオカメラ・画像処理装置を使って求めた．なお，z 方向への融解は，端板のごく近傍を除き一様であった．

氷表面の熱伝達率は，融解面での熱バランスから，

$$L_h \rho \, dV = h(T_w - T_F) A \, dt - k\left(\frac{dT_i}{dy}\right) \tag{8-1}$$

ここで，A：氷の表面積，L_h：氷の融解潜熱，T_F：氷表面温度，
T_i：氷内部の温度，T_w：水温，t：時間，ρ：氷の密度
熱伝導項を微小とし境界条件を考慮すると，

$$h = \frac{L_h \rho V}{T_w A t} \tag{8-2}$$

図 8-2 に，一例として，レイノルズ数 $Re = u_0 b_0 / \nu = 2 \times 10^3$，ノズル・氷板間距離 $H/b_0 = 2$，噴流衝突角度 $\alpha = 90°$ の場合の融解面形状の経時変化を示す．衝突速度の大きな中心軸（$x/b_0 = 0$）近傍での融解量が大きく，窪むようにほぼ左右対称に融解する．窪みに沿った流れはその左右ではく離（伝熱特性が悪化する）その結果，突起部が現れる．

図 8-3(a)，(b) にそれぞれ，$\alpha = 0°$，$30°$（$H/b_0 = 2$）の結果を示す．氷の融解形状は，衝突角度，速度に大きく依存するのがわかる．

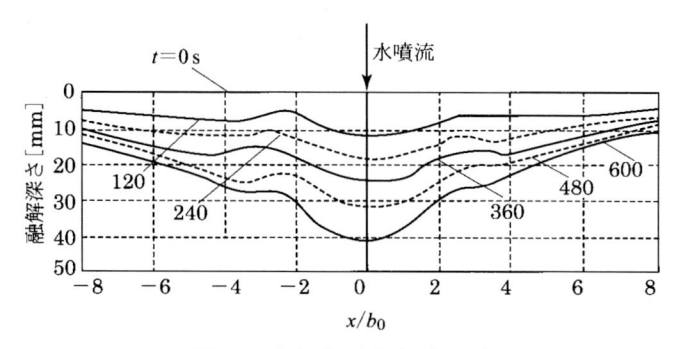

図 8-2 氷表面の変化 ($H/b_0=2$)

図 8-4 (a), (b) にそれぞれ, $H/b_0=5$ の場合の融解量 $V(-8 \leq x/b_0 \leq 8$, z 方向：単位深さ) と Re 数, α との関係の例を示す. 融解量は, 衝突速度および α の増加とともに増加し, たとえば, $t=540$ 秒でのそれらの関係は平均熱伝達率 $\bar{h}$ [W/m²·K] を使って次式で表される.

$$\left. \begin{array}{l} \bar{h} = 0.76 Re + 260 \\ \bar{h} = -40\left(\dfrac{H}{b_0}\right) + 2\,010 \quad (\alpha=90°) \\ \bar{h} = 3.4\alpha + 1\,530 \end{array} \right\} \quad (8\text{-}3)$$

なお, これらの関係は, 以下の実験式でより一般的に表される.

$$\overline{Nu} = \frac{20}{(H/b_0) + 31}(Pr\,Re)^{1/2} - 500 \quad (\alpha = 90°) \quad (8\text{-}4)$$

$$\overline{Nu} = \frac{11.5 + 2\sin\alpha}{(H/b_0) + 22.1}(Pr\,Re)^{1/2} - 300 \quad (8\text{-}5)$$

また, $\alpha=90°$ の場合, よどみ点 ($x/b_0=0$), よどみ領域 ($0 \leq x/b_0 \leq 4$), 壁面噴流領域 ($4 \leq x/b_0 \leq 8$) ではそれぞれ,

$$Nu_0 = \frac{5}{(H/b_0) + 3}(Pr\,Re)^{1/2} + 1\,500 \quad (8\text{-}6)$$

$$\overline{Nu} = \frac{12}{(x/b_0) + (H/b_0)^2 + 11}(Pr\,Re)^{1/2} + 900 \quad (8\text{-}7)$$

$$\overline{Nu} = \frac{7}{(x/b_0) + (H/b_0)^2 + 4}(Pr\,Re)^{1/2} \quad (8\text{-}8)$$

氷の融解量は流れの衝突速度, 角度に依存し, 衝突速度および角度の増加 ($\alpha=90°$ で最大) とともに増加する. 同一衝突速度の場合には, 流れを氷板に直角に衝突させると氷の融解量は最大になる.

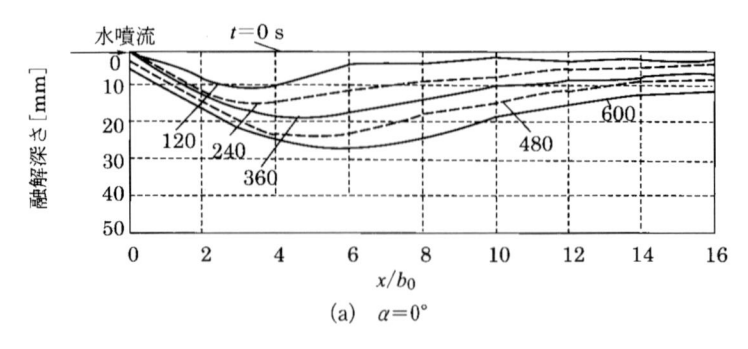

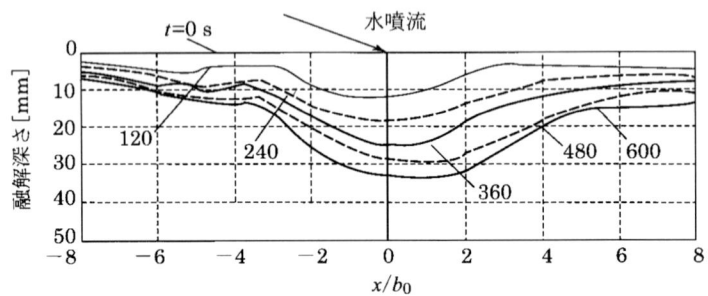

第 8 章　衝突噴流の応用

図 8-3　氷表面の変化 (衝突角度の影響)

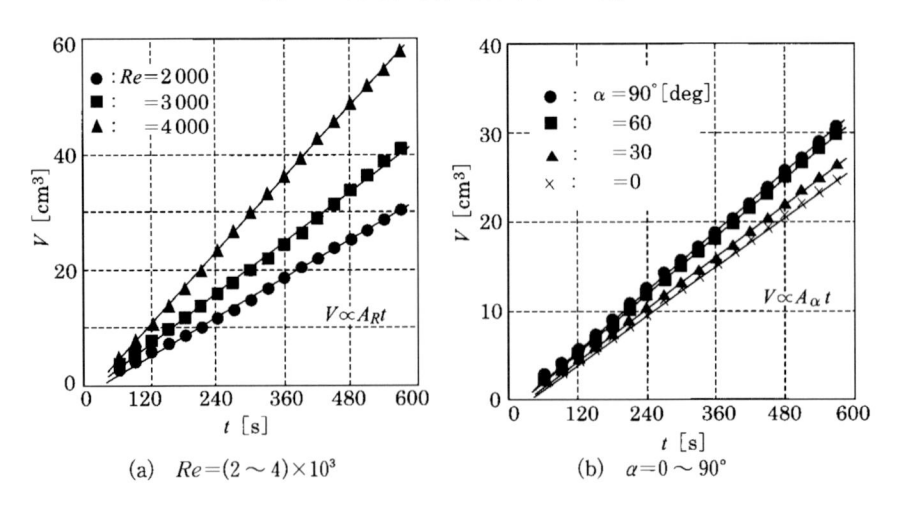

(a) $\alpha = 0°$

(b) $\alpha = 30°$, $H/b_0 = 2$

(a) $Re = (2 \sim 4) \times 10^3$

(b) $\alpha = 0 \sim 90°$

図 8-4　融解体積 ($H/b_0 = 5$)

実際の機器，たとえば，液体冷却水槽では，水槽内にプロペラ形のかく拌機，液体冷却管が設置され熱交換が行われる．上記の結果にはそれは考慮されていないが，定性的には同様のことがいえる(社河内・松原, 2001).

8.3 水面に衝突する水噴流によるエアレーション

水面に衝突する水噴流(plunging water jet flow)は，空気を巻き込みながら気泡噴流となって水中に突入していく．このことは，気体の液体への混合・拡散・吸収(たとえば，エアレーション)に関して簡便な手法として利用されている．

透明なアクリル樹脂製の水槽($1\,150 \times 800 \times 670$ mm，水位：750 mm＝一定)の水面上に設置した直径 $d_0=7$ mm のノズルから水噴流が水面に垂直に噴出される(図8-5)．ノズルから出た噴流の表面形状(平均直径：$\bar{d}$，直径の変動量の標準偏差：$\Delta\bar{d}$)，気泡噴流の到達深さ L，広がり幅 W などは，流れの可視化写真，CCDカメラ・ビデオ装置による観察から求めた．

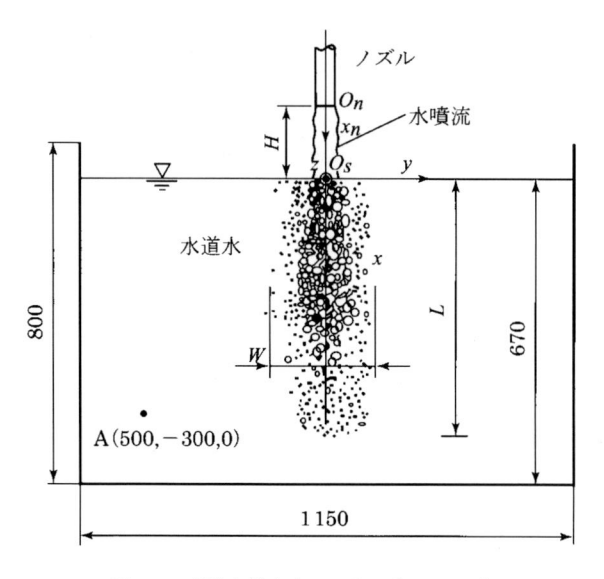

図8-5 実験水槽(プランジングジェット)

図8-6に，パイプノズル(長さ：$L_n/d_0=64.3$)からの水噴流が水中に突入する際のフローパターンの例($u_0=5.2$ m/s)を示す．気泡噴流のフローパターンは，ノズル-水面間距離 H/d_0 により，

(a) パイプノズル (b) 四分円ノズル

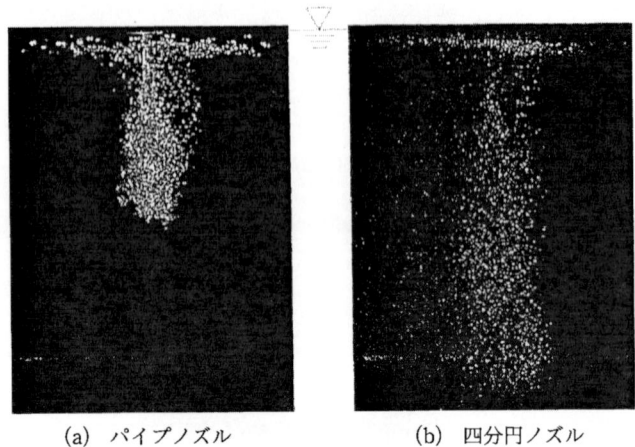

(c) オリフィスノズル

図 8-6 プランジングジェットの挙動 (u_0=5.2 m/s, H/d_0=2.86)

1） 小さな気泡が深部まで到達する [図(a) H/d_0=0.29]
2） 中心部に比較的小さな気泡が気泡塊を形成し，その周りに微小気泡が存在する [図(b) H/d_0=0.71]
3） 中心部に比較的大きな気泡が気泡塊を形成し，その周りに少量の微小気泡が存在する [図(c) H/d_0=2.86]

場合の 3 種類に大別される．

また，気泡の到達深さ L は，H/d_0 が増加すると減少する．

図 8-7 に，巻き込み空気量 Q_a を示す．Q_a は，H/d_0, u_0 の増加とともに増

加する．

図 8-8 に，水中の酸素量 ($C_s - C$) の例を示す．ここで，C_s は飽和酸素量である．溶存酸素量 C の経時変化は，初めに水槽中の溶存酸素量を亜硫酸ソーダ法で零とし，実験開始後の C を溶存酸素計を使って求めた．C は，時間 t とともに増加し，たとえば，$H/d_0 = 0.71$ と 10.71 では，$t = 40$ min. で，($C_s - C$) に約 3 倍の差が見られる．

巻き込み空気量，溶存酸素量は，水噴流の表面形状に大きく影響される．

図 8-9 に，水噴流の表面形状をかく乱させるための特殊ノズル（かく乱増幅素子ノズル）と水噴流の表面形状を示す．水噴流の表面をかく乱するため，直

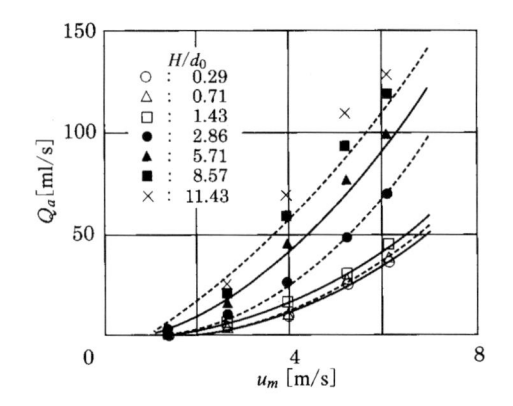

図 8-7 巻き込み空気量（パイプノズル）

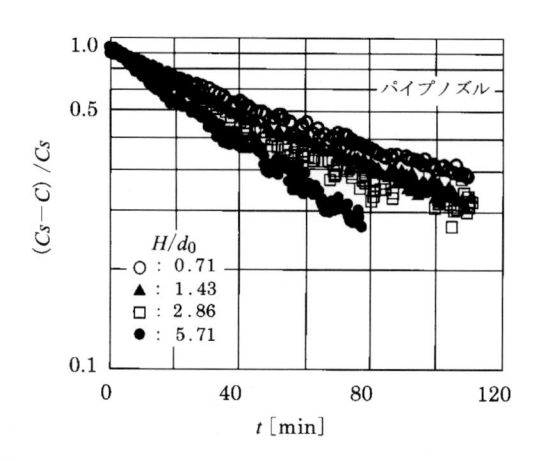

図 8-8 溶存酸素量の変化，H/d_0 の影響（$u_0 = 5.2$ m/s）

径 1 mm の針金状の突起が円周方向の 4 か所に設置されている (タイプ II).

図 8-10 (a), (b) にそれぞれ, 水噴流の平均直径 $\bar{d}/d_0$ と直径の変動量の標準偏差 $\Delta\bar{d}/d_0$ を示す. $\bar{d}/d_0$ および $\Delta\bar{d}/d_0$ はともに, 下流にいくにつれ, また u_0 の増加につれ増大する. このことは, 水噴流が水面と衝突する際の円周が増大し表面のかく乱 (凹凸) が増大することを示している.

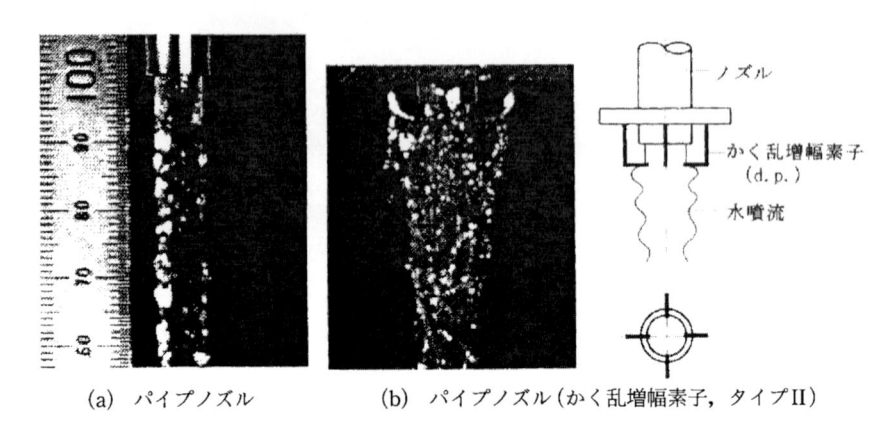

(a) パイプノズル　　(b) パイプノズル (かく乱増幅素子, タイプ II)

図 8-9　パイプノズルとかく乱増幅素子ノズル ($u_0 = 5.2$ m/s)

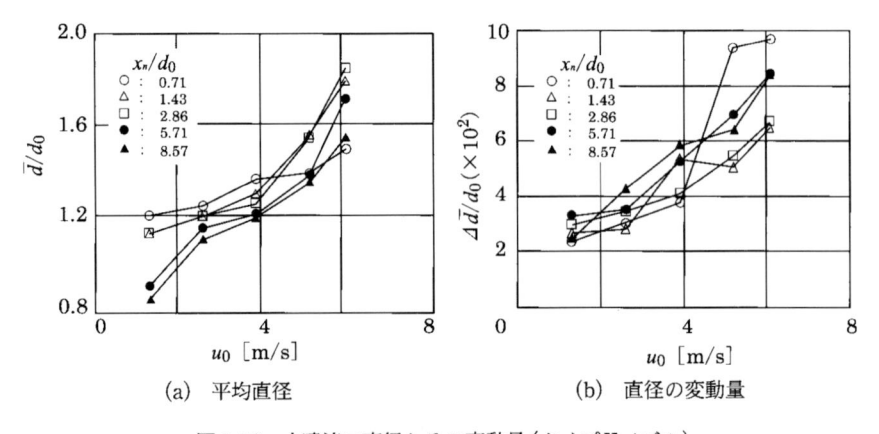

(a) 平均直径　　(b) 直径の変動量

図 8-10　水噴流の直径とその変動量 (タイプ II ノズル)

図 8-11 に, かく乱増幅素子ノズルの巻き込み空気量 Q_a を示す. Q_a は, u_0 および H/d_0 とともに増加し, 先に示したパイプノズルの場合 (図 8-7) に比べ, はるかに大きくなっている.

図 8-12 に, 水中の酸素量とノズル形状との関係を示す. 図中, "タイプ I"

8.3 水面に衝突する水噴流によるエアレーション　175

はかく乱増幅素子ノズルの突起が2本の場合を示す．
　先に示した Q_a の増加に伴い，溶存酸素量 C もかく乱増幅素子ノズルにおいて最も大きく水噴流表面を乱すことによりそれを増加させることができる．

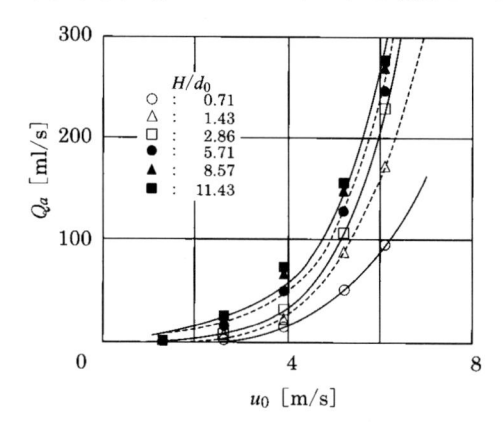

図 8-11　巻き込み空気量(タイプIIノズル)

$[u_0=5.2\,\text{m/s},\ H/d_0=2.86]$

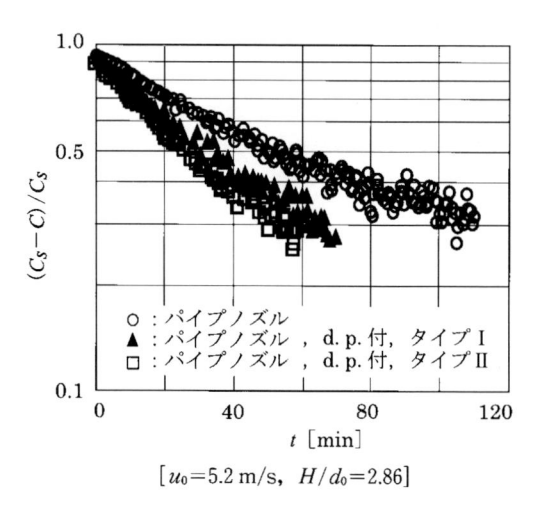

図 8-12　溶存酸素量の変化(表面形状の影響)

参考文献

(1) Bhansali, A.P. and Black, W.Z., "Local Instantaneous Heat Transfer Coefficiens for Jet Impingement on a Phase Change Surface", Trans. of ASME, 118, pp. 334-342 (1996)

(2) Bin, A.K., "Gas Entrainment by Plunging Liquid Jets", VDI Forshungsheft, 648, pp. 1-36 (1988)
(3) Burgess, J.M., Molloy, N.A. and McCarthy, "A Note on Plunging Liquid Jet Reactor, Chemical Eng". Science, 27, pp. 442-445 (1972)
(4) Cummings, P.D. and Chanson, H., "Air Entrainment in the Developing Region of Plunging Jets-Part 2 : Experimental", Trans. of ASME, J. of Fluids Eng., 119, pp. 603-608 (1997)
(5) Davies, J.T. and Ting, S.T., "Mass Transfer into Turbulent Jets", Chemical Eng. Science, 22, pp. 1539-1548 (1967)
(6) 熊谷稔・今井弘, 「液中ジェットによる気体同伴」, 化学工学論文集, 8-1, pp. 1-6 (1982)
(7) Kusabiraki, D., Niki, H, Yamagiwa, K. and Ohkawa, A., "Gas Entrainment Rate and Flow Pattern of Vertical Plunging Liquid Jets", Canadian J. of Chemical Eng., 68, pp. 893-903 (1990)
(8) Kusabiraki, D., Yamagiwa, K., Yasuda, M. and Ohkawa, A., "Gas Entrainment Behavior of Vertical Plunging Liquid Jets in Terms of Changes in Jet Surface Length", Canadian J. of Chemical Eng., 70, pp. 181-184 (1992)
(9) McCarthy, M.J. and Molloy, N.A., "Review of Stability of Liquid Jets and the Influence of Nozzle Design", Chemical Eng. J., 7, pp. 1-20 (1974)
(10) McKeogh, E.J. and Ervine, D.A., "Air Entrainment Rate and Diffusion Pattern of Plunging Liquid Jets", Chemical Eng. Science, 36, pp. 1161-1172 (1981)
(11) Moppett, G.D., Rielly, C.D. and Davidson, J.F., "A Study of the Hydrodynamic Properties of a Plunging Jet Oxygenator for Waste Water Treatment" Proc. of 2nd Int. Conf. on Multiphase Flow '95-Kyoto, pp. 9, 21-27 (1995)
(12) Ramanathan, V. and Arndt, R.E., "Fluid Mechanical Considerations in the Design of an Improved Aerator", Trans. of ASME, J. Fluids Eng., 118, pp. 736-742 (1996)
(13) 社河内敏彦・石井裕子・仲澤豊洋・安藤俊剛, 「流れによる氷の融解特性(衝突速度, 角度の影響)」, 日本伝熱シンポジウム講演論文集, 1, pp. 63-64 (1999)
(14) 社河内敏彦・松原健太朗, 「液体冷却水槽内における氷の融解特性」, 日本混相流学会年会講演講演論文集, pp. 87-88 (2001)
(15) 社河内敏彦・渡部昌哉・大池崇博, 「プランジングジェットによるエアレーションに関する研究」, 日本機械学会講演論文集, No. 003-1, pp. 75-76 (2000)
(16) 関信弘, 「蓄熱工学 1, 基礎編」, 森北出版 (1995)
(17) Trabold, T.A. and Obot, N.T., "Evaporation of Water with Single and Multiple Air Jets", Trans. ASME, 113, pp. 696-703 (1991)
(18) Yen, Y.C. and Zehnder, A., "Melting Heat Transfer with Water Jet", Int. J. Heat Mass Transfer, 16, pp. 219-223 (1973)

9　噴流の混合・拡散の応用

Application of mixing and diffusion of jet flow

9.1　噴流の混合・拡散の応用例

噴流自身および噴流と周囲の流体との混合・拡散現象は，たとえば，温排水・汚染物質の拡散，燃焼・化学反応などの多くの分野において，非常に重要な事項である．混合・拡散を促進させるには，3.3節で述べた噴流の大規模渦構造を何らかの方法，たとえば，非円形ノズル，マイクロアクチュエータ，音波などを使用し，噴流の変動成分を制御・増幅させることによって，また，第6章で述べた噴流に生起する各種の振動現象の利用，あるいは第7章で述べた同軸二重噴流や共鳴噴流の使用によって達成することができる．

本章では，比較的簡単な他の方法，すなわちタブやリブなどの渦発生器を用いる方法について述べる．

また，プロペラなどのかく拌機の代わりに噴流を使って混合槽内の液体の混合や熱伝達を促進させる研究 (Kuhn ら，2002) もみられる．

9.2　渦発生器，タブ，リブによる混合・拡散の促進

Roger ら (1994)，Carletti ら (1996) は，図9-1に示す各種の渦発生器，ボルテックスジェネレータ (vortex generator, VG) やタブを使って噴流の混合促進を試みている．ボルテックスジェネレータは一つの渦流れを，タブは一対の逆向きの渦流れを発生させる．

一例として，図9-2，図9-3にそれぞれ，$x/d_0=2$ の断面での軸方向速度 (等速度線図)，等渦度線図を示す．この場合，渦発生器は左側 (9 時の方向) 一か所だけに取り付けられており，すくい角 $60°$ の直角三角形状のボルテックスジェネレータの高さは $h/d_0=0.2$ ($d_0=63.5$ mm)，迎え角は AOA $=30°$ と $60°$ で，すくい角 $90°$ の直角二等辺三角形状のデルタタブ (D. Tab) の高さは $h/d_0=0.16$ である．渦発生器の厚さは 1.6 mm で，ブロッケージ比はいずれも

178　第9章　噴流の混合・拡散の応用

(a)　タブ，ボルテックスジェネレータの形式

(b)　タブ，ボルテックスジェネレータの配置

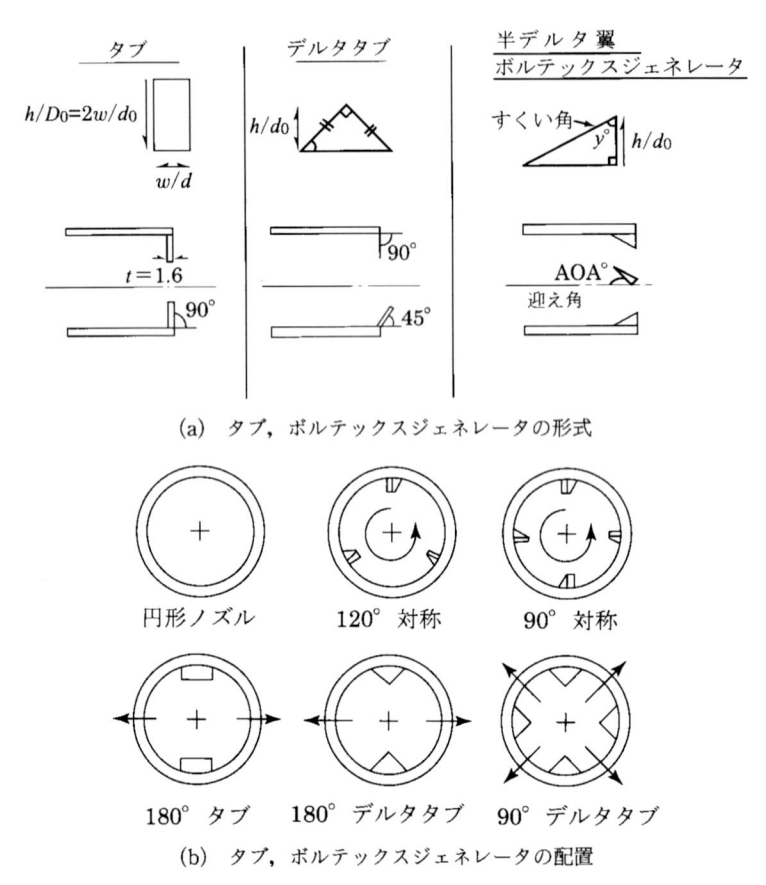

図 9-1　タブ，ボルテックスジェネレータ (Carletti ら，1996)

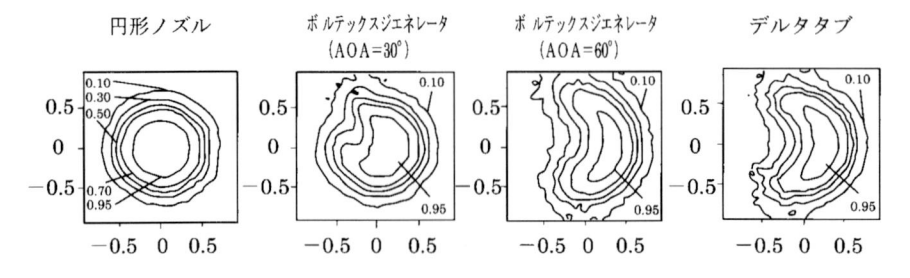

図 9-2　等速度線図 [軸方向速度，$x/d_0 = 2$ (Carletti ら，1996)]

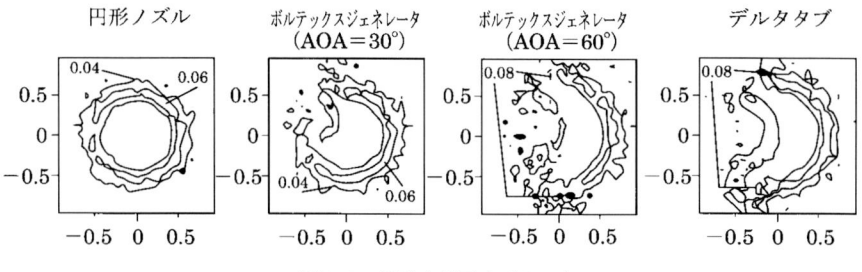

図 9-3 等渦度線図 ($x/d_0=2$)

2%である．

　円形ノズルからの噴流が中心にコア領域を有し，同心円状に広がるのに対して，渦発生器を有する場合には噴流はその影響を強く受け，噴流中心が渦発生器の反対側に大きく移動し変形する．噴流の巻き込みは，いずれの渦発生器の場合も円形ノズルの場合より大きく，特に，VG (AOA=60°) およびデルタタブにおいて大きい．

　以上，噴流自身あるいは噴流と周囲の流体との混合，拡散についてその特性，促進法のうち，特に渦発生器，タブ，リブによる方法について述べた．混合，拡散を促進する際，流動抵抗，運転動力との関係が重要であるのはいうまでもない．

参考文献

(1) Carletti, M.J., Rogers, C.B. and Parekh, D.E., "Parametric Study of Jet Mixing Enhancement by Vortex Generators, Tabs, and Deflector Plates", Proc. of 1996 Fluids Eng. Conf., (FED-237), ASME, 2, pp. 303-312 (1996)
(2) Kuhn, S-Z (Joseph), Kang, H.K. and Peterson, P.F. "Study of Mixing and Augmentation of Natural Convection Heat Transfer by a Forced Jet in a Large Enclosure", Trans. ASME, J. of Heat Transfer, 124, pp. 660-666 (2002)
(3) Rogers, C.B. and Parekh, D.E., "Mixing Enhancement by and Noise Characteristics of Streamwise Vortices in an Air Jet", AIAA J., **32**-3, pp. 467-471 (1994)
(4) Wiltse, J.M. and Glezer, A., "Manipulation of Free Shear Layers Using Piezoelectric Actuators", J. Fluid Mech., 249, pp. 261-285 (1994)

(5) Zamann, K.B.M.Q., Samimy, M. and Reeder, M.F., "Control of an Axisymmetric Jet Using Vortex Generators", Physics of Fluids, Feb.,6(2), pp. 778-793 (1994)

10　高速液体噴流

High speed liquid jet flow

　高速液体噴流は，消防用ノズル，ジェット船，ジェットポンプ，ジェットカッティングなど，多くの実用的な分野で使用されている．本章では，そのいくつかについて述べる．

10.1　ジェットポンプ

　ジェットポンプ(jet pump)は，図10-1に示すように一般に，吸引チャンバⓓ，駆動ノズルⓐ，吸引ノズルⓑ，スロート(混合管)ⓒ，ディフューザⓔなどから構成され，駆動部を有さない簡単な構造をもつ．駆動ノズルからの高速水噴流(流量，Q_n)によって，吸引チャンバ内の水が吸引ノズルからスロートに向かって吸引される．駆動ノズルからの高速水噴流(流量，Q_n)は，周りの水を巻き込みながら駆動ノズルと吸引ノズルの環状部を通りスロートに至る．スロートで，駆動ノズルからの高速水噴流と巻き込まれた水とが混合(運動量交換)され，ディフューザで吐出圧力，速度までに減少される．

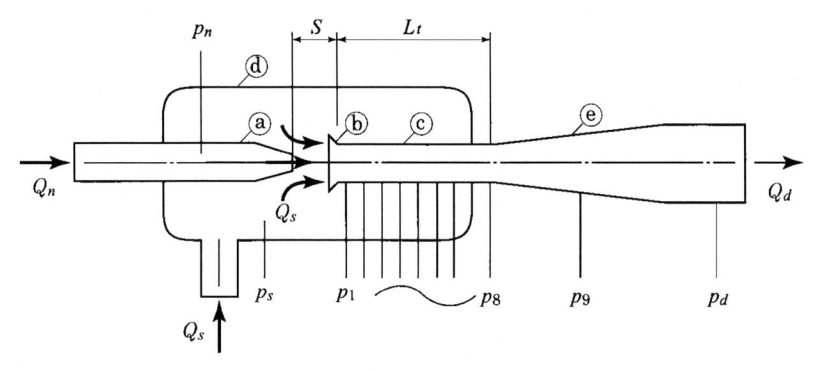

ⓐ 駆動ノズル　ⓑ 吸引ノズル　ⓒ スロート
ⓓ 吸引チャンバ　ⓔ ディフューザ

図10-1　ジェットポンプ

ジェットポンプは，可動部がなく構造が簡単である，混相流の輸送にも使用できるなどの長所をもつが，一般に普通のポンプ（たとえば，最も一般的な遠心形のポンプ）に比べその効率はかなり低い．

いま，簡単のため，駆動ノズル出口，吸引ノズル入り口およびディフューザ出口での速度は一様で，それぞれ v_n，v_s，v_d とし，ノズルおよびディフューザ出口について考えると，

流入，流出した運動量はそれぞれ，

$$\left(\frac{\pi}{4}\right)\rho[(d_t^2 - d_n^2)v_s^2 + d_n^2 v_n^2], \qquad \left(\frac{\pi}{4}\right)d_t^2 \rho v_n^2 \tag{10-1}$$

ここで，d_n：ノズル直径，d_t：スロート直径

したがって，運動量の法則から，

$$\rho[d_t^2 v_d^2 - (d_t^2 - d_n^2)v_s^2 - d_n^2 v_n^2] = d_t^2 (p_s - p_d) \tag{10-2}$$

ここで，p_s：吸引チャンバ内圧力，p_d：ディフューザ出口圧力

式 (10-2) と連続式より，

$$p_d - p_s = \rho \left(\frac{d_n}{d_t}\right)^2 \left(\frac{d_t^2 - d_n^2}{d_t^2}\right)(v_n - v_s)^2 \tag{10-3}$$

すなわち，ジェットを吹き込むと，一般のポンプ，圧縮機などと同じく下流方向へ向かっての増圧効果が現れる．

また，ジェットポンプの効率 η は，以下のように求められる．

いま，駆動，吐出流量をそれぞれ，Q_n，Q_d とすると，吸引流量 Q_s と Q_n との比すなわち流量比 M は，

$$M = \frac{Q_d - Q_n}{Q_n} = \frac{Q_s}{Q_n} \tag{10-4}$$

また，圧力比 N は，

$$N = \left[p_d + \frac{\rho(Q_d/A_d)^2}{2} - p_s\right] \Big/ \left[p_n + \frac{\rho(Q_n/A_n)^2}{2} - p_d - \frac{\rho(Q_d/A_d)^2}{2}\right] \tag{10-5}$$

ここで，A_n，A_d：ノズル，ディフューザ出口面積

効率 η は，

$$\eta = M \cdot N \tag{10-6}$$

図 10-2 に，典型的な性能曲線の例 (Sanger, 1970) を示す．効率，圧力比に対する M 比，ノズル・スロート間距離 S/d_t の影響が示されている．この場

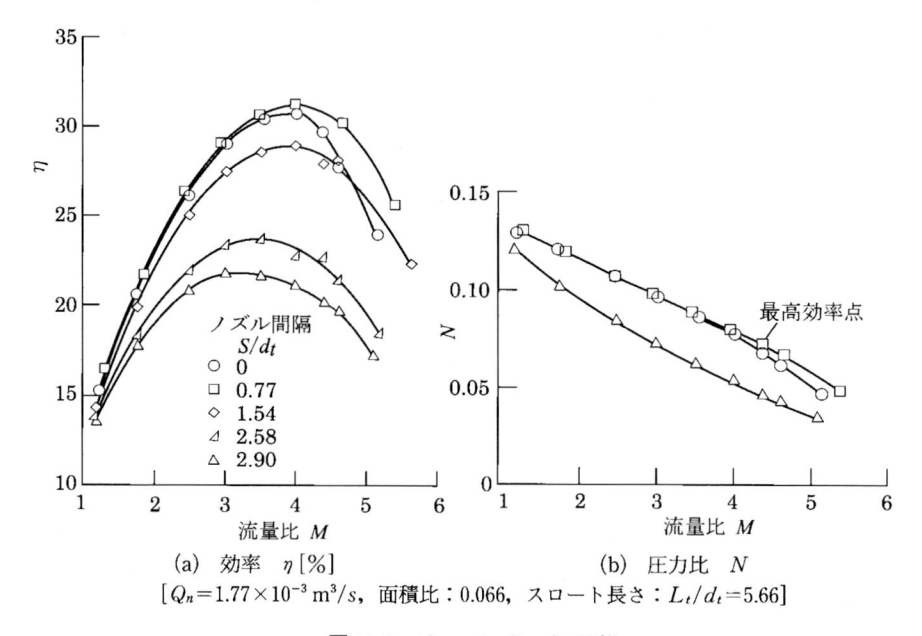

図 10-2　ジェットポンプの性能

合，$S/d_t=0.77$，$M≒4$ で最大効率は $\eta≒32\%$ である．また，低流量比 $M≒1.1$ で最大効率が $\eta≒50\%$ の報告もある (成井ら，1991)．

根井ら (1996) は 5 本ノズルを使用すると，高流量比 ($M≒6～7$) でノズルからの噴流と吸引される流れの接触面積が大きくなり，比較的高い効率 (40 数% 以上) が得られるとしている．

10.2　高速水噴流によるジェットカッティング

図 10-3 に，微小ノズル (直径：0.1～0.5 mm) から空気中に噴出された (高圧) 高速水噴流 (水圧：196.1 MPa) にガーネットなどの研磨材を加えたアブレイシブウォータージェットよる複合材料，金属，コンクリートなどの切断装置 (アブレイシブジェットカッティング) の概略を示す (Momber ら，1998)．アブレイシブジェットカッティングは，超硬質材のチタン合金，切断加工しにくいセラミック材なども切断加工することができる．

高速水噴流による固体材料の加工は，高エネルギー密度加工であるため，材料の変形，ひずみ，残留応力が少ない，発熱を伴わないため熱変形，変性がないなどの長所を有するが，切削速度が遅いなどの短所がある．

(a) 装置全体図

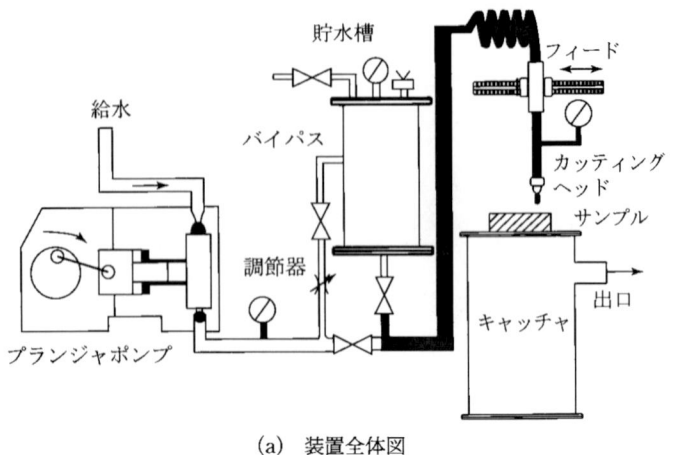

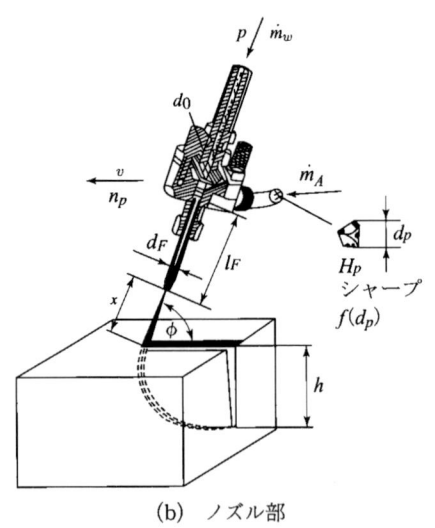

(b) ノズル部

図 10-3 高速アブレイシブウォータジェットによる切断装置

また，日本原子力研究所東海研究所の動力試験原子炉(JPDR)の解体にも，無人ロボットにノズルを取り付け，鉄筋コンクリートの切断・解体に使用された．アブレイシブジェットカッティングは，これからつぎつぎに始まるであろう耐用年数の過ぎた原子炉の解体にとってなくてはならない手法である．本装置の開発には，高圧高速水噴流の流動特性の流体力学的な解明，理解が重要である．

10.3 気中水噴流

高速水噴流は従来からの消防用ノズル・水噴流ばかりでなく，近年ではコンクリート表面のはつり作業，加工物端面のバリ取り加工，各種表面の洗浄，など多方面で利用されている．

洗浄については，大は飛行場の滑走路面上に付着したタイヤゴムの除去から小は半導体基板上の汚染物質の除去まで多岐に亘る．特に，有機溶剤を使用しない気中水（純水）噴流による各種表面の洗浄は環境問題とも関連し，近年，特に注目されている．

10.3 気中水噴流

10.3.1 フローモデル

図10-4に，柳井田ら（1977）による気中水噴流のフローモデルを示す．気中水噴流は，初期区，主要区，末期区の3区域に大別される．さらに，水噴流の連続性の観点から，水噴流が連続的に存在する連続流領域，水滴が生成される液滴領域，それが拡散していく拡散流領域に分けられる．

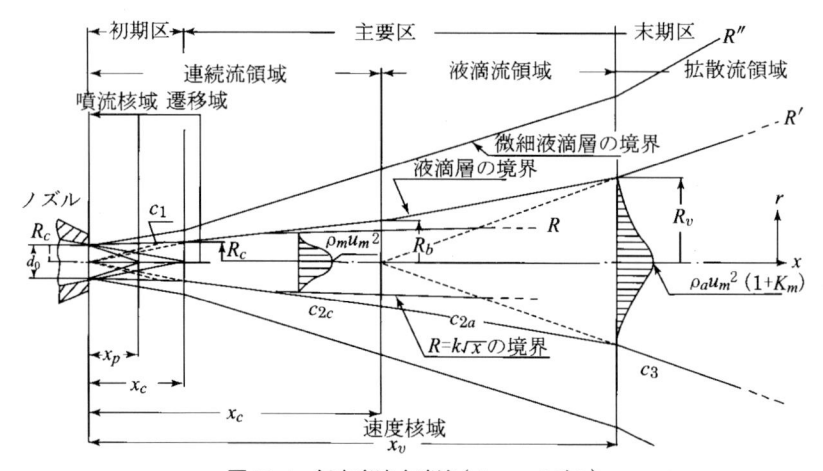

図10-4 気中高速水噴流（フローモデル）

10.3.2 気中水噴流の流動特性

（1）中心軸上の流圧（総圧）分布，初期区長さ，コア領域長さ　　図10-5に，円筒形，オリフィス形（単円筒）およびシャフロフスキー形（テーパ形ノズルの先に直管部を有する）の各種ノズルからの気中水噴流について，噴流軸（中心軸）上の流圧（総圧）分布 p_m/p_0 を示す．

x_i は初期区長さで，次式で与えられる．

$$\frac{x_i}{r_0} = \frac{3.89}{k_1^2} \tag{10-7}$$

ここで，K_1 は広がり係数で主要区では前述の各ノズルでそれぞれ，$0.255 \sim 0.147$，$0.220 \sim 0.147$，$0.156 \sim 0.144$ である．

運動量保存則より，$x = x_c$ での噴流の広がりは，

$$\frac{R_c}{r_0} = 1.97 \tag{10-8}$$

また，コア領域長さについて Shavlovsky (1972) はつぎの関係を与えている．

$$\frac{x_c}{d_0} = A - 68 \times 10^{-6} Re \tag{10-9}$$

ここで，A：ノズルの性能を表す係数（$=85 \sim 112$）

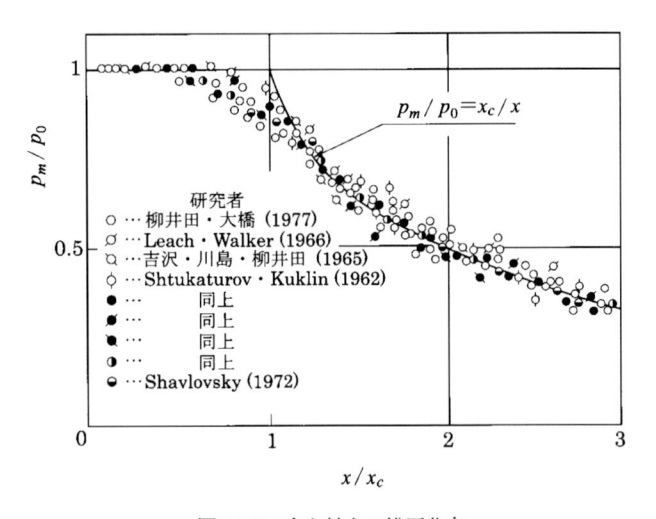

図 10-5 中心軸上の総圧分布

（2） 中心軸上の流圧（総圧）と速度　図 10-6 に，中心軸上の流圧（総圧）p_m/p_0 および速度分布 u_m/u_0（シャフロフスキー形ノズル）を示す．水噴流が連続流領域 x_b のあとで連続性を失い，液滴領域に至っても流速は連続的に減衰する．

$x > x_c$ では，p_m/p_0 は，

$$\frac{p_m}{p_0} = \left(\frac{x}{x_c}\right)^{-1} \tag{10-10}$$

10.3 気中水噴流　187

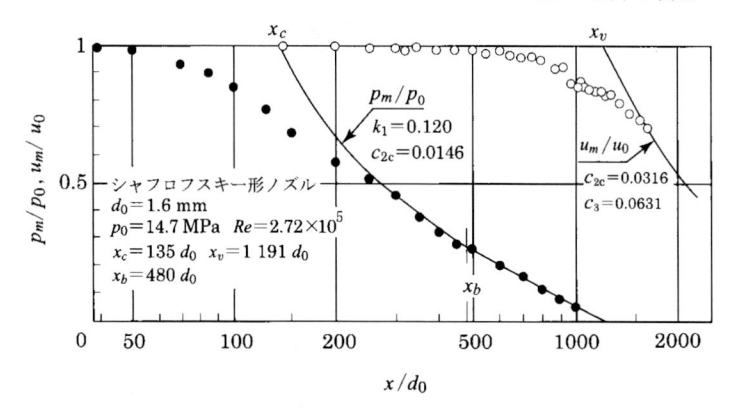

図 10-6　中心軸上の総圧分布，速度分布

（3）**噴流の広がり**　主要区における水噴流の広がり半径 r は，

$$\frac{r}{r_0} = k_1 \left(\frac{x}{r_0}\right)^{1/2} \tag{10-11}$$

噴流の広がりは，シャフロフスキー形ノズルがかなり小さくジェットカッティングに対してはすぐれた性能を有する．

Shavlovsky (1972) は，$x > x_c$ での噴流の広がりに対し，

$$\frac{2b}{d_0} = \left[\frac{(0.93 \sim 0.98)}{(9.12 d_0/x)^{0.7}}\right]^{0.5} \left(\frac{p_{\text{ave}}}{p_0}\right)^{-0.25} \tag{10-12}$$

ここで，$p_{\text{ave}}/p_0 = 0.088 + 4.6 \times 10^{-7}(x/d_0)^2$

（4）**噴流断面上の流圧（総圧）分布**　図 10-7 に，主要区における半径方向の流圧（総圧）分布 p/p_m を示す．分布形は，つぎの Schlichiting の分布形とよく一致する．

$$\frac{p}{p_m} = \left[1 - \left(\frac{r}{r_0}\right)^{1.5}\right]^2 \tag{10-13}$$

また，Shavlovsky は $x > x_c$ で，つぎの関係を得ている．

$$\frac{p}{p_m} = \exp\left[\psi\left(\frac{r}{r_0}\right)^4\right] \tag{10-14}$$

ここで，$\psi = 0.009(x/d_0) + 1.3$

（5）**気中水噴流の破壊特性**　図 10-8 に，気中水噴流による破壊特性の例を示す．破砕量は，圧力が低い場合 ($p_0 = 4.9$ MPa)，$x/d_0 \fallingdotseq 400$ まではほぼ直線的に増加するが圧力が高くなる ($p_0 = 9.8$ MPa) と $x/d_0 \fallingdotseq 100$ に極大値が，また $x/d_0 \fallingdotseq 500$ に最大値が現れる．

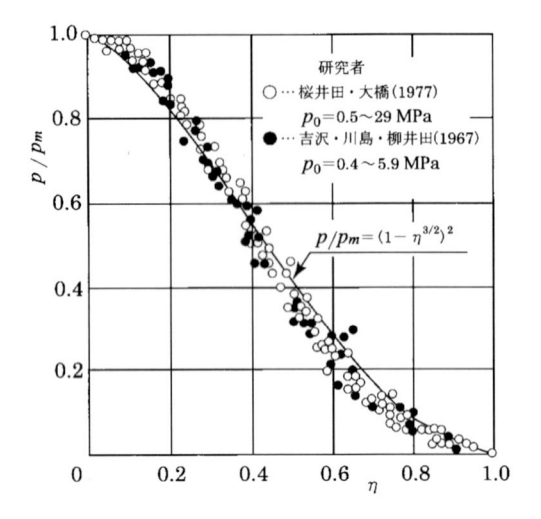

図 10-7　断面上の総圧分布

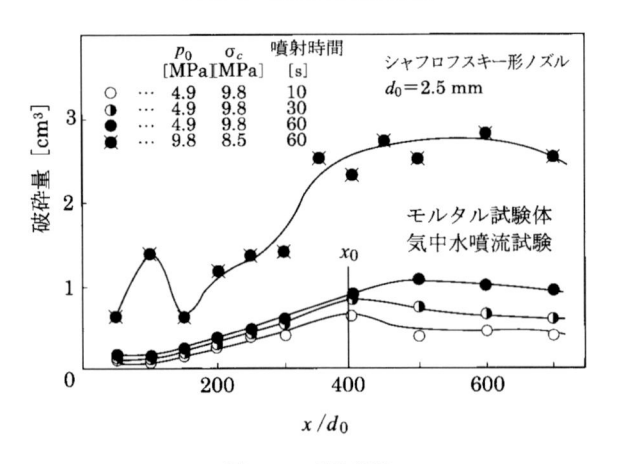

図 10-8　破壊特性

参考文献

（1）Fairhurst, R.M., Heron, R.A. and Saunders, D.H., "'Diajet'-A New Abrasive Water Jet Cutting Technique", Proc. 8th Int. Symp. Jet Cutting Techn., BHRA Fluid Engng., pp. 395-402 (1986)
（2）Hashish, M., "Pressure Effects in Abrasive-Waterjet (AWJ) Machining, Trans". ASME, J. Engng. Mat. and Techn., 111, pp. 221-228 (1989)

参考文献

(3) 小林陵二,「高速ウォータージェットによる固体材料の加工」, 日本機械学会論文集, **52**-483 B, pp. 3645-3649 (1986)

(4) 小林陵二・新井隆影・丹治和宏,「ウォータージェットの局所構造と金属材料の壊食機構」, 日本機械学会論文集, **56**-521 B, pp. 67-73 (1996)

(5) Leach, S.J., and Walker, G.L., "Some Aspects of Rock Cutting by High Speed Water Jets", Phil. trans. Royal Soc., A260, pp. 295-308 (1966)

(6) Louis, H., "Einfuehrung in die Wassersrtahltechnologie, VDI Bildungswerk", BW531, pp. 1-22 (1991)

(7) Momber, A.W. and Kovacevic, R., "Principles of Abrasive Water Jet Machining", Springer (1998)

(8) Momber, A.W. and Willsher. J., "Recent developments in Ultra-High Pressure Hydroblasting for Industrial Structures", Proc. Int. Conf. on Protecting Industrial and Marine Structures with Coatings, pp. 1-12 (1997)

(9) 成井浩・稲垣進,「ジェットポンプ吸引・混合部の性能解析」, 日本機械学会論文集, **57**-534 B, pp. 575-580 (1991)

(10) 根井弘道・岩城智香子・奈良林直・松本貴与志・岩永将一・水町渉・田辺章,「原子炉用ジェットポンプの特性(第2報, 高流量比の高性能化試験)」, 日本機械学会論文集, **62**-601 B, pp. 134-139 (1996)

(11) 日本ウォータージェット学会編,「ウォータージェット技術辞典」, 丸善 (1993)

(12) Sanger, N.L., "An Experimental Investigation of Several Low-Area-Ratio Water Jet Pumps", Trans. ASME, J. Basic Eng., pp. 11-20 (1970-3)

(13) Shimizu, S., "Effects of Nozzle Shape on Structure and Drilling Capacity of Premixed Abrasive Water Jets", (1996), Gee, C. (ed.) Jetting Technology, Mech. Engng. Publ. Ltd, London, pp. 13-26 (1996)

(14) Shavlovsky, D.S., "Hydrodynamics of High Pressure Fine Continuous Jets", Proc. 1st Int. Symp. Jet Cutting Techn., BHRA Fluid Engng., Paper No. A-6 (1972)

(15) Shimizu, S. and Wu, Z.L., "Acceleration of Abrasive Particles in Premixed Abrasive Water Jet Nozzle", Int. J., JSME, Ser. B 39, pp. 562-567 (1996)

(16) Toenshoff, H., Kroos, F. and Hartmann, M., "Water Peening-An Advanced Application of Water Jet Technology", Proc. 8th Amer. Water Jet Conf., WJTA, pp. 473-486 (1995)

(17) 資源・素材学会編,「ウォータージェット掘削・応用百科」, 丸善 (1996)

(18) 八尋暉夫,「最新ウォータージェット工法」, 鹿島出版会 (1996)

(19) 柳井田勝哉・大橋昭,「気中高速水噴流特性に関する研究(第2報)」, 日本鉱業会誌, 93-1073, pp. 489-493 (1977)

(20) 吉沢幸雄・川島俊夫・柳井田勝哉,「噴流特性によるノズル性能の判定について」, 日本鉱業会誌, 81-930, pp. 913-918 (1965)

(21) 吉沢幸雄・川島俊夫・柳井田勝哉,「高圧におけるノズルの水噴流特性について」, 日本鉱業会誌, 83-950, pp. 806-812 (1967)

11 混相噴流,浮力噴流,プルーム噴流,気液二相噴流

Multi-phase jet, buoyant jet, plume jet and gas-liquid two-phase jet flows

本章では,密度の異なる周囲流体中への流れ(噴流),および気体と液体とが混在する気液二相噴流について述べる.

11.1 浮力噴流,プルーム噴流

浮力噴流は,その密度が周囲の流体より小さいとき密度差の結果としての浮力が駆動力となって生じる噴流である.

また,噴流のはじめの運動量がほぼ零の浮力噴流を,特にプルーム噴流という.

浮力噴流およびプルームの解析は,浮力噴流およびプルームと周りの流体との密度差は小さいとして行われる.すなわち,いま,浮力噴流およびプルーム

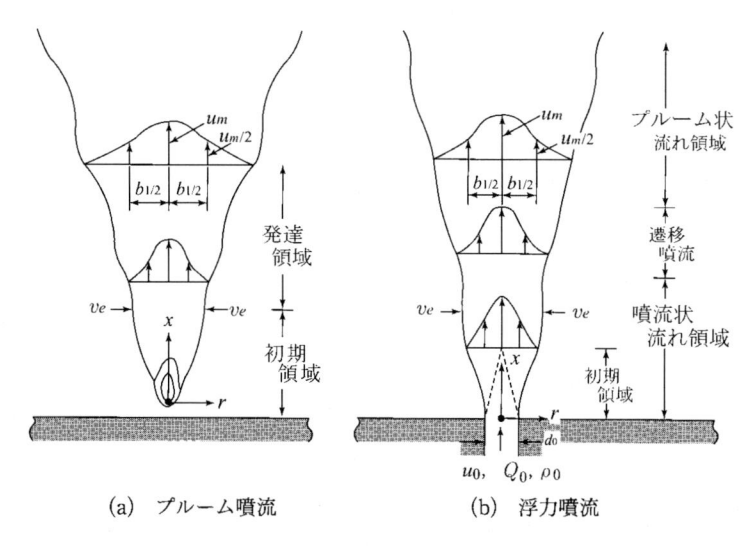

(a) プルーム噴流　　(b) 浮力噴流

図 11-1 浮力噴流とプルーム噴流

と周りの流体の密度をそれぞれ, ρ, ρ_a とすると,

$$\frac{\rho_a - \rho}{\rho} \ll 1 \tag{11-1}$$

また, 浮力噴流はノズル出口で運動量を与えられるが, 浮力により連続的に増加させられ, ノズルから離れた所でははじめの運動量よりはるかに大きくなる.

11.1.1 軸対称円形浮力噴流

軸対称円形浮力噴流について, 質量 (体積) 保存則より,

$$\frac{d(\pi r_{1/2}^2 u)}{dx} = 2\pi r_{1/2} \alpha u \tag{11-2}$$

ここで, α: 巻き込み係数 ($v_e = \alpha u$)

運動量保存則より,

$$\frac{d(\pi r_{1/2}^2 u^2 \rho)}{dx} = \pi r_{1/2}^2 g(\rho_0 - \rho) \tag{11-3}$$

質量欠損より,

$$\frac{d[\pi r_{1/2}^2 u(\rho_1 - \rho)]}{dx} = 2\pi r_{1/2} \alpha u(\rho_1 - \rho_a) \tag{11-4}$$

ここで, ρ_1: $x=0$ での ρ

ノズル出口での浮力流束は, つぎのように定義される.

$$B_f = Q_0 g \frac{(\rho_a - \rho_0)}{\rho_a} \tag{11-5}$$

一様な静止液体中における軸対称円形浮力噴流について式 (11-1)〜(11-3) を解くと, 半値幅, 軸速度, 密度はそれぞれ, 以下のようになる.

$$r_{1/2} = \frac{6\alpha x}{5} \tag{11-6}$$

$$u = \frac{5}{6\alpha} \left(\frac{9\alpha B_f}{10\pi} \right)^{1/2} x^{-1/3} \tag{11-7}$$

$$g \frac{\rho_a - \rho}{\rho_a} = \frac{5 B_f}{6\pi\alpha} \left(\frac{9 d_0 B_f}{10\pi} \right)^{-1/3} x^{-5/3} \tag{11-8}$$

11.1.2 二次元および軸対称円形プルーム噴流

表 11.1 に, 二次元および軸対称円形プルーム噴流の速度分布, 巻き込み速度などの流動特性を示す.

表 11-1 乱流プルーム噴流 (turbulent plume jet flow)

プルーム噴流の流動特性 flow characteristics of turbulent plume jet flow	平面噴流 (two-dimensional) plane plume jet flow	軸対称円形プルーム噴流 axisymmetric round plume jet flow
a. 速度分布 u/u_m velocity profile	$\exp[-74(y/x)^2]$	$\exp[-57(r/x)^2]$
b. 中心線(最大)流速 u_m centerline (maximum) velocity	$1.7B_f^{1/3}$	$3.5B_f^{1/3}x^{-1/3}$
c. 半値幅 $b_{1/2}$ または $r_{1/2}$ half width of jet flow	$0.097x$	$0.11x$
d. 体積流量 Q volume flow rate	$0.344B_f^{1/3}x$	$0.15B_f^{1/3}x^{5/3}$
e. 巻き込み速度 v_e entrainment velocity	$0.1u_m$	$0.041u_m$
f. レイノルズ数 $u_m b_0/\nu$ Reynolds number	$0.17B_f^{1/3}x/\nu$	$0.35B_f^{1/3}x^{2/3}/\nu$

(注) $B_f = Q_0 g(\rho_a - \rho_0)/\rho_a$

11.2 混相噴流，気液二相噴流

気泡群を含む気液二相気泡噴流 (bubble plume, bubble jet flows) について，流動特性などを示す．

11.2.1 気液二相気泡噴流

（1） 気泡プルーム噴流　　図 11-2 に示すように，ある深さの液(水)面下に設置したノズルから気体(空気)を噴出させると気体は気泡群 (bubble swarm) となり，周囲の液体を巻き込みながら上昇し気泡プルーム噴流 (bubble plume) となる．その際，中心近傍には気泡コア部が形成されその周りに随伴上昇する液体が存在する．また，水圧はその深さとともに増大するので気泡は上昇するにつれ膨張し浮力を増大させる．液面に達すると，気泡は崩壊し気体は大気中に放出され随伴上昇してきた液体は水平方向に拡散していく．

気泡プルーム噴流は，水面上での油の拡散の阻止，塩水の拡散の阻止，海水面での氷の形成の予防，エアレーション，海岸近くでの波消し，容器内での異種の液体の混合，などに使用される．

194   第11章　混相噴流，浮力噴流，プルーム噴流，気液二相噴流

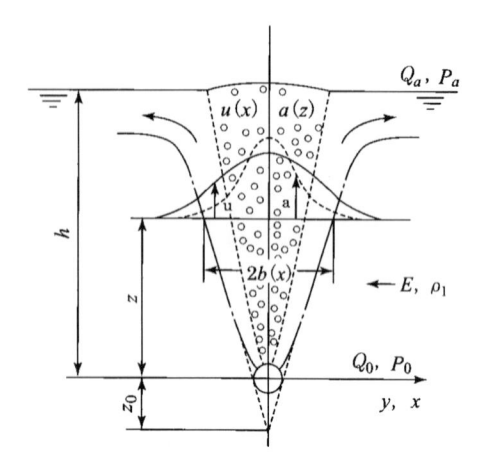

図11-2 気泡プルーム噴流

（2） **気泡噴流**　　気泡噴流（bubble jet）は，ある深さの液面下に設置したノズルから気液二相気泡流を噴出させる，あるいは水噴流の近傍に気体ノズルを設置する，などにより生じる．特に，比較的高速の水噴流の近傍に気泡を噴出させると，気泡は水噴流に誘引され速度勾配の大きなせん断層で（大きなせ

［水噴流のノズル直径 $d_0=4$ mm,
平均流速 $u_0=11.9$ m/s, $Q_a=200$ ml/min］

図11-3 気泡噴流

ん断力を受け)微細化され微小気泡群となって上昇していく.

図 11-3 に,気泡噴流の拡散のようすの例を示す.水噴流のノズル直径は $d_0=4$ mm,平均流速は $u_0=11.9$ m/s で,空気の流量は $Q_a=200$ ml/min である.図中,白く見えるのが微小気泡群である.

(3) 気泡噴流の流動特性

(a) 気泡噴流の中心線流速　　図 11-4 に,気泡噴流(二次元)の中心線上の速度分布を示す(日本機械学会編,1989).オリフィス径は 1 mm,オリフィス間隔は 100 mm である.オリフィスからの距離が $400<z/d_0<1\,600$ で,上昇速度は z とともに緩やかに増加する.また,上昇速度は空気供給流量が大きいほど大きい.

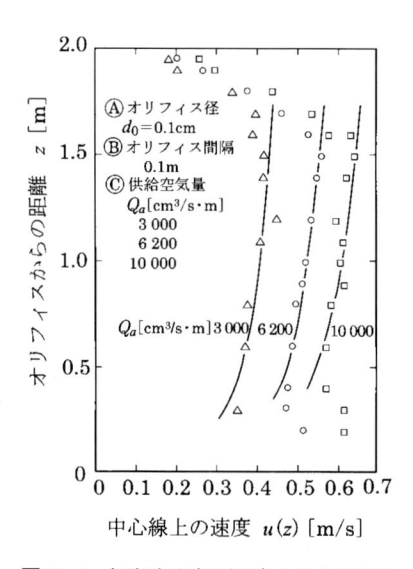

図 11-4　気泡噴流(二次元)の中心線流速

(b) 気泡噴流幅　　図 11-5 に,気泡噴流(二次元)の噴流幅 b を示す(日本機械学会編,1989).噴流幅は,オリフィスからの距離 z とともにほぼ直線的に増加し,空気供給流量が大きいほど大きくなる.また,実験範囲内ではオリフィス間隔の影響をあまり受けない.

11.2.2　気液二相発振噴流

ノズルから拘束空間中に噴出された気液二相気泡噴流の挙動と,その応用に

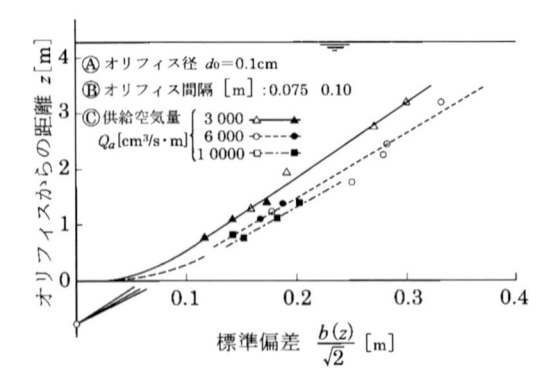

図11-5 気泡噴流(二次元)幅

ついて述べる．

空気あるいは水などの単相流の流量を測定する流体振動流量計には，物体後流中に生起するカルマン渦を利用したカルマン渦流量計，拡大管中に生起する旋回流の軸の歳差運動を利用した渦歳差流量計，および純流体素子発振器を使ったフルイディク流量計などがある．

フルイディク流量計には従来，図6-20に示すようなフィードバック発振方式，制御ポート接続方式，エッジトーン発振方式のものがある．これらのフルイディク流量計のノズル形状は，長方形の二次元形状のもの(ノズル高さ a が，流路高さ H に等しい)が用いられている．

ところで，これら従来のノズルとは異なった形状，すなわち流路高さより低い大きさ a および直径 d を有する長方形および円形断面ノズル ($a/H<1$, $d_0/H<1$) から急拡大流路に噴流を噴出させると，ノズル・流路の形状，噴流速度などの諸条件によって，噴流に規則的な発振現象が生起する(社河内，1990，1991)．すなわち，制御孔，フィードバック回路を有さない構造が非常に簡単な流体発振器で，以後，スイング発振とよぶ．

（1） 発振のようすと発振機構　　図11-6に，素子内の流動状態の例を模式的に示す．図11-6(a)，(e)に示すように，$a/H<1$ の長方形あるいは $d_0/H<1$ の円形断面ノズルから噴出された噴流は，コアンダ効果により側壁Iに最も偏向・付着し，噴流と側壁Iとの間に時計回りの渦Aが，側壁IIとの間に反時計回りの渦Bが形成される．また図(e)に示すように，ノズル出口近傍で，圧力の低い渦領域Aに向かって矢線で示すような流れ Q_c が生じ，渦Aの圧力が増加する．その結果，図(b)，(c)に示すように噴流は側壁Iから離れ始

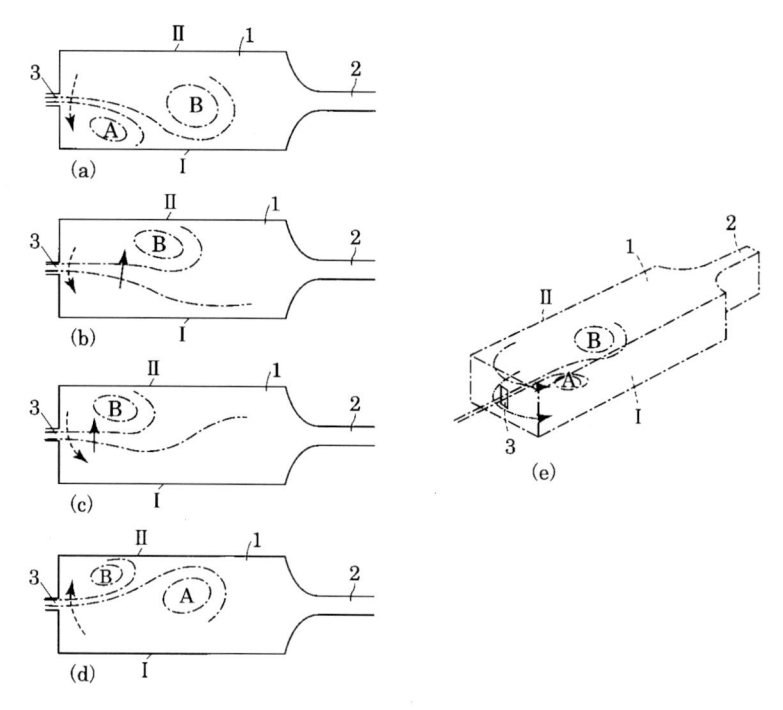

図 11-6 スウィング発振（フローモデル）

め，渦 B はノズル側に移動し，図 (d) で噴流は最も側壁 II 側に偏向・付着した状態となる．この状態が繰り返され，噴流の発振現象が持続される．規則的な振動現象が生起する主因は，ノズル出口近傍で噴流上（下）端と上（下）端板との間を通る流れによって引き起こされる噴流両側に存在する二つの顕著な渦領域の消長である．

なお，この発振現象は，作動流体を気液（空気-水）二相流とした場合にも生起する（社河内，1991, 1995）．図 11-7 にその例を示す．図で白く見えるのが気泡で，平均気泡径は約 3 mm，ボイド率は $\alpha=9.1\%$ である．また，ノズル直径は $d=10$ mm，流路の高さ，幅，長さはそれぞれ $d/H=1/3$, $B/H=2$, $L/H=4$ で，ノズル出口平均流速は 1.7 m/s である．詳細は後述する．

（2）発振条件 図 11-8 に，一例として，レイノルズ数 $Re=2\times10^4$，流路長さ $L=360$ mm で，ノズル直径 d_0/H，流路幅 W ($d_0=10$ mm) を種々に変えたときに生起するフローパターンを示す．図の (a), (b) は，それぞれ規則的および不規則な発振現象が生起する領域を，(c) は発振が生起しない領域

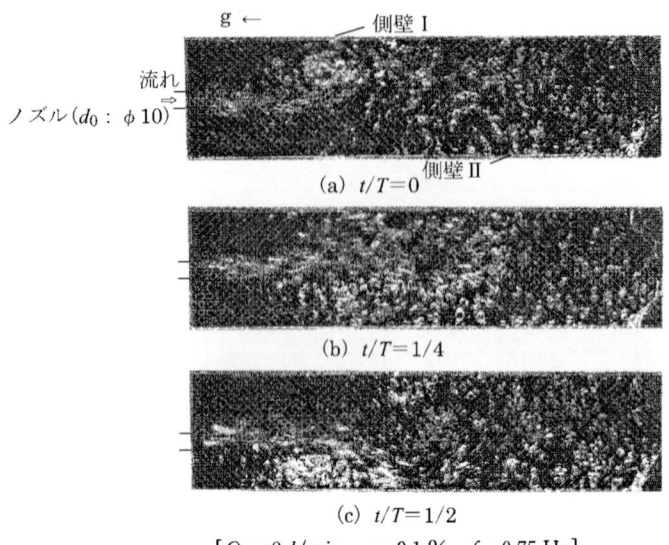

198　第11章　混相噴流，浮力噴流，プルーム噴流，気液二相噴流

(a) $t/T=0$

(b) $t/T=1/4$

(c) $t/T=1/2$

$[Q_w=8\ l/\text{min},\ a=9.1\ \%,\ f=0.75\ \text{Hz}]$

図 11-7　気液二相噴流時の発振時における流動状態

を示す．

（3）発振振動数　図 11-9 に，f と流量 Q との関係を示す．図には，一辺の長さが a の正方形ノズルを使用した場合の結果も示されている．いずれの場合も，f は Q とともに直線的に増加する．また，f は a/H および d/H が小さくなると増大する．これは，ノズル出口近傍で噴流の上（下）端と上

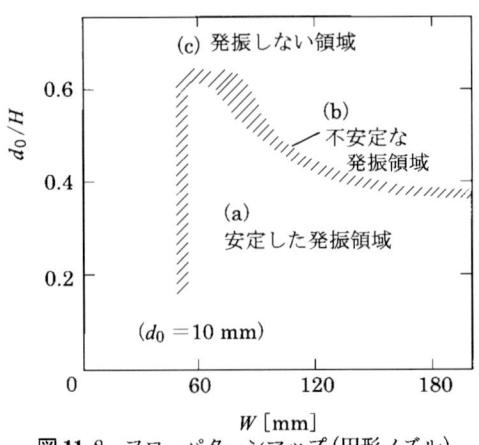

図 11-8　フローパターンマップ（円形ノズル）

(下)端板間を通る流量が増大すること,および噴流流量が減少することによる.

図11-10に,作動流体を水または空気とした場合の f と Re 数との関係を, f/ν (ν:動粘度)を使って示す.作動流体(動粘度)が異なっても,流路形状および Re 数が同一ならば, f/ν は $(f/\nu)_{water} \fallingdotseq (f/\nu)_{air}$ とほぼ同値となる.この結果は,次元解析からも得られる.このことは,6.2節キャビティー発振現象,6.2.3項発振振動数で詳述した.

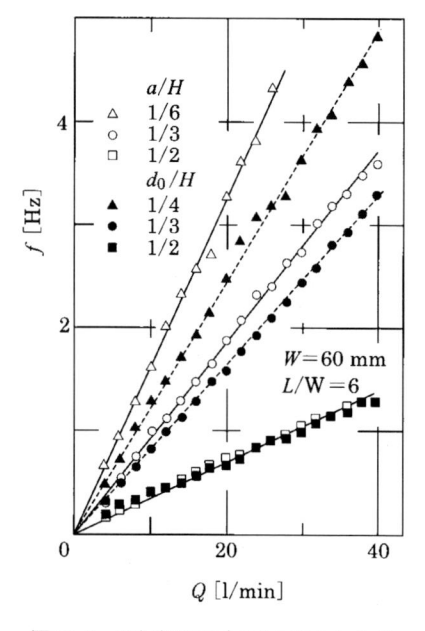

図11-9 発振振動数(ノズル高さおよびノズル直径の影響)

図11-10 流動損失 Δp

(4) 気液二相流における発振現象　先に述べたように前述の素子に気液二相流(たとえば,気泡流)を噴出させた場合にも,規則的な発振現象が生起する.

(a) 発振振動数　図11-11に,容積流量比(ボイド率) $\alpha [= Q_a/(Q_a + Q_w)$, Q_a, Q_w:それぞれ空気,水の体積流量] を変化させたときの噴流の発振振動数 f と Q_w との関係を示す.素子形状は前述のとおりである. f は, Q_w とともに直線的に増加し, $\alpha = 0\%$ の場合は1本の直線で, $\alpha = 4.8 \sim 33.3\%$ の場合は $Q_w \fallingdotseq 25\ l/\text{min}$ を境に2本の直線で表される.また, f は α が大きいほ

ど大きくなる．

(**b**) **圧力損失**　図 11-12 に，素子の圧力損失 Δp と Q_w との関係を示す．Δp は，Q_w とともに急激に増加する ($\Delta p = C_1 Q_w{}^{C_2}$，$C_1$，$C_2$：定数)．また，$\Delta p$ は α が大きいほど大きくなる．

(**5**) **開水路における発振現象**　上記発振現象は，端板を有する急拡大流路において生起するが，いま，一方の端板を除去し自由表面(水面)を有する急拡大流路(開水路)に，円形ノズルから液体(水)噴流を噴出させた場合においても噴流に規則的な発振現象(自励振動)が生起する(社河内ら，1996)．

(**6**) **スイング発振の応用例**　本素子は，管路および開水路における流体振動形流量計，あるいは流体の混合・拡散に使用することが考えられる．

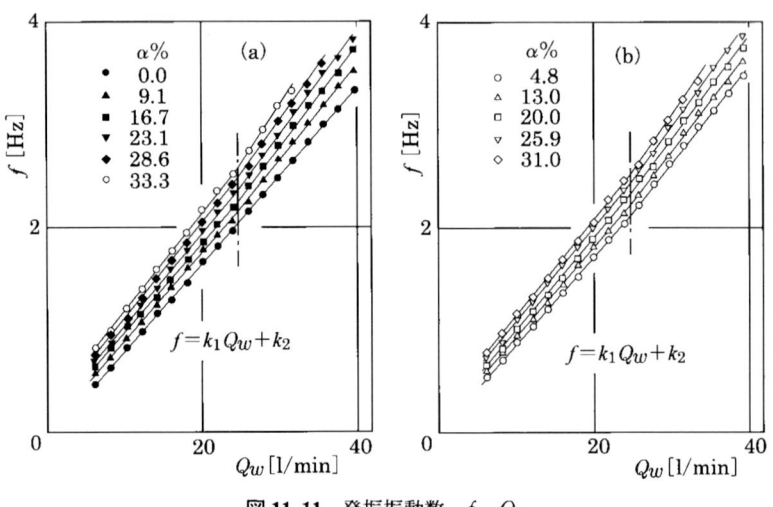

図 11-11　発振振動数　$f - Q_w$

また，気液二相流の場合には，図 11-13 に示す素子の検定曲線(図 11-11，図 11-12 などの結果から求めた)に，未知の α の気液二相流の場合の発振振動数 f と素子の圧力損失 Δp の測定値を適用することから管内を流れる気液二相流の気相と液相の流量を測定することができる．さらに，本素子はエアレータなどへの適用も考えられる．

なお，他のフルイディク発振器でその作動流体を気液二相流とした場合にも，同様の発振現象が生起する (Shakouchi, 2001)．

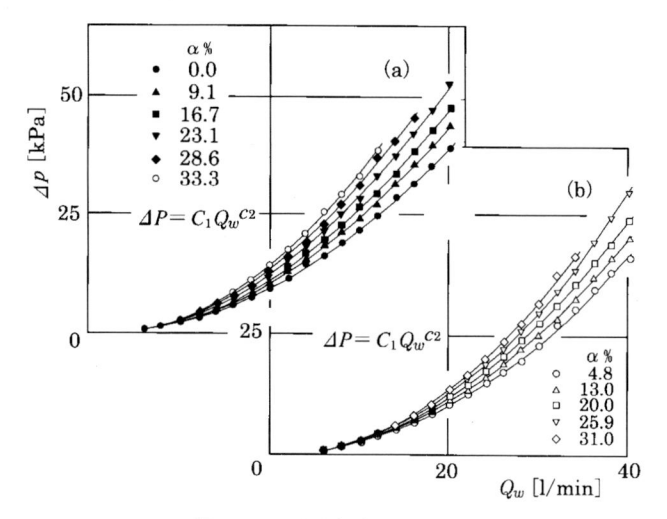

図 11-12 流動損失 $\Delta p - Q_w$

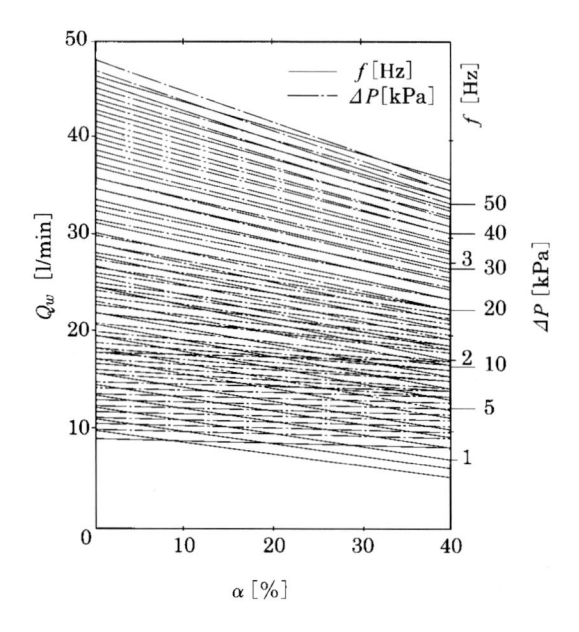

図 11-13 検定曲線

参考文献

(1) Bischof, F., Durst, F., Sommerfeld, M. and Shakouchi, T., "Use of Phase

(1) -Doppler Anemoetry for Characterizing the Mass Transfer in a Fine Bubble Swarm", Proc. of German-Japanese Symp. on Multi-Phase Flow, Karlsruhe, pp. 53-66 (1994)
(2) Cederwall, K., "Gross Parameter Solutions of Jets and Plumes", ASCE J. Hydraulic Div., 101, pp. 489-509 (1975)
(3) Chesters, A.K., Doorn, M.V. and Goossens, L.K.J., "A General Model for Unconfined Bubble Plumes from Extended Sources", Int. J. Multiphase Flow, 6, pp. 499-521 (1980)
(4) Craft, T.J., "Second-Momentum Modeling of Turbulent Scalar Transport", PhD thesis, Mechnical Engineering, UMIST, Manchester, England (1991)
(5) Gebhart, B., "Buoyancy Induced Fluid Motions Characteristic of Applications in Industry", J. Fluids Eng., 101, pp. 5-28 (1979)
(6) List, E.J. and Imberger, J., "Turbulent Entrainment on Buoyant Jets and Plumes", ASCE J. Hydraulics Div., 101, pp. 617-621 (1975)
(7) Morton, B.R., "Forced Plumes", J.Fluid Mech., 5, pp. 151-163 (1959)
(8) 日本機械学会編, 「気液二相流技術ハンドブック」, コロナ社 (1989)
(9) Schlueter, S., Steiff, A. and Weinspach, P.-M., "Modeling and Simulation of Bubble Column Reactors", Chemical Engineering and Processing, 31, pp. 97-117 (1992)
(10) 社河内敏彦,「三次元ノズルを用いた新・流体振動流量計に関する(ノズル形状の影響)」, 日本機械学会論文集, **56**-524 B, pp. 975-982 (1990)
(11) 社河内敏彦,「新・流体振動流量計による気液二相流の流量計測(垂直管内気泡流)」, 日本機械学会論文集, **57**-543 B, pp. 3647-3652 (1991)
(12) Shakouchi, T., "A New Fluidic Oscillator, Flowmeter, without Control Port and Feedback Loop", Trans. ASME, J. Dynamic Syst., Meas. and Control, 111-3, pp. 535-539 (1991)
(13) Shakouchi, T., "Flow Measurement of Gas-Liquid Two-Phase Flow in a Horizontal Pipe by a New Hydraulic Oscillator, Advances in Multiphase Flow", Elsevier, pp. 793-802 (1995)
(14) 社河内敏彦,「開水路中に噴出される三次元乱流噴流の自励振動」, 日本機械学会論文集, **62**-594 B, pp. 527-532 (1996)
(15) Shakouchi, T., "Fluidic Oscillator Operated by Gas (Air)-Liquid (Water) Two-Phase Flow (Measurement of Flow Rate of Gas-Liquid Two-Phase Flow in Pipe) ", Proc. Fluids Eng. Div. Summer Meeting, ASME, FEDSM 2001-18055) (2001), CD-ROM
(16) Shlien, D.J. and Boxman, R.L., "Temperature Field Measurement of an Axisymmetric Laminar Plume", Phys. Fluids, 22, pp. 631-634 (1979)

12 混相噴流，微粉粒子を含む固気二相噴流

Multi-phase jet, Particle-laden gas-solid two-phase jet flows

微粉粒子を含む固気二相噴流は，たとえば，ダストを含む流れ，あるいはレーザープリンタ，複写機のトナー製造プラント，粉体塗装などの粉体工業の広範な分野でみられ，その流動特性を把握・理解することは重要である．

12.1 固気二相噴流，微粉粒子の気流（ジェット）粉砕・分級

近年，医薬，農薬をはじめファインセラミックス，超伝導材料，磁性粉，トナーなどの先端的な工業用材料の多くが粉体の形態をとり，その製造に関し微粉粒子の粉砕・分級機の性能の向上が強く望まれている．従来，固体粒子の粉砕・分級には，その大きさ，性状により各種の機器が使用されているが，本章では，空気噴流を使った微粉粒子の乾式ジェット粉砕・分級について述べる．

12.1.1 微粉粒子のジェット粉砕

衝撃により固体粒子が粉砕されるのは，粒子にまず圧縮状態が生じ，ついでこれが弾性限界を越えると結晶格子欠陥部などを伝って破壊が進行する結果と考えられる．したがって，固体粒子を粉砕するには，粒子の変形限界を越える圧縮力やせん断力を加える必要がある．それらの力を加えるには種々の方法があり，従来，比較的小さな粒子の粉砕にはロールミル，ハンマーミル，ボールミル，インパクトミル，ジェットミルなどの機器が使用されている（化学工学便覧，1988，三輪茂男，1987）．

ここでは，噴流を使った微粉粒子の粉砕器，ジェットミルについて述べる．ジェットミルは，高速流体が有するエネルギーを利用するもので，音速前後の気体（空気）噴流によって粒子を加速した後，粒子どうしおよび粒子と流路壁面との衝突，あるいは，粒子と衝突板との衝突により粒子を粉砕しようとするもので，前者をジェット気流衝突形ミル，後者を衝突板形ジェットミルとよぶ．いずれも，機械的可動部がなくコンタミネーションが少ない，粒子粉砕時

の気体噴流の断熱膨張による温度低下のため温度上昇がほとんどなく，弱熱性物質などの粉砕も可能である（神保・横山，1989），数 μm から場合によっては sub-μm-order まで摩耗が比較的少ない状態で微粉砕できる，などの特徴を有しているが，一般に大きな運転動力を必要とする．

この方法は，1882 年 Goessling により試みられ，1940 年 Stephanoff により現在のミルに近いものが開発され（中山・米沢，1985），いまなお性能改善のための研究が活発に行われている．

ジェット気流衝突形ミルの代表的なものに，Jet-O-Mizer，Micronizer，Pneumatic Jet Mill，Jet Micro-nizer，Blaw-Knox，Trost Jet Mill などがある（奥田，1969，Okuda & Choi，1978）．

図 12-1 に，ジェット気流衝突形ミルの模式図（中山・米沢，1985）を示す．円筒容器外周部に斜めに設置されたノズルから高速噴流が吹き込まれ，原料はエジェクタにより供給される．あるいは，粒子が分散された高速の固気混相流がノズルに供給される．容器内には，強い旋回流の流れ場が形成され，粒子の粉砕は容器外側のリング状の領域で高速噴流により加速された粒子どうし，および粒子と流路壁面との衝突により生起する．

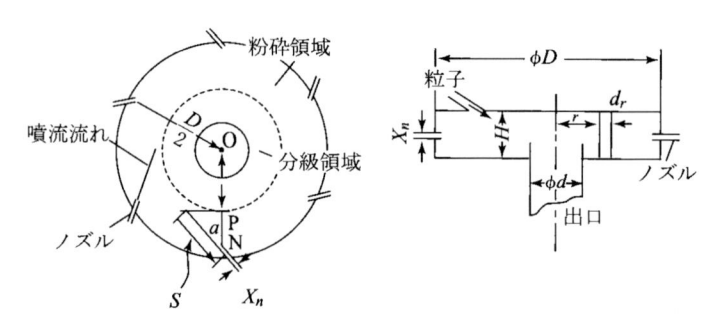

図 12-1　ジェット気流衝突形ミル

ノズルでの速度は，ラバールノズルの使用により超音速流とすることができ，粒子により大きな粉砕エネルギーを付与することが可能となる．

図 12-2 に，ラバールノズル内の圧力と速度（M：マッハ数）を示す（生井・松尾，1981）．ノズル外側の背圧が下がりノズル出口圧力と背圧が等しくなり（$p_b=p_j$，適性膨張），スロートにおける圧力が臨界圧力（$p/p_0=0.528$）になると，そこでの速度は $M=1$ となり，末広部で超音速流となる．このとき，断

面積 A とマッハ数との関係は，ノズルスロート断面積を A^* とすると，

$$\frac{A}{A^*} = \frac{1}{M}\left[2\left(1 + \frac{\varkappa - 1}{2M^2}\right)\bigg/(\varkappa + 1)\right]^{(\varkappa+1)/2(\varkappa-1)} \quad (12\text{-}1)$$

ここで，$\varkappa$：比熱比．

微粉粒子を含む固気二相流の流動状態は単相流のそれとは異なるが，高速の流れにより微粉粒子も大きな速度をもつこととなる．

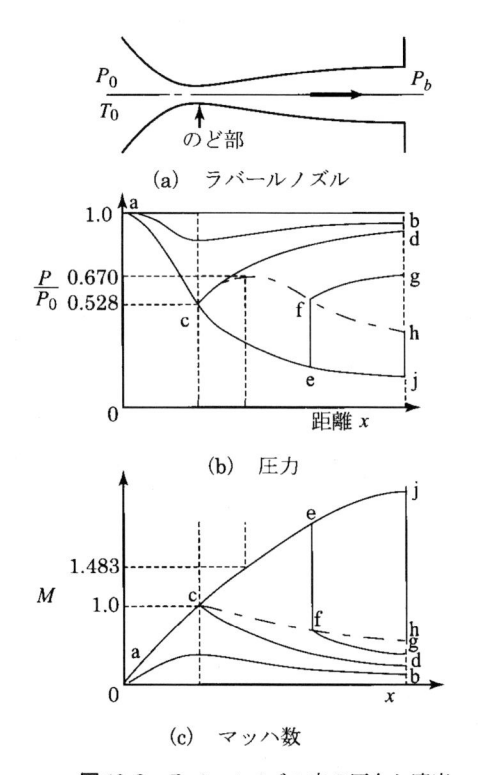

図 12-2 ラバールノズル内の圧力と速度

Rumpf (1959) によると，粒子直径 d_p，粒子初速度 v_0，粒子容積濃度 $(1-\varepsilon)$ の間には，図 12-3 の関係がある．図中，s_0，λ は，それぞれ初速 v_0 の粒子の飛翔距離，気体分子の平均自由行程である．$s_0 \gg \lambda$ のとき，粒子の衝撃粉砕が可能である．最大衝撃力 δ_m は，

$$\delta_m = E\beta\left(\frac{\rho v^2}{E}\right)^n \quad (12\text{-}2)$$

ここで，E：弾性係数，v：衝突速度，n，β：定数．

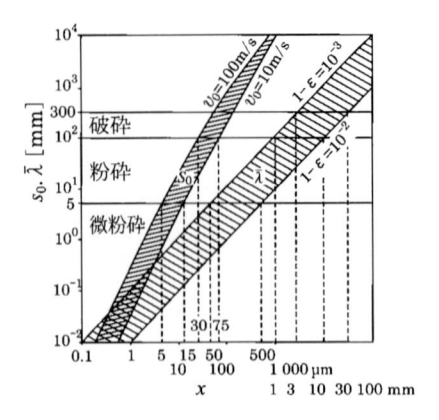

図 12-3 粒子の到達距離，平均自由行程

図 12-4 に，参考のため超音速ジェットミルによるセラミック素材（$BaTiO_3$）の粉砕物の粒径分布を示す（Nakayama & Inui, 1987）．データは，Rosin-Rammler 分布線図に示されている．

図 12-5 に，衝突板形ジェットミルの模式図（Nakayama & Inui, 1987）を示す．超音速ノズル内に混入された粒子は超音速流によって加速されたあと，

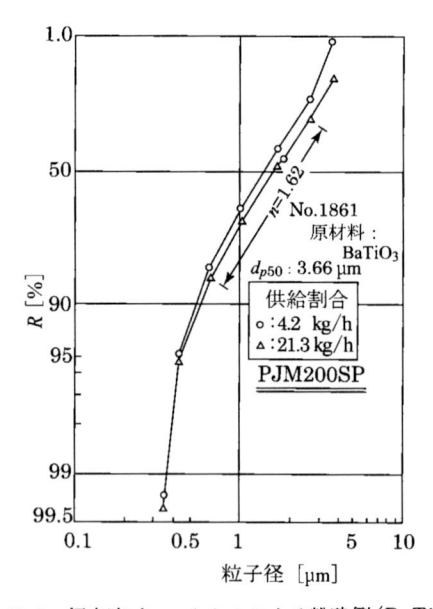

図 12-4 超音速ジェットミルによる粉砕例（$BaTiO_3$）

ノズル前方に設置された衝突板に衝突し粉砕される．この場合，粒子は衝突板に直接衝突するため衝撃力，衝突確率，粉砕速度は，粒子どうしの衝突によるそれらよりかなり大きく，粒子の粉砕に有利である．また，超音速流中の物体（粒子）の抗力は，気体と粒子の相対速度がマッハ1を越えるとき急増するため加速されやすく衝突速度が増大することとなる．最適なノズル出口-衝突板距離，衝突板角度は，ノズル出口径，粒子径，粒子の性状に依存する．

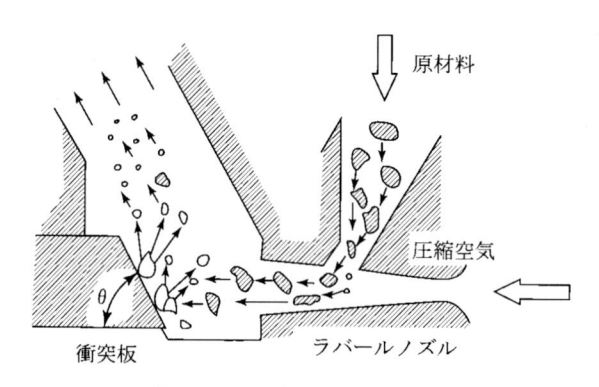

図 12-5 衝突板形ジェットミル

衝突板には，セラミック，炭化ホウ素などの高硬度の材料が使用される．その結果，摩耗，コンタミネーションは少ない．

また，粉砕処理量 Q は一般に，次式で与えられる(Nakayama & Inui, 1987)．

$$Q = kd_0^3(P_N - P_{N\min})^n \tag{12-3}$$

ここで，k：定数，n：$=1.1 \sim 1.5$，d_0：ノズル直径，P_N：動力．

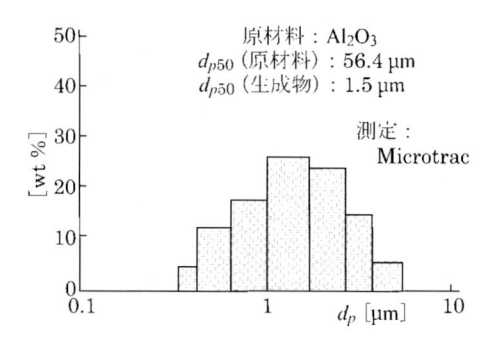

図 12-6 ラボジェットによる粉砕例(Al_2O_3)

図 12-6 に，ラバールノズルを使った衝突板形超音速ジェットミル（ラボジェット）によるアルミナ Al_2O_3 の粉砕結果の例を示す（Nakayama & Inui, 1987）.

Leschonski ら（1990）は，衝突板形ジェットミルの性能の改善を目的とし，図 12-7 に示す装置を用い種々の実験を行った．この場合，粒子は空気駆動の

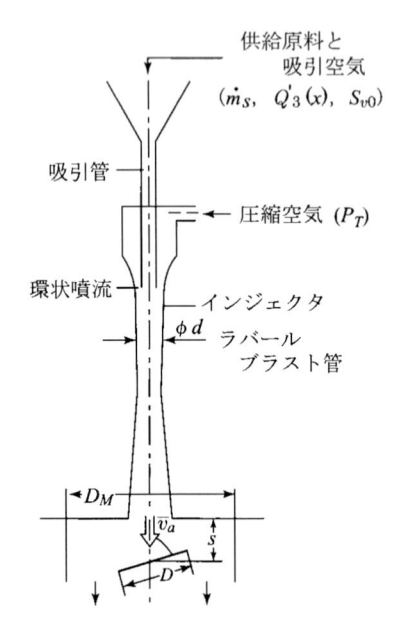

図 12-7 衝突板形ジェットミル（Leschonski, 1990）

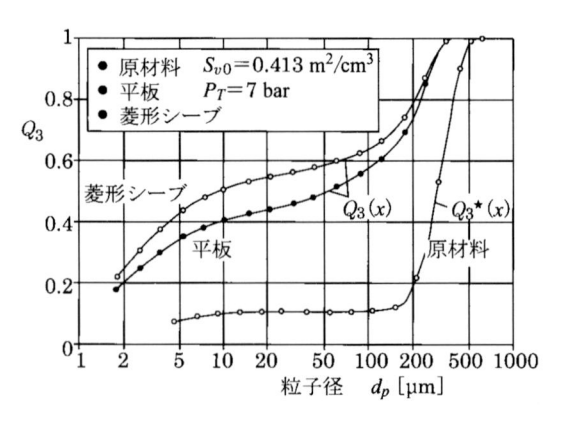

図 12-8 菱形シーブの効果

インジェクタによりラバールノズルに送られ末広部で加速されたあと，衝突板に衝突する．衝突角度は可変である．また，衝突板に平板（直径 50mm の円盤）の代わりに菱形の開孔を有するふるい状の平板 (sieve with rhomboidically shaped openings) を用い，同一条件下で粉砕実験を行っている．

図 12-8 に，その結果を示す．図中，Q_3 は粉砕された粒子の粒径分布を示す．菱形シーブ (rhombic sieve) の場合，上記衝突平板の場合に比し，10 μm 以下の粒子が 42% から 53% へ増加し粉砕性能が向上しているのがわかる．ふるいの開孔の形状，面積については，今後さらに検討する必要があるとしている．また，衝突板については，粒子を効果的に衝突板に衝突させるためその形状についてたとえば突起を設けるなど，種々のくふうがある．

12.1.2 微粉粒子の気流分級

微粉粒子の大きさをそろえる操作，いわゆる粒径分級については，その精度の向上が望まれている．微粉粒子の乾式分級には，粒子に作用する重力，慣性力，遠心力，拡散力，電気力などを使った種々の方法，装置がある．従来，粒子の気流分級にはサイクロン形状の遠心分級機が多用され，その代表的なものにクラシクロン，ミクロンセパレータ，ミクロプレックス，ターボクラシファイアー，ディスパージョンセパレータ，などがある（化学工学便覧，1988）．いずれも，旋回流中に粒子を分散させその粒子に作用する遠心力により分級し

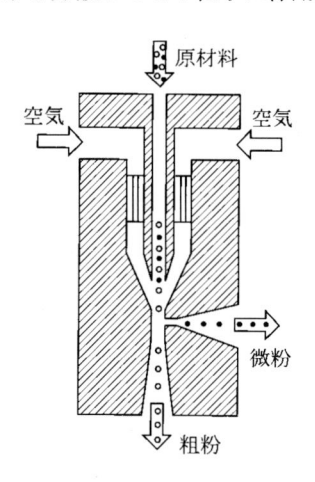

図 12-9 バーチャルインパクタ

ようとするもので，これに関しては，従来，非常に多くの研究がなされてきている．噴流を使った微粉粒子の分級機には，バーチャルインパクタ，エルボジェット，コアンダセパレータ，およびsub-μm-orderの粒子の分級が可能な分級機(Morimoto and Shakouchi, 2003)などがある．

図12-9に，バーチャルインパクタの模式図(化学工学便覧，1988)を示す．原料粒子が分散された固気混相噴流を噴出させ，流れ方向を急変させることから，慣性力の大きな粗大粒子を直進させ分級する．種々のノズル形状が考えられるが，円形ノズルの場合が最も分級精度がよい．しかし，処理量が少ないなどの短所を有す．

図12-10に，平面形状のバーチャルインパクタ(吉江ら，1982，陳ら，2002)を示す．ノズル幅は $b_1=b_2=8.0$ mm で流路深さは16 mm である．主ノズルから微粉粒子を含む固気二相噴流が，また副ノズルから主噴流を制御する目的で空気単相噴流が噴出される．

図12-11に，粒子の飛行軌跡の数値解析例を示す(陳ら，2002)．この際，$u_1=u_2=15$ m/s, $Q_f=Q_c$ で，粒子はガラスビーズ(密度：2 620 kg/m^3)を想定した．気相の数値解析には，第2章で示した二次元の連続式，ナビエ・スト

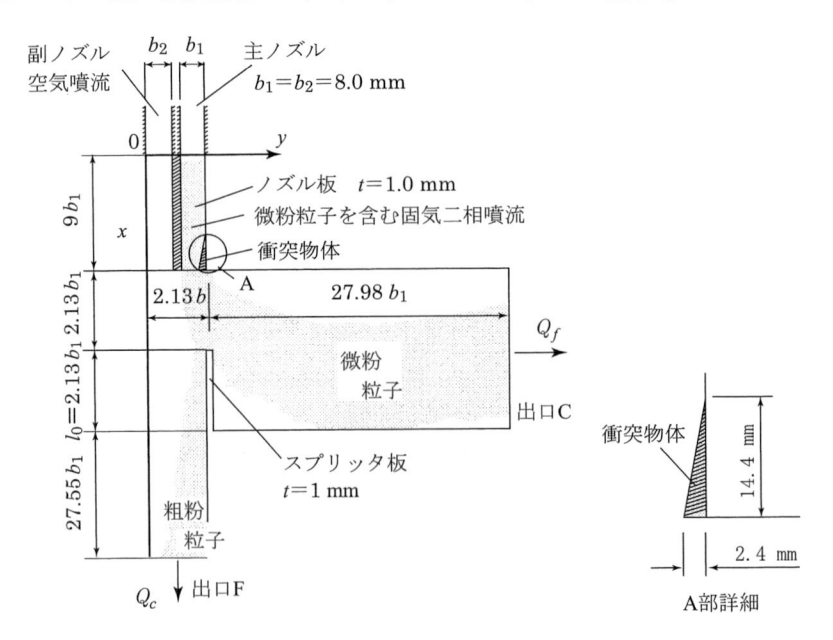

図12-10 バーチャルインパクタ形気流分級機

(a) $d_p=1, 2, 3, 5\ \mu m$

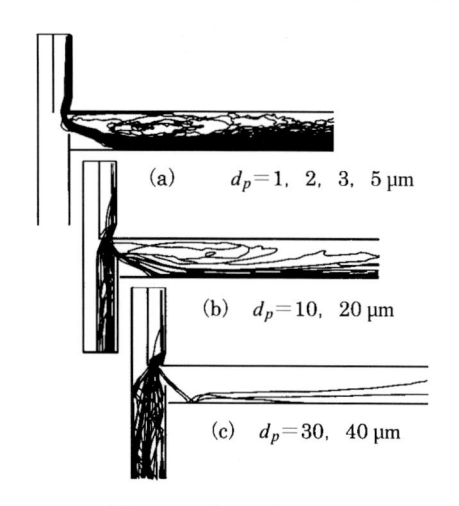

(b) $d_p=10, 20\ \mu m$

(c) $d_p=30, 40\ \mu m$

図 12-11 粒子の飛行軌跡

ークス式,汎用 k-ε 乱流モデルによる乱流輸送方程式を基礎式群とし,それらの有限体積法による離散化法および,SIMPLE 法による解析法を用いた.乱流の評価は,ランダムシミュレーションによった.また,粒子相の解析には,粒子は球形と仮定し単一球形粒子の Lagrangian 運動方程式を用いた.

単一球形粒子の運動方程式は,空気と粒子の密度との間に $\rho^a \ll \rho^p$ の関係があると,圧力項,仮想質量項,バセット項などは省略され,

$$m^p \frac{du_i^p}{dt} = C_d \frac{\pi (d_p)^2}{\delta} \rho^a (u_i^a - u_i^p)|u_i^a - u_i^p| + m^p g_i \left(1 - \frac{\rho^a}{\rho^p}\right) \tag{12-4}$$

ここで,C_d は粒子の抵抗係数で,

$$C_d = \frac{24}{Re^p} \qquad (Re^p < 1)$$

$$= \frac{24}{Re^p}\left[1 + \frac{(Re^p)^{2/3}}{6}\right] \qquad (Re^p \geq 1) \tag{12-5}$$

ここで,$Re^p = d_p|u_i^a - u_i^p|/\nu^a$

壁面と粒子の衝突モデルは,Sommerfeld ら (1992) が推奨するモデルを用いた.

直径の小さい (慣性力の小さい) 粒子は出口 F から,大きい粒子は出口 C から流出し,原料粒子が分級されるようすがわかる.

図 12-12 に,これらの飛行軌跡をもとに,平均粒径 10 μm (0.5 ~ 30 μm) の

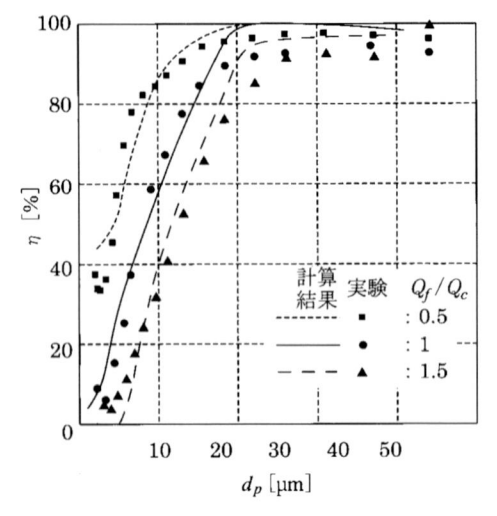

図 12-12 部分分級効率 η

ガラスビーズを質量比 0.66 で流した場合の部分分級効率 η 曲線を示す．なお，この際，粒子が気相に与える影響を考慮する two-way method (Crowe, 1977, 1998) を用いて計算した．しかしながら，その影響は非常に小さく η にはほとんど影響しなかった．

なお，固気二相噴流の他の数値計算例として渦法によるシミュレーション（内山，2003）などがある．

図 12-13 に，粒子に作用する慣性力と遠心力を使った分級機であるコアンダジェット形分級機の模式図（化学工学便覧，1988）を示す．円柱壁面に沿って

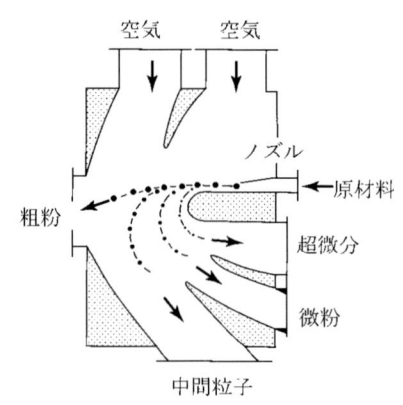

図 12-13 コアンダジェット形分級機

(接線方向に)二次元,乱流噴流を噴出させると,先の4.2節で示したように噴流はコアンダ効果により,円柱壁面に付着して流れる.微粉粒子を含む固気二相噴流においても,同様の事象がみられる.

図12-14に,円柱壁面に沿って流れる微粉粒子を含む固気二相コアンダ噴流の粒子の拡散のようすを示す.流路高さは40 mmで透明なガラス製の2枚の

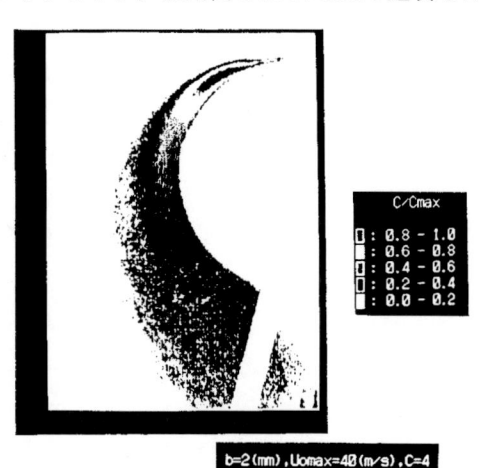

[円柱半径 $R=40$ mm,ノズル幅 $b_0=2$ mm,ノズル出口最大流速 $u_{m0}=40$ m/s,微粉粒子:トナ(密度,1 000 kg/m^3),粒子径:平均10 μm(0.5〜25 μm),質量比:0.4]

図 12-14 固気二相コアンダ噴流の濃度分布 C/C_{max}

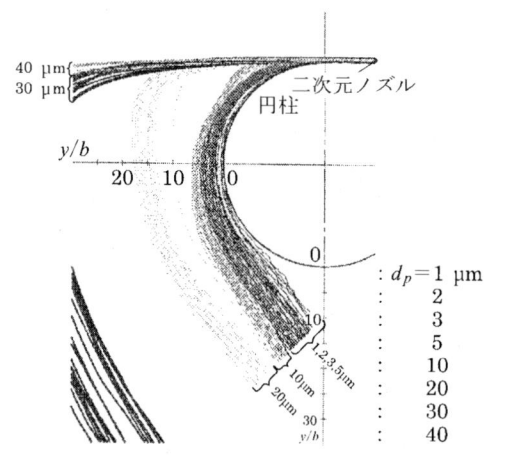

[微粉粒子:ガラスビーズ(密度 2 620 kg/m^3)]

図 12-15 微粉粒子の飛行軌跡(計算結果)

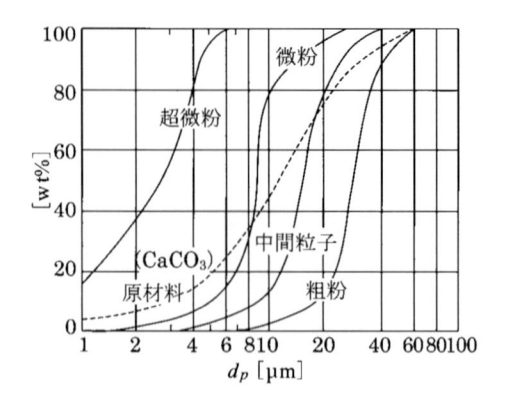

図 12-16 部分分級効率(コアンダジェット形分級機, CaCO$_3$)

端板で挟まれており，その片側に設置した光源からの透過光をCCDカメラで撮影，画像処理して得た結果，すなわち濃度分布を示している．微粉粒子が円柱壁面に沿って下流方向に拡散するようすがよくわかる．その際，固気二相噴流は，強い遠心力作用下に流れるので，粒径の小さな(軽い)粒子は噴流の内側(円柱壁面側)に，粒径の大きな(重い)粒子は噴流の外側に分布することになる．これを微粉粒子の分級操作に応用することが考えられる．

図12-15に，図12-11と同様の計算法で求めた粒子の飛行軌跡を示す．細かい(小さい)粒子が円柱壁面側を，粗い(大きい)粒子がその外側を飛行するようすがよくわかる．これらの飛行軌跡から上記と同様に，部分分級効率を算出することができる．

図12-16に，コアンダジェット形分級機による炭酸カルシウム(CaCO$_3$)の分級結果の例(日鉄鉱業，1990)を示す．

また，この種の分級機は，構造が非常に簡単である，大量の粉体を取り扱うことができる，パスが短いため分級後の粉体の凝集を阻止することができる，遠心力が作用する方向に壁面のない構造とすることができるため付着性の強い粉体粒子を取り扱うことができる，などの特徴を有している．分級性能向上のためのいっそうの研究の進展が期待される．

12.2 微粉粒子を含む固気二相衝突噴流によるマイクロブラスト加工

マイクロブラスト加工は，数μmから数十μmの金属および非金属の微細

砥粒を含む固気二相噴流をノズルから高速で被研削材に衝突させ，エッチング，スリット加工，溝加工，穴開け，などの微細加工を行う方法(abrasive jet machining, AJM)である．ガラス，セラミック，シリコンウエハーなどの脆性材料の微細加工，電子装置の微細加工にも適している．

この加工技術は，最近，次世代の壁掛けテレビ画面として最も有望視されているPDP(プラズマディスプレイパネル)の製造(リブ加工)などに関係し，特に関心を集めている(内池，1997，星野ら，1997，厨川，2002)．

参考文献

(1) Crowe, C., Sharma, M.P. and Stock, D.E., "The Particle-Source-In Cell (PSI-Cell) Model for Gas-Droplet Flows", Trans. ASME, J. Fluids Eng., pp. 325-332 (1977)
(2) Crowe, C., Sommerfeld, M. and Tsuji, Y., "Multiphase Flows with Droplets and Particles", CRC Press (1998)
(3) Elgobashi, S.E. and Abou-Arab, T.W., "A Two-Equation Model for Two-Phase Flows", Phy. Fluids, 26-4, pp. 931-938 (1983)
(4) 陳紅波・社河内敏彦，「並流形気流分級に関する研究(粒子と壁面との衝突の応用)」，化学工学論文集，**28**-4，pp. 417-423 (2002)
　＊ Chen, J., Shakouchi, T. and Terashima, S., "Application of Particle-Wall Cpllisio on Parallel Flow Classification", Proc. World Congress on Particle Technology 4 (2002), CD-ROM.
(5) 陳紅波，「並流形分級に対する粒子と壁面との衝突の応用に関する研究」，三重大学大学院工学研究科，博士論文 (2002)
(6) Fan, L-S. and Zhu, C., "Principle of Gas-Solid Flows", Cambridge Univ. Press (1998)
(7) 粉体工学会編，「粉体工学便覧」，第2版，日刊工業新聞社 (1998)
(8) 星野光祐・日吉功，「サンドブラスト法，PDP用サンドブラストマシン」，月刊ディスプレイ，pp. 54-58 (1997-10)
(8) 生井武文・松尾一泰，「圧縮性粒体の力学」，pp. 77，理工学社 (1981)
(9) 神保元二・横山豊和，「粉砕，'89粉体機器・装置選定ハンドブック」，機械設計，**33**-5, pp. 26-36 (1989)
(10) 化学工学協会編，「化学工学便覧」，丸善 (1988)
(11) 神戸製鋼，「微粉分級機・コアンダセパレータ」，技術資料 (1988)
(12) 厨川常元，「噴射加工の最前線—デジタル式アブレイシブジェット加工装置の開発からアイスジェット加工へ—」，精密工学会誌，**68**-2, pp. 175-179 (2002)

(13) Leschonski, K., Matsumura, S. and Mizoguchi, C., "Basic Considerations for the Design of Impact Griding Machines", Proc. of 2nd World Congress of Particle Technology, II, pp. 572-582 (1990)
(14) Leschonski, K., "Das Klassieren disperser Feststoffe in gasfoermigen Meien", Chem.-Ing.-Techn., 49-7, pp. 708-719 (1977)
(15) 三輪茂男,「粉体工学通論」, 日刊工業新聞社 (1987)
(16) Mostafa, A.A. and Mongia, H.C., "An Experimental and Numerical Study of Particle-Larden Coaxial Jet Flows", Int. J. Heat and Fluid Flow, 11-2, pp. 90-97 (1990)
(17) 森本洋史・社河内敏彦,「気流式超微粉分級機内の流動と分級性能に関する研究」, 日本機械学会論文集, 68-668 B, pp. 1104-1110 (2002)
(18) Morimoto, H. and Shakouchi, T., "Classification of Ultra Fine Powder by a New Pneumatic Type Classifier", J. Powder Technology, 131-1, pp. 71-79 (2003)
(19) 中山仁郎・米沢一裕,「粉粒体の微粉砕」, 製薬工場, 5-4, pp. 311-319 (1985)
(20) Nakayama, N. and Inui, K., "Pulverization and Classification for Advanced Ceramics", Sprechsaal, 120-2, pp. 89-97 (1987)
(21) Neti, S. and Mohamed, O.E.E., "Numerical Simulation of Turbulent Two-Phase Flows", Int. J. Heat and Fluid Flow, 11-3, pp. 204-213 (1990)
(22) 日本流体力学会編,「混相流体の力学」, 朝倉書店 (1991)
(23) 日鉄鉱業,「エルボジェット」, 技術資料 (1990)
(24) 奥田聡,「高速衝撃粉砕とジェットミル」, ケミカルエンジニアリング, 13-2, pp. 1-9 (1969)
(25) Okuda, S. and Choi, W.S., "Gas-Particle Mixture Flow in Various Types of Convergent-Divergent Nozzle", J. Chemical Engineering, 11-6, pp. 432-440 (1959)
(26) Okuda, S. and Yasukuni, J., "Application of Fluidics Principle to Fine Particle Classification", Proc. of Int. Symp. on Powder Technology '81, pp. 771-779 (1981)
(27) Rump, F., "Beanspruchungstheorie der Parallel-zerkleinerung", Chem.-Ing.-Techn., 31, pp. 323 (1959)
(28) 社河内敏彦・市川淳・中山仁郎,「円柱壁面に沿う固気二相噴流に関する研究 (濃度分布)」, 日本機械学会論文集, 55-519 B, pp. 3297-3304 (1989)
(29) 社河内敏彦,「粉粒体のジェット粉砕と分級」, ターボ機械, 24-11, pp. 661-666 (1996)
(30) 社河内敏彦・加藤智宏・安藤俊剛・榊原寛朗,「微粉粒子を含む固気二相環状噴流の流動特性とその制御」, 日本機械学会論文集, 64-627 B, pp. 3611-3618 (1998)

(31) 社河内敏彦・陳紅波・東村英史,「バーチャルインパクタ形気流分級に関する研究(微粉粒子の挙動と分級性能)」, 日本機械学会論文集, **66**-651 B, pp. 2869-2875 (2000)
(32) Shuen, J-S., Solomon, A.S.P., Zang, Q-F. and Faeth, G.M., "Structure of Particle Larden Jets: Measurements and Predictions", AIAA J., 23-3, pp. 396-404 (1985)
(33) Sommerfeld, M. and Huber, N., "Experimental Analysis and Modeling of Particle-Wall Collisions", Int. J. Multiphase Flow, 25, pp. 1457-1489 (1999)
(34) Tabakoff, W., Malak, M.F. and Hamed, A., "Laser Measurements of Solid Particles Rebound Parameters Impacting on 2025 Aluminum and 6A1-4V Titanium Alloys", 18th Fluid Dynamics and Plasmadynamics and Lasera Conf., AIAA, AIAA-85-1570 (1985)
(35) 内池平樹,「カラープラズマディスプレイ」, 月刊ディスプレイ, pp. 22-28, (1997-10)
(36) 内山知実,「固気二相自由乱流の渦法シミュレーション」, 日本混相流学会, 混相流の数値シミュレーション技術の基礎, pp. 58-70 (2003)
(37) 吉江建一・菅沼彰・山本英夫・青木隆一,「流れの可視化を利用した風力分級機の設計と性能解析」, 化学工学, **19**-12, pp. 699-702 (1982)
(38) 湯晋一・梅影俊彦・田淵政治,「三次元固気混相乱流自由噴流の Two-way method を用いた直接数値計算と実験による検証」, 日本機械学会論文集, **60**-572 B, pp. 1152-1160 (1994)

ま と め

 「噴流工学 ― 基礎と応用 ―」と題し，各種噴流現象の基礎に重きをおき，その流動特性と制御などについて記した．

 また，噴流とその工業への先端的応用について，衝突空気噴流による高温壁の冷却，水噴流によるエアレーション，噴流の混合・拡散，高速水噴流によるジェットカッティング，噴流の振動現象，微粉粒子のジェット粉砕・分級，微粉粒子を含む固気二相噴流によるマイクロブラスト加工などを取り上げ，それらの概略を示した．ほかにも，粉体塗装，ジェットスプレイ，プリンタに使われているインクジェット，洗浄など数多くの噴流現象の工業への先端的応用がある．

 しかしながら，噴流現象はたびたび述べたように非常に多岐にわたり言及していない事象，たとえば，超音速噴流，高温噴流，噴霧噴流，化学反応を伴う噴流火炎，プラズマ噴流，なども多々ある．

 また，噴流現象の本質は自由および壁面せん断乱流でそれらは流体力学，工学上非常に重要な分野でありよりいっそうの発展と"噴流工学"としてのさらなる体系化が強く望まれる．

 本書が，わずかでもその一助になればと願う．

 また，本稿を著すにあたり，多くの文献，資料を参考にさせていただいた．記して，謝意を表す．

索　引

英　数

0 方程式モデル　17
1 方程式モデル　19
2 方程式モデル　17
Clauser's chart　67, 85
DNS　18
k-ε 乱流モデル　17, 104
large eddy simulation　17
LES　17
MEMS　43, 95
micro-fluidics　95
Orr-Sommerfeld 方程式　122
plunging water jet flow　171
Prandtl の混合距離理論　22
Rayleigh 方程式　124
rhombic sieve　209
SIMPLE 法　144, 211

和　文

あ　行

アクティブ制御　43
アスペクト比　19, 118
圧力係数　69
圧力勾配　8
圧力比　182
圧力フィードバック説　122
圧力分布　79, 87
アブレイシブウォータージェット　183
アブレイシブジェットカッティング　183
亜硫酸ソーダ法　173
位相速度　124
インジェクタ　209
渦　塊　16
渦歳差流量計　196
渦　説　122
渦　対　19
渦　点　15, 16
渦　度　14, 15, 39
渦度法　14, 133
渦粘性係数　22, 29
渦の合体　37
渦の崩壊　37
渦発生器　41, 141, 177
渦領域　58, 119, 144
渦領域内　56, 59
渦　列　119
渦　輪　37
運転動力　111
運動エネルギー　21, 34
運動方程式　23
運動量厚さ　35
運動量積分方程式　60
運動量保存則　186, 192
運動量理論　56, 57
エアレーション　171
エアレータ　200
液体冷却水槽　167
液滴領域　185
エジェクタ　204
エッジトーン　118
エッジトーン発振現象　118
エネルギー式　12
円形自由噴流　18
円形衝突噴流　18, 104
円形ノズル　74
円形乱流噴流　30
遠心分級機　209
遠心力　60, 209
円柱座標系　8
円柱壁面噴流　65
オイラーの運動方程式　123
凹壁面　80
オフセット距離　58
オリフィスノズル　5, 153
音　圧　154
音響特性　138, 155, 157
音　波　41, 177

か　行

開花噴流　41
開水路　200
界面更新パラメータ　109
界面更新頻度　108
界面更新モデル　109
拡散係数　24, 57
拡散流領域　185
角振動数　125
かく乱成分　118
かく乱増幅素子　173, 174
仮想原点　4, 31, 48, 57
画像処理　214
過渡領域　23
カルマン渦流量計　196
カルマン渦　16
環状噴流　141
慣性力　209
気液二相気泡噴流　193
気液二相発振噴流　195
気液二相噴流　191, 193
気中水噴流　185, 187
気泡塊　172
気泡群　193
気泡プルーム噴流　193

気泡噴流　171, 194, 195
キャビティトーン　118
キャビティトーン発振現象　132
キャビテーション　153
キャビテーション噴流　153
吸引ノズル　181
急拡大流路　196
境界条件　25
境界層　5
境界層厚さ　49
境界層制御　43
境界層ピトー管　64
境界要素法　12, 15
共鳴周波数　162
共鳴ノズル　154
共鳴噴流　138, 141
極座標　60
局所ヌセルト数　100
曲壁付着噴流　59
切り欠きノズル　112
気流（ジェット）粉砕・分級　203
気流分級　209
空間増幅　36
空間的増幅　125
空間的に増幅　124
矩形ノズル　19
駆動ノズル　181
ケルビン・ヘルムホルツ　18
検査体積　60
検査面モデル　57
減　衰　35, 124
検定曲線　204
コア領域　23, 35, 65
コア領域長さ　49
コアンダ効果　56, 196, 213
コアンダジェット形分級機　212
高速液体噴流　181
高速水噴流　181, 183
効　率　182
氷の融解特性　167
固気二相衝突噴流　214
固気二相噴流　203, 215
固気二相流　205

誤差関数　29
固体境界　4, 43
固有関数　124
固有値問題　124
混合距離　17, 22
混合層　28
混合領域　4
混相噴流　193

さ 行

サイクロン　209
歳差運動　41, 196
最大衝撃力　205
最大速度　47
最大流速　26, 49
再付着流線　57
差分格子　13
差分式　13
差分法　12
三次元円形円柱壁付着噴流　73
三次元円形凹壁面付着噴流　88
三次元円形自由噴流　30
三次元円形衝突噴流　98, 100
三次元円形壁面噴流　95
三次元壁面噴流　50
ジェットカッティング　98, 167, 183
ジェット気流衝突形ミル　203
ジェットフラッタ　138
ジェットポンプ　181
ジェットミル　203
弛緩振動形　137
弛緩振動形発振器　137
時間的に増幅　124
軸対称円形浮力噴流　192
軸対称円形プルーム　33
軸対称円形プルーム噴流　192
軸対称円形噴流　33, 34
軸対称モード　41
次元解析　136
自己保存流　24
自然噴流　39

質量（体積）保存則　192
四分円ノズル　5
シャフロフスキー形　185
周　期　125
自由境界　4
自由せん断層　44
周波数スペクトル　156
自由噴流　3
自由噴流の安定性　35
自由噴流の流動特性　3
自由噴流領域　98
重　力　209
純流体素子　95, 137
純流体素子発振器　196
衝撃粉砕　205
衝突角度　168
衝突速度　100, 167
衝突板　207
衝突板形ジェットミル　203, 206
衝突噴流　49, 98
衝突噴流領域　98
衝突流モデル　57
初期領域　4, 23, 31, 38
初期領域の長さ　34
振動数　35, 125
振動様式　119, 120
振　幅　17
垂直応力　9
水噴流　42, 185
スイング発振　196, 200
数値解析　12, 104
ストローハル数　17
スロート　181, 204
制　御　141
正方形ノズル　41
正方形壁面噴流　50
遷移領域　4
旋回流れ　17
せん断応力　22
せん断層　18
相似形　24, 32
層　流　21, 30, 33
速度・圧力法　15
速度勾配　3, 5
速度分布　34, 49
速度ベクトル　104

側壁付着噴流　56

た　行

大規模渦構造　21, 37
対称流　133
体積流量　34, 48, 49, 57
代表速度　24
代表長さ　23
タイムステップ　18
楕円形ノズル　41
卓越周波数　155
縦　渦　19
タ　ブ　41, 141, 177
単位深さ　25, 169
中心線（最大）流速　33, 34
中心線流速　22
中立安定曲線　35
超音速ジェットミル　206
超音速ノズル　206
超音速　204
長方形断面ノズル　63
長方形ノズル　19, 41
長方形壁面噴流　50
直接数値シミュレーション　18
直交座標系　6
抵抗係数　211
定常振動　124
ディフューザ　181
テイラー・ゲルトラー渦　80
テイラー展開　13
伝熱促進　107
伝熱促進率　109
等圧力線　105
等渦度線　18
同軸円形二重衝突噴流　141
同軸円形二重噴流　141
同軸二重円管噴流　142
等速度線　105
等方性乱流　17
特殊ノズル　111, 173
凸壁面　84

な　行

内部波　123
流れ関数　14, 24, 34, 133

流れ方向速度　34
ナビエ・ストークス式　104
ナビエ・ストークス方程式　5
二次元　192
二次元円形衝突噴流　98
二次元円柱壁付着噴流　60
二次元凹壁面付着噴流　80
二次元自由せん断層　28
二次元自由噴流　7, 21
二次元衝突噴流　98
二次元壁面噴流　44
ヌセルト数　100
熱線流速計　63
熱伝達率　100
熱伝導率　100
粘性応力　9
濃度分布　214
ノズル　3
ノズル形状　4
ノズル・平板間距離　98

は　行

パイプノズル　5
破壊特性　187
はく離点　63
はく離流れ　17
端　板　118, 168
波　数　118
バーチャルインパクタ　210
発振現象　197
発振振動数　118, 120
発達領域　4, 23, 31
波動形かく乱　123
半値幅　24, 33, 34, 47, 49
非円形噴流　38
非円形ノズル　41, 177
飛行軌跡　214
菱形シーブ　209
微小気泡群　195
非線形方程式　10, 12
フィードバック形　137
フィードバック形発振器　137
複素解　124
付着渦領域　57
付着角度　57

索　　引　　221

付着距離　56, 58, 68
付着点　57
付着噴流　56
物質伝達　98
部分分級効率　212
プラズマディスプレイパネル　215
フラップ　42
プランジングジェット　171
プラントル数　100
浮力噴流　191
フルイディク発振現象　118
フルイディク流量計　196
プルーム噴流　191
プレストン管　48
ブロッケージ比　177
フローパターン　171
プロフィール法　61
分岐噴流　40
噴出角度　73
噴流外縁　4
噴流軸　57
噴流の安定性　35, 118
噴流の混合・拡散　141
噴流の広がり　26, 35, 47, 49
噴流の流体力学　3
噴流の流動特性　34
噴流幅　3
噴流不安定説　122
平均自由行程　205
平均ヌセルト数　114
平板壁面噴流　65
平面せん断層　33
平面プルーム　33
平面噴流　33, 34
平面壁面噴流　49
壁面せん断応力　49
壁面せん断層　44
壁面噴流　43, 76
壁面噴流領域　98
壁面摩擦応力　48
壁面摩擦係数　62
変動速度　100
偏　流　133
ボイド率　197
放射状壁面噴流　44, 48, 49
飽和酸素量　173

ホットフィルム法　48
ボルテックスジェネレータ
　41, 177

ま 行

マイクロアクチュエータ
　41, 42, 98, 177
マイクロブラスト加工
　167, 214
巻き込み空気量　172
巻き込み速度　33, 48, 49
摩擦応力　8
摩擦係数　85
マッハ数　204
乱れ強さ　27, 150
無次元速度分布　24
モード　120
モード数　36

や 行

融解潜熱　168
誘起速度　38
有限差分法　104
有限要素法　12

溶存酸素量　173
横方向速度　34
よどみ点　98
よどみ領域　99

ら 行

ラバールノズル　204
ランダムシミュレーション
　211
乱　流　22, 30, 33
乱流渦　18
乱流運動エネルギー　5, 17, 150
乱流エネルギーの散逸率
　17
乱流自由噴流　3
乱流成分　5
乱流輸送方程式　70
離散渦法　12, 15
離散化　13
リブ　41, 141, 177, 215
粒径分布　206, 209
粒子の飛行軌跡　210
流跡線　128

流　線　18
流体塊　23
流体の運動方程式　5
流動損失　111, 112, 154
流脈線　119
流　量　48
流量比　182
臨界圧力　204
臨界レイノルズ数　6, 34
ルンゲ・クッタ法　63, 82
励　起　35
励起（加振）振動数　40
励起振動数　39, 42
励起噴流　39
レイノルズ応力　6, 161
レイノルズ数　34
レイノルズ平均場　17
レイノルズ方程式　6
連続式　104
連続の式　6
連続流領域　185
ロールアップ渦　19

著者略歴

社河内　敏彦（しゃこうち・としひこ）
　1969年　愛媛大学工学部機械工学科卒業
　1971年　愛媛大学大学院工学研究科修士課程（機械工学専攻）修了
　1984年　工学博士（名古屋大学）
　1992年～1993年　エアランゲン大学（ドイツ）客員研究員
　1994年　三重大学 教授（工学部機械工学科）
　2001年　三重大学大学院 教授（工学研究科システム工学専攻）
　2009年　三重大学名誉教授
　　　　　特任教授（大学院工学研究科機械工学専攻）
　　　　　現在に至る
　専門：流体工学，特に，各種噴流現象（混相噴流を含む），
　　　　後流，せん断流の挙動と制御，など．

噴流工学　－基礎と応用－　　　　　　　　　　　　　© 社河内敏彦　*2004*

2004年 3 月 24 日　第 1 版第 1 刷発行　　　【本書の無断転載を禁ず】
2024年 6 月 28 日　第 1 版第 7 刷発行

著　者　社河内敏彦
発行者　森北博巳
発行所　森北出版株式会社
　　　　東京都千代田区富士見 1-4-11（〒102-0071）
　　　　電話 03-3265-8341／FAX 03-3264-8709
　　　　https://www.morikita.co.jp/
　　　　日本書籍出版協会・自然科学書協会　会員
　　　　JCOPY <(一社)出版者著作権管理機構　委託出版物>

落丁・乱丁本はお取替えいたします　　　　　　印刷・製本／ワコー
Printed in Japan／ISBN978-4-627-67201-7